全国中等职业学校课程改革立项教材

职业素养与法律

◎主　编　尹志安　李　耘

中国商业出版社

图书在版编目(CIP)数据

职业素养与法律 / 尹志安,李耘主编. —北京:中国商业出版社, 2012.2

ISBN 978-7-5044-7527-5

Ⅰ.①职… Ⅱ.①尹…②李… Ⅲ.职业素养-教材②法律-中国-教材 Ⅳ.①B822.9②D92

中国版本图书馆 CIP 数据核字(2011)第 260108 号

责任编辑:刘洪涛

中国商业出版社出版发行
010-63180647 www.c-cbook.com
(北京广安门内报国寺 1 号 邮编:100053)
新华书店总店北京发行所经销
北京燕龙印刷有限公司印刷

* * * * *

787×1092 毫米 16 开 12.5 张 300 千字
2012 年 2 月第 1 版 2012 年 2 月第 1 次印刷

定价:25.80 元

* * * *

(如有印装质量问题可更换)

前　言

为了加强和改进中等职业学校的德育教学工作，教育部2008年12月颁发了《中等职业学校德育课课程教学大纲》。本书是根据该教学大纲中的《职业道德与法律教学大纲》的基本要求编写而成的。

本书的编写，在总结以前德育教材的使用效果的基础上，考虑了现实的社会背景和中职学生的基本情况，把学生的健康成长、顺利就业、幸福生活、自我发展完善作为主要的教学目的。为此，在内容的安排上力求通俗、具体、生动、有趣、实用，给学生提供更多的参与、体验、探究和创新的机会。本书有以下特点：

1. 内容全面，针对性强。本书共分十八章，内容包括职业素养和法律两部分。第一部分阐述了职业形象、良好习惯、生活细节、知恩感恩、挫折、忠诚、诚信、爱岗敬业、勇于承担责任、团结合作等。和以前德育教材的职业道德部分相比，增加了感恩、忠诚、抗挫折这些对学生生存和生活非常重要的内容，同时每一部分都以专题的形式，便于教师教和学生学。第二部分阐述了宪法、刑法、民法、婚姻法、继承法、合同法、劳动法、消费者权益保护法、诉讼法等法律知识。这一部分充分考虑了每部法律的具体应用环境。

2. 把生命教育融入其中。本书在相关章节体现了生命教育的基本精神，旨在教育学生更好地认识生命，珍惜生命，尊重生命，感恩生命，帮助学生提高获取幸福生活的能力。

3. 体系安排合理、系统。教材先以社会背景和案例作导引，然后讲基本知识，再到资料链接、实案思考，最后是探究拓展。同时，遵循德育教学的基本规律划分章节，组织内容。

4. 条理清晰、结构紧凑。职业素养涉及的内容较多而零散，编写教材时极易出现内容和结构松散零乱的问题，因此本书在编写中，注意体例的统一安排，尽可能保证各部分内容的内在联系。

5. 突出实用性。本教材对于理论讲述本着适度、够用的原则，更多的内容是选择丰富的资料链接、实案思考进行分析讲解，探究拓展注重学生的实践活动。一切都为了提高学生的实际应用能力。

本教材由尹志安、李耘主编。本书在编写过程中参考了大量的资料，虽在参考文献中尽量详尽的列出，但难免有遗漏，在此表示抱歉，并衷心感谢。

由于编者水平所限，书中难免存在不足之处，恳请各位专家、读者批评指正，以使本书不断得到完善。

编　者

2012年2月

目 录

第一部分 职业素养

第二部分 法律

第一部分

职业素养

第一课　职业形象决定职业命运

过去企业招聘员工，老板多看重的是学历和能力，而现代社会中，职业形象已经成为老板更加看重的东西。在竞争日趋激烈的今天，越来越多的企业和员工认识到职业形象和商务礼仪对企业形象和个人形象的重要性。现代企业员工的形象就是企业形象。一流的企业，一定具有一流的企业形象。企业形象概括地说指的是社会公众和企业职员对企业的整体印象和评价，是企业的表现与特征在公众心目中的反映。企业形象主要体现在产品形象、环境形象、职工形象、企业家形象、公共关系形象、社会形象、总体形象等方面。企业形象是靠每一员工来维持、完善的，员工的一举一动、言谈举止都直接关系到企业的形象，关系到企业的发展，员工的表现即代表企业的表现。为此每个企业都对员工进行形象方面的培训。员工的仪容仪表、言行举止和品德修养等方面均凸显着企业的行为和企业的文化底蕴。因此塑造良好的职业形象是企业长远发展的需要。

***案例导引**

一家公司要雇一名勤杂工，约有50多人闻讯前来应聘，但经理却只挑中了一个男孩。他的一位朋友问道，“我想知道你为何喜欢那个男孩，他既没带一封介绍信，也没受任何人的推荐。”“你错了，”这位先生说，“他带来了最好的介绍信。他在门口蹭掉鞋底带的土，进门后随手关上了门，说明他做事小心仔细；当看到另一位面试者没有座位而徘徊时，他立即起身让座，这表明他心地善良、体贴别人；进了办公室他先脱去帽子，回答我的问题干脆果断，这证明他既懂礼貌又有教养。其他人都从我故意放在地板上的那本书上迈过去，而这个男孩却俯身捡起了那本书并放回桌子上；当我和他交谈时，我发现他衣着整洁，头发梳理得整整齐齐，指甲修得干干净净。难道你不认为这些小节就是最好的介绍信吗?”

问：1. 这封“介绍信”中包含了哪些职业形象方面的要求?

2. 如何树立良好的职业形象?

一、明确职业形象的内涵

形象是人们通过感觉器官在大脑中形成的关于某种事物的整体印象。个人形象是指一个人的外表或容貌，是一个人内在品质、修养的外部反映。形象也是反映一个人全面素质的窗口，一个人在社交活动中给他人留下的全面印象，最终展示给人们的是他的自信、尊严、力量、能力等。职业形象是指在职场中在公众面前树立的印象。它是通过个人的衣着打扮、言谈举止反映出其素质修养、专业态度、技术和技能等。职业形象是一种无声的语言，向公众展示个人的印象，它具体包括外在形象、职业品德、专业能力和知识结构四个方面。

(一)外在形象

外在形象不仅是我们常说的穿衣打扮，还包括仪容(外貌)、仪表(服饰、职业气质)以及仪态(言谈举止)等方面。外在形象反映人的内在修养和文化素质，如，言谈举止是一个人精神面貌的体现，开朗，热情，让人感觉随和亲切，平易近人。很多人在社交中总担心没有出众的言谈来打动大家，吸引别人的注意，以致于造成精神上的紧张，使得表情、动作僵硬，这都是自尊心太强造成的。因此，应放松心情，保持自己的特点，而不要故意矫揉造作。有的人在出面时昂首阔步，气势逼人，在跟别人握手时像钳子般有力，跟人谈话时死死盯住对方等，……这样故作姿态的形象，不仅会令别人感觉不舒适，连你自己也觉得别扭。其实最好的办法是保持你原有的个性和特质。充分展示性别美，如男士的粗犷、有力度和阳刚之气，女性自然的柔和，谦恭仁爱，都会让人觉得自然、大方、得体。当然，轻轻的微笑也可增加你的社交魅力。

资料链接

英国前首相撒切尔夫人有"铁娘子"之称，在政坛不让须眉，但在家中仍是个好主妇，为家人做早餐，为女儿粉刷墙壁，对丈夫温存、体贴，其温柔的美得到了人们的交口称赞。

一个好的职业形象，不单是把自己打扮得多么美丽、英俊，最重要的还是要做到发型服饰、气质、言谈举止与职业、场合、地位以及性格相契合。其中最重要的是要体现出你在职业领域的专业特性。外在形象是个人职业气质的符号，我们日常接触到的种种形象特点，就像标点一样写在每个职业人的脸上、身上，是个人职业生涯的标点。

资料链接

外在形象对个人影响的调查

1. 高级职业经理人的观点：美国形象设计师莫利对美国财富排名榜前100位执行总裁调查97%的人认为在公司中形象好的人有更多的升迁机会，92%的人不会选用不懂穿着的人作自己的助手。

2. 人力资源经理的观点：93%的人力资源经理人认为，在首次面试中申请人会由于不合适的穿着而被拒绝录用。

3. 金融界的观点：英国著名的形象公司对世界著名的上百名金融公司的决策人调查发现，在公司位置越高的人越认为形象是成功的关键，并且他们以愿意雇用和提拔那些有出色外表并能向客户和顾客展示出良好的形象的人。

4. 律师的观点：美国德克萨斯州州立大学在对2500名律师的调查后发现，形象甚至还影响着个人的收入，外表形象好的律师其收入高于一般同事14%。

5. 管理者的观点：管理者普遍认为，优秀的形象比研究生的学位更重要。从事市场销售等与社会群体相接触的工作者，更应该精心地策划和设计自己的形象。

（二）职业品德

职业品德是指人们在职业生活中应遵循的基本道德，即一般社会道德在职业生活中的具体体现。它是职业道德、职业纪律、专业胜任能力及职业责任等的总称，它是通过公约、守则等对职业生活中的某些方面加以规范的自律性质的规则。职业品德既是本行业人员在职业活动中的行为规范，又是此行业对社会所负的道德责任和义务。每一个从业者既有共同恪守的职业品德标准，又有本行业特征的职业品德标准，如教师的有教无类、法官的秉公执法、官员的公平清廉、商人的诚实守信、工人的质量与平安、医生的治病救人等等，都反映出本身的行业品德特点，它是指点和评价人们职业行为的原则。

实案思考

他是一名普通的公交汽车驾驶员，在行车途中突发心脏病，在生命的最后一分钟里，他把车缓缓地停在路边，并用生命的最后力气拉下了手动刹车闸。他把车门打开，让乘客安全地下车。他将发动机熄火，确保了车和乘客的安全。之后，他趴在方向盘上停止了呼吸……

实案

“最美女教师”陈霞、姜文拯救学生一家性命

2011 年 11 月 10 日早上 8 点，衢江四小六二班的陈霞老师发现她的学生翁进城没来上课；同一时间，隔壁六一班的姜文老师发现翁明冲也没有出现在课堂上，这让两位老师有些担心起来。翁进城和翁明冲是姐弟俩，他们的母亲姚女士是外来务工人员，在衢州市区一家服装店做销售员。姜文和陈霞两位老师调了课，体育教师江忠红则开车送她们来到两位学生的家中，敲了半天门，也无人应答，他们只好来到了姚女士的服装店寻找线索。服装店店主夏小姐见到两位老师前来，也很惊讶，她说，本来是早上 7 点半的班，可是今天姚女士也没来服装店。这样一来，陈霞和姜文更加肯定翁家可能出事了。

在场的几个人马上商量了一下，便决定分头行动。两位老师负责联系姚女士，夏小姐因为对姚女士家里比较熟悉，由她前往家中再探情况。两位老师赶紧给姚女士打电话，但电话那头已经停机。他们以为是姚女士欠话费，于是她们给姚女士的手机充了钱。再打，电话没人接，这下，姜文意识到事情没有那么简单，接下去 15 分钟，姜文和陈霞反复给姚女士打电话，终于，电话通了。电话那头，姚女士声音很微弱，好像生了病一样，而且有些语无伦次，一会儿，就没了声响……

另一边，夏小姐赶往姚女士家中，发现她的电瓶车还在楼下，猜测姚女士可能没出门，于是通过电话联系到了在附近卖菜的姚女士的弟弟。此时已接近 9 点，姚女士的弟弟赶到，对着门喊叫一番，竟然有一个老人开门了，开门的是姚女士的母亲，两个孩子的外婆，患有老年痴呆症，听到儿子的声音才开门。走进门发现母子三人煤气中毒，晕倒在房间内，两位老师和附近居民立刻将他们送往医院抢救。姚女士事后说，她感觉到自己迷迷糊糊地躺在床上，但就是起不来。而有老年痴呆的母亲在家里并不知道三人昏迷。幸好被发现及时，送到医院抢救，母子三人得救。

实案思考

某电子公司会计张玲因工作努力，钻研业务，积极提出合理化建议，多次被公司评为先进会计工作者。张玲的丈夫在一家私有电子企业任总经理，在其丈夫的多次央求下，张玲将在工作中接触到的公司新产品研发计划及相关会计资料复印件提供给其丈夫，给公司带来一定的损失。

(三)专业能力

专业能力主要是指从事某一职业的能力。在求职过程中，招聘方最关注的就是求职者是否具备胜任岗位工作的专业能力。例如：你去应聘教学工作岗位，对方最看重你是否具备最基本的教学能力素质。

一定的职业能力是胜任某种职业岗位的必要条件；职业实践和教育培训是职业能力发展

的前提，职业实践促进职业能力的发展，教育培训促进教育能力的提高；个体的职业能力越强，各种能力越是综合发展，就越能促进人在职业活动中的创造和发展，就越能取得较好的工作绩效和业绩，从而给个人带来职业成就感。

（四）知识结构

知识结构是指一个人经过专门的学习培训后所拥有的知识体系的构成情况与结合方式。合理的知识结构，就是既有精深的专门知识，又有广博的知识面，具有事业发展实际需要的最合理、最优化的知识体系。合理的知识结构是担任现代社会职业岗位的必要条件，是人才成长的基础。

用人单位为适应现代社会发展的需要，为在市场经济的激烈竞争中，求得生存和发展，就必须合理配置企业的人力资源。因此，对于从业人员要求的知识结构而言，一方面对知识结构的多样性要求越来越多；另一方面，对知识结构的实用性要求也越来越强。所以现代社会职业岗位对求职择业者的知识结构、文化素质的要求越来越高，企业的岗位需要知识结构合理、能根据当今社会发展和职业的具体要求，将自己所学到的各类知识，科学地组合起来的，适应社会要求的复合型人才。

资料链接

著名物理学家李政道博士说："我是学物理的，不过我不专看物理书，还喜欢看杂七杂八的书。"人们认为："在年轻的时候，杂七杂八的书多看一些，头脑就能比较灵活。"

二、职业形象与职业成功

（一）形象是人类社会活动不可或缺的条件

人是社会的人，我们每个人都有一个社交的群体和"圈子"，无论公共场所，还是私人聚会，只要你与人进行交往，你的装着打扮，言谈举止等形象就会出现在他人的眼里，并留下深刻印象。可以说，一个人的形象的好坏，直接关系到他社交活动的成功与失败。服饰，仪表是首先进入人们眼帘的形象，穿衣要得体，这是最基本的要求，服饰的个性，也能让人判断出你的审美观和性格特征。如服饰式样过时，人家会认为你刻板守旧；太过超前，会让人觉得轻率固执，我行我素，这两种情况都会让人觉得此人不好接近，自然会影响社交中的形象。所以，高雅的个人外在形象能让我们融入周围的社会群体，开辟事业和生活的新空间。

资料链接

有些人对深色调的一贯喜爱，体现了他沉稳的个性；经常性地身着艳丽颜色或对比强烈的服装，可以展现激情四溢的作风；浅浅的素色的衣着似乎在告诉人们善于调节自己的工作模式；一丝不苟的服装款式预示着严谨态度，层层装饰的外表揭示着求新求变的心态……

（二）职业形象是事业成功的重要通行证

职员形象不仅体现在他们各自的外表，而且还包括通过沟通、行为、职业、礼仪等留给客户的印象，这种印象往往会反映着公司的信誉、产品及服务的质量，也反映着公司管理者的素质和层次等，通过对公司职员形象的判断，客户可以判断公司的服务、信誉。因而职员的形象直接影响着公司的信誉，企业人员代表企业的产品，营销人员的素质代表了产品的质量，企业人员的言行代表了企业的文化和素养。

企业形象的上升或下降，对企业销售额的变化有着重要的影响，客户明显喜欢购买那些公众形象良好的企业的产品。而个人形象，作为企业形象的一个重要组成部分，它不是个性的，它承担着对一个组织的印象；它是与客户沟通的工具，并在很大程度上影响着企业的发展。良好的个人形象对客户传递一种信息，即优质的产品与卓越的服务，而这种信息传递的结果就是客户信任度的明显提升。

实案思考

当你在投递简历接到面试通知后，你一般会怎样做？首先，选择一套合身的衣服，准备好需要呈给面试官的资料等，然后计算好去公司面试的时间，并在规定时间内达到面试公司。而现实生活中总有些求职者马马虎虎、急急忙忙地就赶到面试的公司，迟到不说，衣着打扮也不合时宜，给面试官的第一印象是连自己的形象都不注重，这样的人怎么能放心把工作交付给他？不注重个人职业形象者，通常很难让 HR 有兴趣进一步了解他，也很难让人信任。所以面试中要适当地包装自己，注意自己的职业形象。

以貌取人不足取，穿着大方整洁是对对方的尊重。如果你的衣着得体，总会给人留下好印象，求职者通过自己的仪表发出正确的信息。

资料链接

据一项调查显示，几乎所有美国职业女性都认为，职业形象对于她们的事业成败至关重要。调查发现，98%的受访者认为个人形象会影响事业发展，仅有2%的人对此表示反对。该调查由 PINK 职场女性杂志和 Corset 女性形象顾问公司开展，调查对象包括女性职员、高级经理和企业主。调查显示，55%的受访者常常觉得自己没衣服穿，40%的人称她们总是不停地购买式样差不多的衣服。近半数受访者称，自己穿黑色衣服太多，略超半数的受访者称她们很难找到既时髦又适合自己年龄的衣服。约 22%的总管、高级经理和企业主称，他们曾因员工着装不当而拒绝对其晋升或加薪。

资料链接

5 种求职者面试最难成功：

隐瞒真实个人资料的不诚实者；

频繁跳槽稳定性不高者；

不注重个人职业形象者；

只谈薪水漫天要价者；

面对工作压力面露惧色者。

职业形象和个人的职业发展有着密切的关系。首先，个人的人性特质通过形象表达出来，并且容易形成令人难忘的第一印象。第一印象在个人求职、社交活动中会起到至关重要的作用。许多人力资源部门在招聘员工时，对应聘者职业形象的关注程度要远远高于人们的想象。那些职业形象不合格、职业气质差的员工不可能在同事和客户面前获得认可，极有可能令工作效果大打折扣。其次，职业形象影响个人业绩。如业绩型职业人，其职业形象如果不能体现专业度，不能给客户带来信赖感，其它的技巧常常是徒劳的，特别是对一些进行非物质性销售工作的职业人，客户认可更多的是人本身，因为产品对他们来说是虚的。职业形象欠佳，极有可能破坏良好的合作。再次，职业形象会影响个人晋升。获得上司的认可是晋升的核心要素之一，如果在上司面前因为职业形象问题导致误会、尴尬甚至引发上司厌恶，业绩再好也难有出头之日。

资料链接

著名形象设计公司英国CMB曾对300名金融公司决策人进行调查，结果显示，成功的形象塑造是获得高职位的关键。另一项调查显示，形象直接影响到收入水平，那些更有形象魅力的人其收入通常比一般同事要高14%。

随着社会的发展，形象的包装已不再是明星的“专利”，普通职场人士对自己的形象也越来越重视，因为好的形象可以增加一个人的自信，对个人的求职、工作、晋升和社交都起着至关重要的作用。形象设计师建议，好的形象并不只是靠几件名牌衣服就可以建立的，人们应该更多重视到一些细节上。在这个越来越眼球化的社会里，一个人，尤其是职场人士的形象将可能左右其职业生涯发展前景，甚至会直接影响到一个人的事业成败。

资料链接

知名形象设计师鞠瑾女士认为，职场中一个人的工作能力是关键，但同时也需要注重自身形象的设计，特别是在求职、工作、会议、商务谈判等重要活动场合，形象好坏将决定你的成败。一个人好的形象，不单单是把自己打扮成多么美丽、英俊，最主要的是要做到自身发型服饰、气质、言谈举止与职业、场合、地位以及性格相吻合。

三、塑造良好的职业形象

(一)注重日常生活形象

随着社会生活节奏的加快，人与人之间的商务交往也随之加快，人们没有更多时间去了解你，但凭着主观印象就迅速决定是否愿意与你交往、合作。这就是我们常讲的“二分钟面试”。作为一个职业人，要能胜任本职工作，需要具备较好的知识体系。专业和敬业缺一不可，而树立良好的职业形象可以增加竞争实力。我们常说形象走在能力的前面，一套正确的、合适的、适合自己色彩和款式的服装可以让你在众人面前吸引眼球，获得赞美，充分展示自己的个性魅力，更重要的是一个俊美的形象可以提升自信，并对你的生活事业提供无限可能的帮助。当然，职业形象需要严格恪守一些原则性尺度，不同文化背景的公司对个人的职业形象有不同的要求，职业形象要尊重区域文化的要求，了解、掌握并恰当地应用职业形象，会使你的事业价值倍增。

资料链接

职业形象设计在国际上叫印象管理。资深形象设计师吕晓兰认为：职业形象的功能在于交流和自我表达，职业形象要突出个人风格。专业形象的设计，首先要在衣着上尽量穿得像这个行业的成功人士，宁愿保守也不能过于前卫时尚。另外最好事前了解该行业和企业的文化氛围，把握好特有的办公室色彩，谈吐和举止中要流露出与企业、职业相符合的气质；注重现代感，把握积极方向。

1. 关注服饰

要注意衣服的整洁干净，特别要注意尺码适合。衣服的颜色要选择皮肤的中性色，良好的着装能增加你的自信，而不是看起来漂亮。记住三个词：美观，能扬长避短，衬托出你的美丽，服装的颜色，质地，纹理等上下彼此和谐；得体，适合你的身份，时间、地点、文化及要见的人对你的期望；状态，你的穿著将显示出你所从事的工作状态。

2. 改变气质

像领袖那样思维，多读有关成功人物的传记。

像领袖那样穿着，只穿高质量和给你增加权威感的服装。

像领袖那样举止，改变你身体语言，包括走路，站立、坐姿等姿势。

像领袖那样说话，默记我是个领导人，我是个成功者。

像领袖那样处世，学会让别人喜欢你、尊敬你、拥护你。

3. 增强自信

只允许那些积极的想法在脑海中存在。

列出自己的优势，并相信这是你的优势。

与人初次相识，要穿着得体，整齐，你的外表就代表了你。

不要自我贬低，不要说降低自己能力的话，不要过分的谦虚。

坦然地接受别人的赞扬。

面带微笑，表示友好热情，眼睛能与别人直视。

把你的注意力给与别人，做一个专注的听众，不要夸夸其谈。

4. 充满热情

用具有感染力的语气讲话，由衷的热爱生活，心中满怀爱和真诚。宽以待人，赞赏他人，帮助别人，记住陌生人的名字，首次见面握手要有力。

增加情商，不要一切以我为主，敢于承担责任。不要让情绪掌控于你。不要在不理性的时候做决定。不要当着别人和在人背后发泄自己的不满和愤怒。不要当众和背后批评别人。学习处理人际关系的方法。“一日三省”就会有一个“一日千里”的进步。

5. 善于沟通

讲话语调要抑扬顿挫，防止平淡，乏味。声调太高，太尖，会让人感到头痛反感，太低沉让人忧伤。音量太大会让人头痛和惹恼对方，过柔和太小会显得没有权威。速度太快显得不稳重，让人不明白，太慢又显得无生气。尽量避免地方口音和口头禅，免得让人误解。

不要过多的把话题放在自己身上，总谈论自己的生活，事业、前途、规划等。不要传播坏消息，不要谈论不吉利的事儿。不要追问别人的隐私，如收入、年龄、婚姻等。不要在背后议论他人。学会经常去赞美别人。

6. 学会倾听

不左顾右盼，不打断别人的讲话，不与对方争论，不使用消极，懒散的身体语言。接电话时面带微笑，在铃声响第二声之后，第三声时接电话。先报公司名称，再报自己姓名，电话交谈中，停止手中、口中一切活动。手中执笔，记下重要信息。打电话的声音一定要有热情，温暖。告诉对方你是谁以及去电话的目的。请问对方是否方便接电话，如不方便，告诉对方在对方方便时再打过去，以及祝福对方的友好话语后，结束电话。

资料链接

倾听时，身体要略向前倾，全神贯注。进门时，目光平视，挺胸抬头；交谈时，不要忘了点头。开会时，坐在领导的左面。学会微笑，相信生活的公正，感谢生活，忠诚自己的信念，让自己的心先笑起来。微笑必须来自内心。每日对着镜子练习微笑5分钟，大笑5分钟。每当面对他人时，先对他微笑；对每一个陌生人都微笑，并观察他们的反映。相信自己的眼睛会说话，你的思想及你的心态，正在通过眼神流露出来。要全神贯注地注视讲话者。在近距离的空间，避免与人目光对视。每日对着镜子观察自己的眼睛，寻找不同心态的目光。

7. 注重肢体语言

握手时先自我介绍，再伸出你的手。通常是职位高者、女士、长者先伸手。要与对方目光接触，面带笑容。小指与拇指都应与对方的手握在一起。要有一定的力度，它表示了你的坚定，有力的性格和热情的态度。但不宜过紧，握手的时间约为五秒钟，不宜过长。握手前先把手上的汗擦干。请记住：不良的握手是别人对你第一印象的杀手。

避免消极的身体语言：不要有抓耳挠腮，摸眼、捂住嘴等具有说谎嫌疑的动作。不要让脚和腿不停地抖动，他在告诉别人你的内心紧张不安，不要做不必要的身体移动，这样会显得紧张焦虑。

使用积极的身体语言：身体的接触要传递亲和力，交流时与人之间的距离尽可能缩短，以增加情感距离。

8. 注重礼仪

礼仪是礼节与仪表的有机结合。礼节是指人们在人际交往中能否彬彬有礼地对待他人。而仪表则是指人们在社交活动中，能否以优雅的仪态表现自我。正确的礼仪是人类交流感情，建立友谊和开展业务活动的桥梁和纽带。

资料链接

注意生活中的小细节，尊重女性，懂得女士优先的规矩。不要在公共场所大声说话，不使用尖刻的语言，在音乐厅、电影院、任何会议期间、图书馆、教堂、课堂、教室等场合不宜打开手机。就餐时让客人先坐，最好的座位让给客人，主人坐在客人的左边。让客人先点菜，不要强迫客人喝酒，如果客人喝酒，主人也要陪着。如果你不喝，可喝饮料，口中不要发出"啧啧"声，口中不要塞满食物。不要抱怨食物不好，不要和别人分享食物，不要吹凉热菜和汤，要让它自然凉，双肘不要放在桌子上。

名人名言

"夫礼者，所以定亲疏，决嫌疑，别同异，明是非也。人有礼则安，无礼则危；故曰：礼者不可不学也。"——礼记

9. 按时赴约

与任何人约会都要按约定时间赴约。如果由于意外原因不能赴约，要尽可能在最早的时间内通知对方，并表示歉意。如果迟到，一定要向对方道歉，并解释原因。参加会议，一定不要迟到，否则给众人留下的印象将长期难以挽回。答应别人的事儿，一定要在规定的时间内完成，若不能完成，要预先通知别人。

10. 生活方式

为了生活而"成功"，要善待自己，不要让自己做了"成功"的奴隶。留时间让自己充电，建立优质的生活结构。参与高雅的娱乐活动，培养高雅的生活品味。参加体育活动，让你的身体更健康，身材更符合你的形象指标。

(二) 掌握职业礼仪

职场礼仪是人们在职业中不可忽视的行为规范。职场礼仪没有性别之分，工作场所，男女平等。其次，将体谅和尊重别人当作自己的指导原则。介绍别人的正确做法是将级别低的

人介绍给级别高的人。

资料链接

如果你的首席执行官是王女士，而你要将行政助理李某介绍给她，正确的方法是"王女士，我想介绍您认识李某。"如果你在进行介绍时忘记了别人的名字，不要惊慌失措。你可以这样继续进行介绍"对不起，我一下想不起您的名字了。"与进行弥补性的介绍相比，不进行介绍是更大的失礼。

1. 握手的尺度

握手是人与人的身体接触，能够给人留下深刻的印象。当与某人握手感觉不舒服时，我们常常会联想到那个人消极的性格特征。强有力的握手、眼睛直视对方将会搭起积极交流的舞台。

资料链接

握手的故事

1989 年 5 月，在戈尔巴乔夫访华前夕，邓小平曾指示外交部，他与戈尔巴乔夫会见时"只握手，不拥抱"，这不仅是对外交礼节的一种示意，更是对两国未来关系的定位。

尼克松总统在回忆自己首次访华在机场与周总理见面时也说："当我从飞机舷梯上走下来时，决心伸出我的手，向他走去。当我们的手握在一起时，一个时代结束了，另一个时代开始了。"据基辛格回忆，当时尼克松为了突出这个"握手"的镜头，还特意要求包括基辛格在内的所有随行人员都留在专机上，等他和周恩来完成这个"历史性的握手"。

2. 电子礼仪

电子邮件在给人们带来方便的同时，也带来了职场礼仪方面的新问题。虽然你有随时找到别人的能力，但这并不意味着你就应当这样做。请记住，电子邮件是职业信件的一种，而职业信件中是没有不严肃的内容的。

电子邮件的故事：在 Email 营销中，电子邮件发送时机选择是影响 Email 营销效果的因素之一。美国 Email 营销服务机构 Return Path 调查认为，星期一是发送电子邮件的最佳时间，发送成功率明显高于一周中其它日子。星期五的邮件发送成功率则低于平均发送成功率。星期六是一周中发信成功率最低的日子，其次是星期天。

资料链接

门捷列夫是俄国著名化学家，他最大的贡献就是发现了化学元素周期表。门捷列夫是个治学十分严谨的人，他的时间观念很强，几乎把每天的时间都安排得满满的。有一天，一个熟人到门捷列夫家里串门，他一坐下来就喋喋不休地讲个没完没了。直到说累了，才意识到自己的话可能太多，就问道："我是不是使你感到厌烦了？"门捷列夫好一会儿才回过神来，说："对不起，你刚才说到哪儿了？你继续说吧，我正在想自己的事呢！"那人一听，吃了一惊，原来自己讲了半天，对方连一句话也没听进去，那人终于知趣地起身告辞了。

3. 道歉礼仪

即使你在社交礼仪上做得完美无缺，你也不可避免地在职场中冒犯了别人。如果发生这样的事情，真诚地道歉就可以了，不必太动感情。表达出你想表达的歉意，然后继续进行工作。将你所犯的错误当成件大事只会扩大它的破坏作用，使得接受道歉的人更加不舒服。

探究拓展

职业人形象设计比赛

为理解职业人形象对企事业发展的重要性，增强职业意识和创新意识，结合本课所学内容搞一次职业人形象设计活动。具体步骤是：

1. 课前以小组为单位选定一种职业，了解此项职业的宗旨和文化。

2. 讨论确定设计图标方案，搜集相关参考资料，用计算机设计出代表职业人形象的图标。

3. 课堂进行交流，并选出最佳职业人形象设计方案。

第二课　习惯决定人生

规范员工的习惯对一个企业文化的培养和建立发挥着举足轻重的作用。企业一年的生存靠领导，三年的发展靠制度，十年的持续靠习惯。企业习惯主导企业未来。企业的命运关键在于如何贯彻落实企业价值观，关键在于如何结合工作实际，富有创造性地贯彻落实好企业价值观，并将企业价值观渗透于企业生产经营及管理的全过程，融会于企业员工的日常行为规范之中。可见规范员工的习惯是企业文化的心脏。

案例导引

北京有一家外资企业招工，对学历、外语、身高、相貌的要求都很高，薪酬也挺高，所以有很多高学历的人都来应聘。这些年轻人，过五关斩六将，到了最后一关是总经理面试。一见面，总经理说:"很抱歉，年轻人，我有点儿急事，要出去十分钟，你们能不能等我?"年轻人说:"没问题，您去吧，我们等您。"老板走了，年轻人一个个踌躇满志，得意非凡，围着老板的大写字台看，只见上面文件一摞，信一摞，资料一摞。年轻人你看这一摞，我看那一摞，看完了还交换:"哎哟，这个好看!"十分钟后，总经理回来了，说:"面试已经结束。""没有啊?我们还在等您啊。"老板说:"我不在的这一段时间，你们的表现就是面试。很遗憾，你们没有一个人被录取。因为，本公司从来不录取那些乱翻别人东西的人。"

问:1. 这个结果你觉得惊奇吗?

2. 如果你是应聘者之一，也会这样做吗?

一、习惯非一日养成

(一)三岁决定一生

习惯是指在长时期里逐渐养成的、不容易改变的稳定的，甚至是自动化的行为、倾向或社会风尚。比方说，一个人见了人就问好;做错事，一定会道歉;办重要的事一定要确认等等，这就是习惯。

人出生的时候，除了脾气会因为天性而有所不同外，其他的东西基本都是后天形成的，一个人习惯的产生和生活环境、教育背景、知识结构、人生观念、个人修养等要素有关。从人出生的那一天起，就开始了我们的人生习惯的行程，只要我们存在，就有行为，有行为的地方就会日积月累慢慢形成习惯。行为也会随着环境的不断变化而调整变化，因此，一个人的行为是受到生活环境的影响，习惯是由一个人长时间不断重复的单一行为而组成的。

通过教育、学习，一个人的知识观念可以拓宽人的视野，人生观念又可以加快知识的积累，把知识转换为行为、行为才会产生结果，不断的行为积累，就会变成更多更大的结果，这就是习惯的力量。所以，我们的一言一行都是日积月累养成的习惯。

3～12岁是一个人养成良好习惯的最佳时期。儿童成长是由四块基石决定的，即自信、兴趣、习惯、能力。自信产生兴趣，兴趣养成习惯，习惯化为能力，而核心是人格。一个人常常是通过习惯来做事情，养成一个良好的习惯是我们走向成功、达到目标的捷径。

资料链接

美国有个说法，养成一个习惯需要21天，就是说，一个习惯的形成，一定是一种行为能够持续一段时间，当然，21 天是一个大致的概念，只能养成一些简单的习惯。根据数据研究还发现，不同的行为习惯形成的时间也不相同，复杂一些的习惯养成一般需要30 天至40 天。一般是时间越长，习惯越牢。

名人名言

少年若天性，习惯如自然。——孔子

我们有的人形成了很好的习惯，有的人形成了不良的习惯。到20 岁左右的时候，我们已经有了自觉意识，已经开始明白什么样的习惯会使我们终身受益。所以我们从现在起就要把追求优秀变成一种习惯，使我们的优秀行为习以为常。一个人从小就应该建立一种好习惯，通过教育、陶冶，直至我们终生不忘。

资料链接

1988 年1 月18 日至21 日，75 位诺贝尔奖获得者在巴黎聚会，以“21 世纪的希望和威胁”为主题，就人类面临的重大问题进行研讨。有人问一位诺贝尔奖获得者：“您在哪所大学、哪个实验室学到了您认为最主要的东西呢？”这位白发苍苍的获奖者回答：“是在幼儿园。”提问者愣住了，又问：“您在幼儿园学到些什么呢？”科学家耐心地回答：“把自己的东西分一半给小伙伴们；不是自己的东西不要拿；东西要放整齐；吃饭前要洗手；做错了事情要表示歉意；午饭后要休息；要仔细观察周围的大自然。从根本上说，我学到的全部东西就是这些。”这段对话是耐人寻味的，从幼儿园学到的基础的东西，直到老年时还记忆犹新，可见留下的印象是非常深刻的。

这说明从小养成的良好习惯会伴随人的一生，时时处处都在起作用。

名人名言

“三岁决定一生。”——蒙台梭利

(二) 习惯是一种惯性思维

实案思考

父子两住山上，每天都要赶牛车下山卖柴。老父亲较有经验，坐镇驾车，山路崎岖，弯道特多，儿子眼神较好，总是在要转弯时提醒道：“爹，转弯啦！”有一次父亲因病没有下山，儿子一人驾车。到了弯道，牛怎么也不肯转弯，儿子用尽各种方法，下车又推又拉，用青草诱惑，牛却一动不动。到底是怎么回事？儿子百思不得其解。最后只有一个办法了，他左右看看无人，贴近牛的耳朵大声叫道：“爹，转弯啦！”牛应声而动。

牛以条件反射的方式活着，而人则以习惯生活。一个成功的人懂得如何养成好的习惯来代替坏的习惯，当好的习惯积累多了，自然会有一个好的人生。

习惯的养成犹如纺纱，一开始只是一条细细的丝线，随着我们不断地重复相同的行为，就好像在原来那条丝线上不断缠上一条又一条丝线，最后它便成了一条粗绳。习惯是长期行为导致的惯性思维。

名人名言

“习惯仿佛像一根缆绳，我们每天给它缠上一股新索，要不了多久，他就会变得牢不可破。”—— 曼恩

资料链接

一位没有继承人的富豪死后将自己的一大笔遗产赠送给远房的一位亲戚，这位亲戚是一个常年靠乞讨为生的乞丐。这名接受遗产的乞丐立即成了百万富翁。新闻记者便来采访这名

幸运的乞丐："你继承了遗产之后，你想做的第一件事是什么？"乞丐回答说："我要买一个好一点的碗和一根结实的木棍，这样我以后出去讨饭时会方便一些。"可见，习惯对我们有着很大的影响，因为它是一贯的，在不知不觉中，经年累月地影响着我们的行为，影响着我们的效率，左右着我们的成败。

一天，一位老师与他的学生一起在树林里散步。老师突然停下来，并仔细看着身边的四株植物。第一株植物是一棵刚刚冒出土的幼苗；第二株植物已经算得上挺拔的小树苗了，它的根牢牢地扎在肥沃的土壤中；第三株植物已然枝叶茂盛，差不多与年轻学生一样高大了；第四株植物是一棵巨大的橡树，年轻学生几乎看不到它的树冠。老师指着第一株植物对他的学生说："把它拔起来。"学生用手指轻松地拔出了幼苗。"现在，拔出第二株植物。"学生听从了老师的吩咐，略加力量，便将树苗连根拔起。"好了，现在，拔出第三株植物。"学生用一只手进行了尝试，然后改用双手全力以赴。最后，树木终于倒在了他的脚下。"好的。"老师接着说道，"去试一试那棵橡树吧！"学生抬头看了看眼前巨大的橡树，想了想自己刚才拔那棵小得多的树时就已经筋疲力尽，所以他拒绝了老师的提议，甚至没有去做任何尝试。"我的孩子。"老师叹了一口气说道："你的举动恰恰告诉你，习惯对生活的影响之大"。

我们的习惯就像是故事中的植物一样，幼苗很容易拔除，而随着时间的推移，越加根深蒂固，就越是难以根除。故事中的橡树是如此巨大，就像是积久形成的习惯那样令人生畏，让人甚至怯于尝试改变它。习惯与习惯之间也存在着不同，其中有些习惯比另一些习惯更难以改变。不仅坏习惯如此，好习惯也不例外。也就是说，好习惯一旦养成了，它们也会像故事中的橡树那样，持久而牢固。习惯在这种由"幼苗"长成"巨树"的过程中，被重复的次数越多，存在的时间也就越长，它们也就越难以改变。

我们是否能拥有成功的生活并非取决于天性，而往往是取决于习惯。生理上的习惯左右人们的行为方式，决定人们的生活起居。心理上的习惯左右人们的思维方式，决定人们接人待物的方法。当人们的命运面临抉择时，是习惯帮我们做出决定。就这样在不知不觉中，习惯影响了人们的品德，决定了人们的成败。改变了人们的生活，改变了人们的命运。

名人名言

"卓越不是单一的举动，而是习惯。"——亚里士多德

实案思考

一根矮矮的柱子，一条细细的链子，竟能拴住一头重达千斤的大象，这令人难以置信的景象在印度和泰国随处可见。这是为什么呢？原来那些驯象人在大象还很小的时候，就用一条铁链把它拴在柱子上。由于力量尚未长成，小象无论怎样挣扎都无法摆脱锁链的束缚，于是它们渐渐地习惯了束缚，不再挣扎，直到长成庞然大物。虽然此时它可以轻而易举地挣脱链子，可是大象却放弃了挣扎，因为在它的惯性思维里，仍然认为摆脱链子是永远不可能的。

小象是被实实在在的链子拴住，而大象则是被看不见的习惯拴住。要想成为不被束缚的大象，需要我们从改变自己的习惯做起。改变习惯，你也能改变命运。

生活中，我们每个人身上有很多好的习惯，也有些不好的习惯。成功是一种习惯，失败也是一种习惯。为何会成功？因为坚持不懈。为何会失败？因为放弃。坚持和放弃都是一种习惯。成功与失败的最大区别是来自于不同的习惯，坏习惯是一种藏不住的缺点，别人都看得见，自己却看不见。这种积久养成而不易改变的行为是潜意识表现的，并不一定是自己希望的行为。所以习惯也是人生中的一柄双刃剑，用得好，它会帮助我们轻松地获得人生快乐与成功；用得不好，它会使我们的一切努力都变得很费劲，甚至能毁掉我们的一生。

名人名言

大事使我们惊讶，小事使我们沮丧，久而久之，我们对这二者都会习以为常。——拉布吕耶尔

如果说优秀是一种习惯，那么懒惰也是一种习惯。——亚里士多德

资料链接

传说很久以前，有一个人无意间从一本书中得到了有关“点金石”的秘密。据书中记载，在黑海岸边，有一块神奇的石头，能把普通的金属变成黄金。它和其它成千上万块一模一样的石头混在一起，但唯一的区别在于：只有这块石头是温暖的，其它普通的石头都是冷冰冰的。于是这个人便来到黑海岸边寻找这块神奇的石头。

到了那里之后，他立刻开始了“寻石计划”。饿了，他就到附近的地方讨点东西吃，晚上他就睡在海岸上，醒来就一块又一块地挨着找那块“点金石”。他捡起一块石头，感觉一下，如果不热，就扔到了海里。就这样，他日复一日地重复这个动作。5 年过去了，他还在按部就班地继续着自己的工作，捡起一块石头，确定不是就扔到海里，接着再捡，如此继续……又过了很久，有一天早上，他拾起了一块石头，是热的，可是他连想都没想就一下子把石头又扔进了海里！在接下来的日子里，他还是继续一如既往、日复一日地寻找自己心目中那块神石，而且，由于他已经形成了把石头扔进海里的“习惯”，他甚至已经忘记自己扔石头是为了什么。

这个故事让我们感觉有些可悲！任何一种行为只要不断地重复，就会成为一种习惯。同样道理，任何一种思想只要不断地重复，也会成为一种习惯，在不知不觉中影响人的行为。

二、习惯决定命运

(一)好习惯是事业成功的前提

爱因斯坦说：“一个人取得的成绩往往取决于性格上的伟大。”而构成我们性格的，正是日常生活中我们的一个个好习惯。好习惯养成得越多，个人的能力就越强。养成好的习惯，就如同为梦想插上翅膀，它将为人生的成功打下坚定的基石，甚至可以说有什么样的习惯，就有什么样的命运，习惯决定命运。

资料链接

据闻，20 世纪 90 年代，在中国南方发生了这样一个故事，一家大型跨国企业，因新增分厂，急招聘员工，发出招聘通知的两天后，面试开始了，而面试的场所却被主考官用心设计了一番，在门口他放了一袋垃圾，而垃圾旁边便是垃圾桶，给应聘者坐的椅子放在离主考官四米多远的地方，一切都准备好了……

当天来面试的人中不乏名牌大学名牌专业的高学历者，有曾经从事过管理工作的人，也有口才非常出众的公关人员。而面试的结果却令人匪夷所思，被录取的竟然是个普通大学生！主考官的解释让大家恍然大悟，同时他的话也值得我们深思一番，他说：在所有的应聘者中只有他一个人在进来前把那袋垃圾捡起来扔进垃圾箱，也只有他在面试开始前把自己做的椅子搬到了离我们较近的地方，“一个有好习惯的员工，就是一座金矿，有这种人格魅力的人一定可以为公司创造更多的财富。”……这就是我们录取他的原因。

而当人们以惊讶的眼神去问那位青年是如何做到的时候，他却只是笑着说道：“其实也没什么，我只是习惯了。”“我只是习惯了”，没错，习惯了的事做起来就会很容易，而不习惯的事总会认为很难，每个人都是这样，所以，要养成好习惯必须从小事做起。那个普通大学生

是幸运的，对他来说，他只不过做了一件他认为很平常的事，而正因为这件很平常的事却改变了他的命运。

(二)好习惯，益终身

当一个人养成了良好的习惯，习惯在我们不知不觉的成长中经年累月影响着我们的品德，人格魅力便会自然得到提升。一种好的习惯会使我们的命运处处充满奇迹，拥有了好习惯，就拥有了创造命运的工具，好的习惯能够给人带来更多成功的机会，好习惯是走向成功的助推器。

实案思考

20世纪60年代，苏联发射了第一艘载人宇宙飞船，我们大家都知道宇航员叫加加林。当时挑选第一个上太空的人选时，有这么一段插曲：几十个宇航员去参观他们要驾驶的飞船，进舱门的时候，只有加加林一个人把鞋脱下来了。加加林觉得："这么贵重的一个舱，怎么能穿着鞋进去呢？"就是这样一个习惯动作，让主设计师非常感动。他想：只有把这艘飞船交给一个如此爱惜它的人，我才放心。在他的推荐下，加加林成了人类第一个飞上太空的宇航员。所以有人开玩笑说，成功从脱鞋开始。

世界著名心理学家威廉·詹姆士有段名言：播下一个行动，收获一种习惯；播下一种习惯，收获一种性格；播下一种性格，收获一种命运。我们常说，心态是决定胜负的重要因素，而习惯则是决定成败的关键要素。我们都知道一个公式，思维(观念、心态)——行为——习惯——性格——命运。也就是说无论你的理想多么美好，计划多么周详，都需要化为行为，才会产生一个结果(成或败)，而行为需要具有连续性，习惯就是行为不断连续产生的产物，因此，你有怎样的习惯，你就会有怎样的人生。习惯决定人的行为，行为决定性格，性格决定命运，习惯决定命运。

名人名言

有什么样的思想，就有什么样的行为；有什么样的行为，就有什么样的习惯；有什么样的习惯，就有什么样的性格；有什么样的性格，就有什么样的命运。——查·艾霍尔

在日常事物的自理中，一盎司习惯抵得上一磅智慧——托·布·里德

一个人，如果没有形成良好的习惯，包括思维习惯、生活习惯、工作习惯等，他的生活一般是一塌糊涂的，在事业上也难有什么建树。从现代人力资源的管理角度来说，企业通常需要尽力为员工提供较好的工作环境和培训机会，但是员工经常迟到或者精力不集中，这样的个人坏习惯，就不属于企业人力资源部门能够改变的。

在现代企业之中，有良好习惯的员工，更容易适应工作，相应的发展机会也更多。很多著名外企对于国内青年员工的评价是：有冲劲、有想法，但是有很多坏习惯，导致雇主失去了耐心。主要坏习惯有：除了经常迟到外，上班打私人电话或者做其它和工作无关的事情，在同事之间蜚短流长，工作时怨言不断，对公司运作很多评论等等。这些看来都不是什么大不了的事情，可是为了这样的一时之快，往往给自己的职业前景不知不觉间增加了很多不必要的麻烦。由小事做起，拒绝坏习惯，这是容易被忽略的事情。

实案思考

北京某职业高中的一名学生毕业后到一家五星级宾馆当服务员。这一天，他从总经理门前走过，被总经理叫住："小伙子，过来。"他一看，总经理叫他，很激动啊！五星级饭店，一个总经理不大容易跟一个员工交谈的。"总经理，什么事？"总经理说："小伙子，你会走路吗？""会呀，从小就会！"总经理说："那你走一遍给我瞧瞧。"小伙子两个肩膀一高一低，晃来晃去地走了一个来回。总经理说："走路就是走路，你两个肩膀一高一低，晃来晃去，是怎么

回事？你站着，看我老太太给你走一遍。”总经理是一位快60岁的女士，她挺胸抬头，目视前方，稳稳当当地走了一个来回，然后告诉小伙子：“这叫走路。给你一个星期的时间回家练习走路。练好了，你就来上班；练不好，你就别来了。”这小伙子一听傻了，往家走的时候，不知道是该先迈左脚，还是先迈右脚。

资料链接

在《培根论人生》一书中，这位伟大的思想家曾专门论述习惯与命运的关系。他说：“人们的行动，多半取决于习惯。一切天性和诺言都不如习惯有力，在这一点上，也许只有宗教的狂热可与之相比。除此以外，几乎所有的人类都难战胜它。即使是人们赌咒、发誓、打包票，都没有多大作用。”

个人的生活受习惯支配，而社会的习惯则是一种可怕的力量。古印度教徒为了遵守宗教惯例，可以引火自焚，他们美丽的妻子也心甘情愿地跟着跳入火坑；古斯巴达青年，每年要在神坛上受鞭笞，以锻炼坚忍的耐力。而伊丽莎白初期，一个爱尔兰死刑犯受绞刑前要求用荆条，不是绳索——那是他们民族的习惯。习惯是一种顽强的力量。它可以主宰人的一生。因此，从小就应该养成一种好习惯。

名人名言

“好习惯是人在神经系统中存放的资本，这个资本会不断地增长，一个人毕生都可以享用它的利息。而坏习惯是道德上无法偿清的债务，这种债务能以不断增长的利息折磨人，使他最好的创举失败，并把他引到道德破产的地步。”——乌申斯基

科学家通常认为，成功是一种与生俱来的品质，随着时间的流逝，那种天才的光辉在某些人身上会愈发亮丽，而在另一些人身上则会逐渐黯淡。在最终能成功的人身上具有的特殊品质中，良好习惯与健康人格起着决定性的主导作用，而智商并非主要因素。

西方一些社会学家提出，命好不如习惯好。一个人养成良好的习惯对他一生的命运都息息相关。当然命运中还包括机会。当我们看见有人一举成名的时候，总是说别人的机会好，却从来没有想过，养成良好的习惯可以对自己产生重大的影响。

纵观历史，许多杰出人物取得的成就与他们的良好习惯是分不开的，如自主自立精神、坚强的意志力、非凡的合作精神、鲜明的是非观念和正确的行为等等。大凡成功人士在一开始的时候都对自己的习惯进行过专业训练和自我严格要求，很专注做某一件事情，并养成每天都很有激情去做某一件事情的习惯，同时都会有超常惊人的发挥。可见，拥有好习惯就意味着会拥有成功的人生。

资料链接

马克吐温坚持每天清晨默读墙上的好词、佳句，为他能写出脍炙人口的作品打下了坚实的基础。马克思在撰写《资本论》时仍坚持每天演算数学题，以培养其逻辑思维能力。达尔文从不放过任何一个观察大自然的机会，这为他的科研工作积累了大量的第一手资料。

当然，不良习惯也会使人步入深渊。罪犯从善到恶不是偶然的，他们较差的自身素质和日积月累的诸多弱点是他们走上绝路的潜在因素，是悲剧的根源。据调查分析，这种潜在因素主要表现在以下几个方面：少文化、缺知识、不知礼、不懂法；贪吃好玩，奢侈为荣，怕苦怕累；“哥们儿义气”重如生命，为“朋友”交情不惜两肋插刀；自作聪明，我行我素，显摆逞能，亡命称霸；伦理错位，黑白不分，是非颠倒，荣辱不清。只要这些劣迹少年身上的潜在因素得

不到改变，他们迟早都有走上犯罪道路的危险。

名人名言

习惯若不是最好的仆人，便就是最差的主人。——艾门斯

“人是习惯的奴隶。”—— 柏拉图

“首先我们养出了习惯，随后习惯养出了我们。”——德莱敦

三、积极养成良好习惯

首先是要加强知识学习、榜样学习。可以通过实案分析等方式切身感受到习惯的重要性。香港商业巨子李嘉诚为了守时把他的表拨快10钟。其次是制定习惯培养目标计划、规则。再次是持之以恒地练习。

据统计，一个人一天的行为中，大约只有5%是属于非习惯性的，而剩下的95%的行为都是习惯性的。根据行为心理学的研究结果:3周以上的重复会形成习惯;3个月以上的重复会形成稳定的习惯，即同一个动作，重复3周就会变成习惯性动作，形成稳定的习惯。在生活中，我们不妨试着去养成一些好的习惯，比如:主动打扫卫生，形成爱劳动的习惯;说声“谢谢”、“你好”、“对不起”，形成以礼待人的好习惯;习惯于每天坚持锻炼，形成健美的体魄;人际交往中习惯于理解、宽容，便能化干戈为玉帛;习惯于去用心观察，才能形成好的观察能力;习惯于提前预习，课后复习，才能形成高效的学习方法。当然，我们更应该习惯于用爱心去面对周围的世界，升华我们的人性。即便是打破常规的创新，最终可以演变成为习惯性的创新。思想观念决定行为,行为决定习惯。习惯能载着你走向成功。所以应努力培养有利于成功的好习惯。

名人名言

唯有用行动，才能让“习惯成自然”。——叶圣陶

资料链接

跳不出来的跳蚤

有个动物学家曾经做了这样一个实验:他将一群跳蚤放入实验用的大量杯里，发现跳蚤立即轻易地跳了出来。因为跳蚤习惯爱跳，跳蚤跳的高度一般可达它身体的400倍左右。接下来实验者再次把这群跳蚤放进杯子里，不过这次是立即在杯子上加一个玻璃盖，“嘣”的一声，跳蚤重重地撞在玻璃盖上，不断地发出叮叮冬冬的声音。一次次被撞，跳蚤开始变得聪明起来了，它开始根据盖子的高度来调整自己跳的高度，将跳的高度保持在接近玻璃即止，以避免撞到头。再过一阵子之后，发现跳蚤再也没有撞击到这个盖子，而是在盖子下面自由地跳动。一天后，实验者开始把这个盖子轻轻拿掉，发现所有跳蚤依然在跳，而是在原来的高度继续地跳。竟然没有一只跳蚤能跳出来。依能力来看这些可怜的跳蚤不是跳不出来，而是它们已经适应了环境。虽然跳蚤所在的玻璃杯的盖子被取掉，但它们早已经被撞怕了，或者已习惯了，不再跳上新的高度了。

当然，让这群跳蚤再次跳出这个玻璃杯的方法十分简单，只需拿一根小棒子突然重重地敲一下杯子;或者拿一盏酒精灯在杯底加热，不到五分钟，量杯烧热了，当跳蚤热得受不了的时候，就会自然发挥求生的本能，每只跳蚤再也不管头是否会撞痛(因为它们以为还有玻璃

罩)，全部都跳出量杯以外。

跳蚤会为了适应环境，不愿改变习性，宁愿降低才能、封闭潜能去适应. 人类往往也是如此。

人类在适应外界大环境中，又创造出适合于自己的小环境，然后用习惯把自己困在自己所创造的环境中。习惯决定着你的活动空间的大小，也决定着你的成败。养成好习惯对于你的成功非常重要,所以要积极养成良好的习惯。

(一)积极思维的习惯

资料链接

有位秀才第三次进京赶考，住在一个经常落脚的店里。考试前两天他做了三个梦:第一个梦是梦到自己在墙上种白菜，第二个梦是下雨天，他戴了斗笠还打着伞，第三个梦是梦到跟心爱的表妹躺在一起，但是背靠着背。临考之际做此梦，似乎有些深意，秀才第二天去找算命的解梦。算命的一听，连拍大腿说:“你还是回家吧。你想想，高墙上种菜不是白费劲吗？戴斗笠打雨伞不是多此一举吗？跟表妹躺在一张床上，却背靠背，不是没戏吗?”秀才一听，心灰意冷，回店收拾包裹准备回家。店老板非常奇怪，问:“不是明天才考试吗？今天怎么就打道回府了?”秀才如此这般说了一番，店老板乐了:“唉，我也会解梦的。我倒觉得，你这次一定能考中。你想想，墙上种菜不是高种吗？戴斗笠打伞不是双保险吗？跟你表妹背靠背躺在床上，不是说明你翻身的时候就要到了吗?”秀才一听，认为有道理，于是精神振奋地参加考试，居然中了探花。

事物本身并不影响人，人们只受到自己对事物看法的影响，人必须改变被动的思维习惯，养成积极的思维习惯。

怎样才算养成了积极思维的习惯呢？当你在实现目标的过程中，面对具体的工作和任务时，应用积极的思考和有效的方法，来完成工作和任务。

(二)高效率工作的习惯

1. 了解你每天的精力充沛期。

2. 每天集中一两个小时来处理手头紧急的工作，不接电话、不受打扰。这样可以事半功倍。

3. 立刻回复重要的邮件。

4. 做个工作清单，将所有的项目和约定记在效率手册中。手头一定要带着记事本帮助自己按计划行事。

5. 学会高效地利用零碎时间，用来读点东西或是构思一个文件，不要发呆或做白日梦。

6. 减少回电话的时间。

7. 做好电话分类和记录。

8. 学习上网高效搜寻的技能，以节省上网查询的时间。

9. 用互联网简化商业旅行的安排。

10. 做好五五复制工作。

11. 做灵活的日程安排。

12. 在每天晚上开始列次日工作的清单。

实案思考

美国的约翰·戈达德15岁的时候，就把自己一生要做的事情列了一份清单，被称做“生命清单”。在这份排列有序的清单中，他给自己制定了所要攻克的127个具体目标。比如，探索尼罗河、攀登喜马拉雅山、读完莎士比亚的著作、写一本书等。在44年后，他以超人的毅力和非凡的勇气，在与命运的艰苦抗争中，终于按计划，一步一步地实现了106个目标，成为一名卓有成就的电影制片人、作家和演说家。

（三）不断学习的习惯

书中自有黄金屋。养成阅读的好习惯，打开你成功的大门。

资料链接

哈利·杜鲁门是美国历史上著名的总统。他没有上过大学，曾经营农场，后来经营一间布店，经历过多次失败。当他最终担任政府职务时，已年过五旬。但他有一个好习惯，就是不断地阅读。多年的阅读，使杜鲁门的知识非常渊博。他一卷一卷地读了《大不列颠百科全书》以及所有查理斯·狄更斯和维克多·雨果的小说。此外，他还读过威廉·莎士比亚的所有戏剧和十四行诗等。

广泛阅读得到的丰富知识，使杜鲁门能带领美国顺利度过第二次世界大战的结束时期，并使这个国家很快进入战后繁荣。他懂得读书是成为一流领导人的基础。读书还使他在面对各种有争议的、棘手的问题时，能迅速做出正确的决定。他的信条是：“不是所有的读书人都是一名领袖，然而每一位领袖必须是读书人。”

资料链接

世界500家大企业的CEO至少每个星期要翻阅大概30份杂志或图书资讯，一个月可以翻阅100多本杂志，一年要翻阅1000本以上。如果你每天读15分钟书，你就有可能在一个月之内读完一本书。一年你就至少读过12本书了，10年之后，你会读过总共120本书！想想看，每天只需要抽出15分钟时间，你就可以轻易地读完120本书，它可以帮助你在生活的各方面变得更加富有。

相对于人类的知识来讲，任何博学者都只能是不及格。每一个成功者都是有着良好阅读习惯的人。

（四）谦虚的习惯

资料链接

著名科学家法拉第晚年时期，国家准备授予他爵位，以表彰他在物理、化学方面的杰出贡献，但被他拒绝了。法拉第退休之后，仍然常去实验室做一些杂事。一天，一位年轻人来实验室做实验。他对正在扫地的法拉第说道：“干这活，他们给你的钱一定不少吧？”老人笑笑，说道：“再多一点，我也用得着呀。”“那你叫什么名字？老头？”“迈克尔·法拉第。”老人淡淡地回答道。年轻人惊呼起来：“哦，天哪！您就是伟大的法拉第先生！”“不”，法拉第纠正说，“我是平凡的法拉第。”

谦虚不仅是一种美德，更是一种人生的智慧，是一种通过降低自己来保护自己的智慧。三人行必有我师；三个臭皮匠顶个诸葛亮。每一个你身边的人身上都有他独特的可学习的一面。谦虚使你获益匪浅！

（五）自制的习惯

任何一个成功者都有着非凡的自制力。

资料链接

三国时期，蜀相诸葛亮亲自率领蜀国大军北伐曹魏，魏国大将司马懿采取了闭城休战、不予理睬的态度对付诸葛亮。他认为，蜀军远道来袭，后援补给必定不足，只要拖延时日，消耗蜀军的实力，一定能抓住良机，战胜敌人。诸葛亮深知司马懿沉默战术的利害，几次派兵到城下骂阵，企图激怒魏兵，引诱司马懿出城决战，但司马懿一直按兵不动。诸葛亮于是用激将法，派人给司马懿送来一件女人衣裳，并修书一封说："仲达不敢出战，跟妇女有什么两样。你若是个知耻的男儿，就出来和蜀军交战，若不然，你就穿上这件女人的衣服。""士可杀不可辱。"这封充满侮辱轻视的信，虽然激怒了司马懿，但并没使老谋深算的司马懿改变主意，他强压怒火稳住军心，耐心等待。相持了数月，诸葛亮不幸病逝军中，蜀军群龙无首，悄悄退兵，司马懿不战而胜。抑制不住情绪的人，往往伤人又伤己，试想，如果司马懿不能忍耐一时之气，出城应战，那么或许历史将会重写。现代社会，人们面临的诱惑越来越多，如果人们缺乏自制力，那么就会被诱惑牵着鼻子走，偏离成功的轨道。

(六)幽默的习惯

没有幽默的人不一定差，但懂得幽默的人一定是一个优秀的人。

资料链接

美国第16任总统林肯长相丑陋，但他从不忌讳这一点，相反，他常常诙谐地拿自己的长相开玩笑。在竞选总统时，他的对手攻击他两面三刀，搞阴谋诡计。林肯听了指着自己的脸说："让公众来评判吧，如果我还有另一张脸的话，我会用现在这一张吗?"还有一次，一个反对林肯的议员走到林肯跟前挖苦地问："听说总统您是一位成功的自我设计者?""不错，先生。"林肯点点头说，"不过我不明白，一个成功的设计者，怎么会把自己设计成这副模样?"林肯就是这种幽默的方法，多次成功地化解了可能出现的尴尬和难堪场面。

(七)微笑的习惯

微笑是大度、从容的表现，也是交往的通行证。举世闻名的希尔顿大酒店，其创建人希尔顿，经过多年探索，最终发现了一条简单、易行、不花本钱的经营秘诀——微笑。从此，他要求所有员工：无论饭店本身遭遇到什么困难，希尔顿饭店服务员脸上的微笑永远是属于顾客的阳光。这束"阳光"最终使希尔顿饭店赢得了全世界一致好评。

资料链接

成功是从好的习惯开始。在西方社会，你走到很多地方人们都在微笑，尽管你知道那是职业性的，你依然能感觉这些微笑的人们很亲切。如果我们从现在就学会微笑，习惯微笑，把悲伤留给自己，把快乐带给别人。不管你是真心的还是职业性的微笑，只要你笑了，就会很美丽、很好看，就会给人留下美好的印象。

(八)敬业、乐业的习惯

敬业是对渴望成功的人对待工作的基本要求，一个不敬业的人很难在他所从事的工作中做出成绩。

资料链接

美国标准石油公司有一个叫阿基勃特的小职员，开始并没有引起人们的特别注意。他的敬业精神特别强，处处注意维护和宣传企业的声誉。当他远行住旅馆时总不忘记在自己签名的下方写上“每桶四美元的标准石油”字样，在给亲友写信时，甚至在打收条时也不例外，签名后总不忘记写那几个字。为此，同事们都叫他“每桶四美元”。这事被公司的董事长洛克菲勒知道了，他于是邀请阿基勃特共进晚餐，并号召公司职员向他学习。后来，阿基勃特成为标准石油公司的第二任董事长。

资料链接

周士渊先生总结出了培养习惯的“三二一模式”：“三”是认识必要性、选择可行性、具有操作性；“二”是两句话，即“关键在前三天”和“奥妙在缠缆绳”，后一句出自西方著名教授曼恩对习惯培养很精确的比喻：“习惯仿佛像一根缆绳，只要我们每天给它缠上新的一股，要不了多久，它就会变得牢不可破。”“一”是一个简单的口诀，即“三七二十一”。周先生认为，“关键在前三天”，指前三天要启动、要认真、要咬着牙熬过它。这“七”是指一星期七天。“二十一”可是个习惯领域里的重要数字，必须记住。因为根据西方科学家的研究，一种习惯的培养如果认真去做，平均大概是二十一天。

当然，好习惯的养成和不良习惯的克服所用的时间一定差异很大，认真程度不同，对重要性的认识不同，所用时间也显然会大不相同。

资料链接

诸葛亮在《诫子书》中说：“夫君子之行，静以修身，俭以养德。非澹泊无以明志，非宁静无以致远。夫学须静也，才须学也。非学无以广才，非志无以成学。淫慢则不能励精，险躁则不能治性。年与时驰，意与日去，遂成枯落。多不接世，悲守穷庐。将复何及！”这段话的意思是：君子的品行是以宁静来修养身心，以俭朴来陶冶品德。如果不恬淡寡欲就不能明确自己的志向，不安定宁静就不能达到远大的目标。想要学习必须心静，想要有才能必须学习。不学习就不能扩充自己的才能，没有志向就不能成就自己的学业。放纵懈怠就不能勉励自己专心致志，轻薄骄躁就不能陶冶自己的品性。年龄与时光一同流逝，意志与岁月一同远去，理想不能实现，不能有益于社会。像枯草一样凋落，空白悲伤地固守着简陋的房屋。想要改变（回复到过去）又怎么来得及。

成功不是偶然的，我们必须改掉一些自身的坏毛病，严格要求自己，不要懒惰，给自己订一个计划，立一个目标。督促自己完成自己订立的目标。经常检查一下自己的实际行为与目标是否相对应，通过实际情况和当时所处的环境，不断修正自己的目标。首先需要自己清楚地认识到自身处于什么位置，自身需要什么？自身的目标定位什么？然后根据自己的目标定位进行职业选择和习惯养成，习惯决定命运！好的习惯成就你的一生。

资料链接

1. 处世方面的习惯

(1)仔细听清别人所说的话的习惯。

(2)和自己不喜欢的人保持一定的交往的习惯。

(3)交流及为人处世时进行换位思考的习惯。

(4)时常保持微笑的习惯。

(5)分人分事、直言直语的习惯。

(6)说话谨慎用词的习惯。

(7)公开表扬而私下批评的习惯。

(8)不以对别人的感情亲疏来判断其言论的习惯。

(9)不在他人背后说其坏话的习惯。

(10)与人交谈时，首先考虑对方的态度和兴趣的习惯。

(11)不炫耀自己的习惯。

(12)对非原则性问题不批评、指责、抱怨的习惯。

(13)敢于在他人(熟人、众人)面前出丑的习惯。

(14)与人对话时克制住自己插话的习惯。

(15)敢于做自己认为正确的事而不怕被他人乃至众人嘲笑的习惯。

2. 生活方面的习惯

(1)常用左手以锻炼右脑的习惯。

(2)临睡前想想还未解决的问题以利用潜意识的习惯。

(3)睡前进行身体及心理放松的习惯。

(4)适时闭目养神的习惯。

(5)心情烦躁时进行听音乐、观赏自然等艺术活动的习惯。

(6)用想象来暗示、激励、放松自己的习惯。

(7)开电脑前一分钟完全明确这次用电脑的所有目的的习惯。

(8)做某件事感觉已经很久时，对该事已经进行时间长度统计的习惯。

(9)有效地休息而不浪费休息时间的习惯。

(10)学会欣赏自然物以放松心情、体味生活的习惯。

3. 做人方面的习惯

(1)绝不拖延的习惯。

(2)谨慎使用“最”字的习惯。

(3)形体语言(面部表情、肢体语言)健康有力(尤其是在自己认识的一群人面前)的习惯。

(4)对犹豫不决的事情设定放弃底线并坚决执行的习惯。

(5)不在别人面前埋怨个人得失的习惯。

(6)不传播自己不确定的信息的习惯。

(7)适时(工作结束、睡觉、调节身心时)地进行自我满足的习惯。

(8)理直气壮的习惯。

(9)先想清楚再说出来的习惯。

(10)时刻保持积极的行为与心态的习惯。

(11)带着兴趣去做事(如上课、学习)的习惯。

(12)善于放弃的习惯。

(13)敢于向别人乃至当众承认自己的错误并日后改掉的习惯。

(14)做事果断、迅速而有力的习惯。

(15)有意识地运用各种困难来锻炼自己的能力的习惯。

(16)少用否定性语言的习惯。

(17)善于在生活的每一处发现快乐的习惯。

(18)不应有在心里和口头上说“我不知道该怎么办”的习惯。

(19)不逃避现实而是积极地处理现实问题的习惯。

(20)作出某个决定之后痛快地、彻底地执行这个决定的习惯。

(21)让事实来决定我对某个观点的赞成与否的习惯。

4. 学习方面的习惯

(1)学习时端正姿态的习惯。

(2)在某一段时间内专一地学习与思考的习惯。

(3)每新学一门课程或某一较大的学习内容(如某一本需要认真读的书)之前明确学习它的基本方向并在日后的学习中逐步改善与丰富这些方向的习惯。

(4)读完一本书后系统地回顾与总结之的习惯。

探究拓展

1. 说说你或你发现别的同学有那些日常生活中的不良生活习惯，说出你的改正措施。

2. 制定一个习惯养成计划。

(1)明确的目标

为了不让自己太累，也为了积累成就感，通常一段时间只需要培养一个新习惯就可以。

(2)严格的时间表

一个新习惯的养成需要一段时间的坚持，直到形成新的条件反射，所以习惯养成的计划中一定要包括一个非常具体的时间表。例如：以三个月为准，每周算一个单元。

(3)想一句可以起到自我激励的话

不要小看自我激励语的作用。人和动物的区别之一就是人可以对抽象的信号如语言和文字作出反应，这是教育和自我教育能够产生作用的基础之一。而好的立志语可以对我们新习惯的形成产生重要的激励作用。可以参考以下几个句子：好习惯创造好人生；现在我形成习惯，将来习惯养我；我要通过改变自己的习惯改变自己的命运；我完全可以通过改变自己的习惯改变自己的命运。

(4)实施计划：

①行动实施计划。实施计划时要尽可能严格要求自己，尤其计划实施的最初阶段最需要坚持不破例，否则就有可能前功尽弃。

②定期自我评估。这可以以周为单位，每周做一次自我评估

③及时的奖励或者惩罚。如果自己做的不错，就要及时奖励自己，如去看场电影，去和朋友聊天，去玩等。

如果自己做的不好，就要把该做的做好，然后还要对自己实施一定的惩罚，如：取消自己喜欢的一件事或者要求自己做一件不喜欢的事等等。

(4)记录自己的收获和感想。

(5)与朋友分享

第三课　细节决定成败

中国道家创始人老子有句名言:“天下难事必作于易,天下大事必作于细”。现在很多企业都倡导“细节之处出效益,精细管理促发展”的管理理念，引导员工注重从细节做起，从身边事做起、从小事做起.在当今激烈竞争的商业社会中，公司规模日益扩大，员工成千上万，其分工越来越细，绝大多数员工从事的都是繁琐的看似不起眼的小事，也正是这一件件不起眼的小事才筑成了公司卓越的成绩。这是细节的美，细节的魅力！细节决定成败。各类企业的人事部门经理表示“企业越来越看重员工的细节，注重他们的软素质”，不仅停留在专业、技能、经验上，还要考虑人才的性格、创新能力、合作精神、团队意识等等，注重从细节上考察人才。很多企业要求优秀员工应做到:①一定要有时间观念，上班决不允许迟到，下班绝不能早退。②不要把请假当成小事，有些人一旦有什么事就马上请假，非常随便，这是一种对公司非常不负责任的表现。只要能坚持上班，最好不要请假，必须秉持平日认真上班的态度。③见面问声“早上好”，是一天工作情绪的开始，是精神充足的保证，更是沟通人际关系、给人留下好印象的要素。④上班时不要随意离开座位乱串门、办私事，用公司电话谈私事。⑤和领导谈话、汇报工作或开会时关掉手机。⑥工作场所一定要保持整洁，一天的工作从工作场所整理和打扫卫生开始。可见细节的竞争才是最终和最高的竞争层面。

案例导引

张良和李伟毕业于同一所中专学校，来到了同一家公司，李伟青云直上，而叫张良却仍在原地踏步。

张良很不满意老板的不公正待遇。终于有一天他到老板那儿发牢骚了。老板一边耐心地听着他的抱怨，一边在心里盘算着怎样向他解释清楚他和李伟之间的差别。

“张良先生，”老板开口说话了，“您今早到集市上去一下，看看有什么卖的。”

张良从集市上回来向老板汇报说，今早集市上只有一个农民拉了一车土豆在卖。

“有多少?”老板问。

张良赶快戴上帽子又跑到集上，然后回来告诉老板一共40口袋土豆。

“价格是多少?”张良又第三次跑到集上问来了价钱。

“好吧，”老板对他说，“现在请您坐到这把椅子上一句话也不要说，看看别人怎么做。”

老板叫来了李伟，李伟很快就从集市上回来了，并汇报说到现在为止只有一个农民在卖土豆，一共40口袋，价格是多少多少;土豆质量很不错，他带回来一个让老板看看。这个农民一个钟头以后还会来几箱西红柿，据他看价格非常公道。昨天他们铺子的西红柿卖得很快，库存已经不多了。他想这么便宜的西红柿老板肯定会要进一些的，所以他不仅带回了一个西红柿做样品，而且把那个农民也带来了，他现在正在外面等回话呢。

此时老板转向了张良，说:“现在你肯定知道为什么李伟的薪水比你高了吧。

问:1.你会怎样做?

2.这故事对你有什么启示?

一、生活中“细节”常被忽略

细节就是细小的事物、环节或情节。我们要成就一番事业，要有所作为，无论做人、做事，都要注重细节，从小事做起。就是从我们身边的小事做起，把一个个小的胜利果实聚集起来，获得更大的胜利果实。形象地说，细节就像是转动链条上的扣环，是千里钢轨上的铆钉，是太空飞船上的螺丝……。细节是我们生活、工作和学习中不可忽视的重要环节。

资料链接

古英格兰有一首著名的民谣：“少了一枚铁钉，掉了一只马掌，掉了一只马掌，丢了一匹战马，丢了一匹战马，败了一场战役，败了一场战役，丢了一个国家。”这是发生在英国查理三世时的故事。查理准备与里奇蒙德决一死战，查理让一个马伕去给自己的战马钉马掌，铁匠钉到第四个马掌时，差一个钉子，铁匠便偷偷敷衍了事，不久，查理和对方交上了火，大战中忽然一只马掌掉了，国王被掀翻在地，王国随之易主。

古人云：“失之毫厘，差以千里”。百分之一的错误导致了百分之百的失败，一钉损一马，一马失社稷。现实生活中，也不乏有这样的案例，成也细节，败也细节。我们提倡树立细节意识，注重细节、把小事做细。否则，就会影响经济社会发展，甚至酿成重大事故。

资料链接

2003 年 1 月 16 日，美国“哥伦比亚”号航天飞机升空 80 秒后发生爆炸，飞机上的七名宇航员遇难。事故调查结果表明，造成这一灾难的原因竟是一块从燃料箱上脱落的泡沫碎片击中了飞机左翼前的隔热系统。应该说，飞机整体性能等许多技术指标是一流的。但是一小块脱落的泡沫就毁灭了价值连城的航天飞机和 7 名无法用金钱衡量的生命。

细节的重要性，在这里得到了最充分的体现。

近年来，一些地方不断发生煤矿瓦斯爆炸事故、交通安全事故，究其原因，大部分是属于安全管理细节没有到位造成的责任事故。现代商业活动中，有的企业因为一个服务细节做得不好，就影响了投资环境。一些项目决策由于前期工作做得不细、不深，造成了盲目投资和低水平重复建设。许多企业将大笔资金投入产品的开发，往往只是为了赚取百分之几的利润，而在生产中一个细节的失误，如产品仅从外观上看就有设计粗糙，产品说明书不简洁，售后服务不到位等等非内在因素的缺陷，往往导致产品失去市场，企业失去利润。

二、“细节”作用“不小”

细节往往因其“小”，而容易被人忽视，掉以轻心；因其“细”，也常常使人感到繁琐，不屑一顾。但就是这些小事和细节，往往是事物发展的突破口，是事情成败的关键。很多事情没有成功，不是我们没有付出努力，而是我们忽略了一些细节，一颗螺丝钉松动足以让航天飞机灰飞烟灭；入口处多一节拐弯的门，可以降低空调的耗电量，这一切都说明细节决定成败！

也许有人说，我们无法保证注重细节会为我们带来成功，但如果我们要想取得成功，要想把工作做好，要想成就一番事业，就必须注重细节，把每个细节都做好。

资料链接

东京一家贸易公司有一位小姐专门负责为客商购买车票。她常给德国一家大公司的商务经理购买来往于东京、大阪之间的火车票。不久，这位经理发现一件趣事：每次去大阪时，座位总在右窗口，返回东京时又总在左窗边。经理询问小姐其中的缘故。小姐笑着回答：“车去大阪时，富士山在您的右边，返回东京时富士山在您的左边。我想外国人都喜欢富士山的壮丽景色，所以我替您买了不同的车票。”就是这种不起眼的细心事，使这位德国经理十分感动，促使他把与这家公司的贸易额由400万马克提高到1200万马克。他认为在这样一个微不足道的小事上，这家公司的职员都能够想得这么周到，那么，跟他们做生意还有什么不放心的呢？

名人名言

成功是细节之子。—— 哈维·费尔斯通

在艺术的境界里，细节就是上帝。—— 米开朗琪罗

一只蚂蚁就可以左右天平的倾向，一个草率的决定会让你悔恨终生。

资料链接

新中国物理学界的泰斗王淦昌（两弹之父邓稼先的导师）早年留学德国，师从被爱因斯坦称为德国的居里夫人的犹太籍物理学家梅特纳。他曾经设计了一个实验方案，志在发现中子。大家知道原子弹要爆炸必须中子“点火”，所以发现中子具有划时代意义。不过梅特纳看过之后，保守地认为这个方案没有可行性，于是王淦昌放弃了这个方案。两年后，英国年轻的物理学家采用和王淦昌类似的实验方案发现了中子，并获得了当年的诺贝尔物理学奖。王淦昌师徒与诺贝尔奖失之交臂。

有时候我们总是被惯有的思维细节支配着，这固然可以保证不会有大的失误，却也限制了创新思维，很难有新的突破。对于不清楚、不了解的事物不要轻易下定论，不要让机遇悄悄溜走。也许一个决定，一个微不足道的细节，恰恰决定了你的成败。

资料链接

海尔总裁张瑞敏在说到中国的员工与日本员工在敬业精神、责任心等方面的差距时说：如果让一个日本员工每天擦桌子六次，那么这个日本员工一定会不折不扣地执行，每天都会坚持擦六次。可是如果让中国的员工去做，他在第一天可能擦六次，第二天可能擦六次，但到了第三天，可能就会擦五次、四次、三次，到后来，就不了了之。

与日本员工的认真、精细比较起来，中国的员工确实有大而化小、马马虎虎的毛病，以致于社会上好像、几乎、大概等等这类“差不多”先生比比皆是。这就使得中国的企业引进了许多一流的设备，而产品质量却达不到设计要求。很多工业品产量能达到世界第一，而出口价格却相差甚远。

三、立足细微、尽心尽责

人们常说，人的心态决定人的命运，企业管理者的心态、员工的心态决定企业的命运。如果人们端正了自己的心态，树立了细节意识，对待工作就会一丝不苟，把身边的小事做细。例如在打印资料文件时，提前做了大量的准备工 作，力争不浪费一张纸；在绘制图纸时，力争图纸标准、美观，就是一个小符号也是严格要求自己；在工地施工时，严格按照各项规章制度 进行施工，既高质量施工又确保了施工人员的人身安全……这样认真、精细对待工作。人们的事业就会做得完美一些。

随着经济的发展，专业化程度越来越高，社会分工越来越细，也要求人们做事认真、精

细，否则会影响整个社会体系的正常运转。

资料链接

一台拖拉机，有五六千个零部件，要几十个工厂进行生产协作；一辆小汽车，有上万个零件，需上百家企业生产协作；一架“波音747”飞机，共有450万个零部件，涉及的企业单位更多，美国的“阿波罗”飞船，则要二万多个协作单位生产完成。在这由成百上千、乃至上万、数百万的零部件所组成的机器中，每一个部件容不得哪怕是1%的差错。否则，生产出来的产品不单单是残次品、废品的问题，甚至会危害人的生命。

要想保证一个由无数个零件所组成的机器的正常运转，就必须从技术和组织管理上把各方面的细节有机地联系协调起来，形成一个统一的系统，才能保证其生产和工作有条不紊地进行。每一个庞大的系统工程是由无数个细节结合起来的统一体，忽视任何一个细节，都会带来想象不到的灾难。

资料链接

美国质量管理专家菲利普·克劳斯比曾说：“一个由数以百万计的个人行动所构成的公司（想想看，每个人每天要执行多少不同的行动）经不起其中1%或2%的行动偏离正轨。”

注重细节、把小事做细是一个比较难的事。丰田公司社长认为其公司最为艰巨的工作不是汽车的研发和技术创新，而是生产流程中一根绳索的摆放，要不高不矮、不粗不细、不偏不歪，而且要确保每位技术工人在操作这根绳索时都要无任何偏差。所以，无论做人、做事，都要注重细节，从小事做起。

资料链接

东汉时有一少年名叫陈蕃，自命不凡，一心只想干大事业。一天，其父之友薛勤来访，见他独居的院内龌龊不堪，便对他说：“孺子何不洒扫以待宾客？”他答道“大丈夫处世，当扫天下，安事一屋？”薛勤当即反问道：“一屋不扫，何以扫天下？”陈蕃无言以对。

资料链接

古人云：“天下难事，必成于易；天下大事，必作于细”；“泰山不拒细壤，故能成其高；江海不择细流，故能就其深。”所以，大礼不辞小让，细节决定成败。

我们的生活就是由无数细节组成。生活质量的高与低，生活态度的好与坏，生活过程的酸、甜、苦、辣都是由一个个微小的细节串起来的。试想，假如我们在学习上关注细节，则一定会收获更多的知识，积淀更多的涵养，充实宝贵的人生；假如我们在工作上关注细节，则一定会避免很多的失误或差错，会尽善尽美地办好每一件事情；假如我们在为人处事上关注细节，则一定会更多的彼此尊重，以求和睦相处，合作愉快；假如我们在社会交往中关注细节，那一定会结识更多的朋友，做更多的善事，坦然面对，无私奉献等等。细节决定生活。不积跬步无以至千里，不积小流无以成江海。我们要成就事业，要有所作为，就要从我们身边的小事做起。

资料链接

香港商业巨子李嘉诚说：“栽种思想，成就行为；栽种行为，成就习惯；栽种习惯，成就性格;栽种性格，成就命运”。可见“注重细节”这个行为习惯对人的影响之大。

有着233年历史的巴林银行因一个问题帐户而在“传奇”中垮台。无论是做人、做事，还是做管理，“细中见精”、“小中见大”，处处都体现了细节的重要性。在工作和生活中，如果我们关注了细节，就可以获得一些机遇，也就为成功奠定了良好的基础。

资料链接

海尔总裁张瑞敏说:什么是不简单？把每一件简单的事做好就是不简单；什么是不平凡？能把每一件平凡的事做好就是不平凡。

大量案例反复证明，一家企业不论规模有多大，质量效益有多好，都有可能由于对某个环节、某个员工管理的疏漏而毁于一旦。因此，我们要以强烈的责任意识从自身做起，从一点一滴做起，善于做小事，尽心尽责，把自己的工作做到位、做出高水平。

资料链接

雅典奥运会，很多人只看到运动员获得的奖牌和荣誉，而忽略了奖牌和荣誉背后的许多细节。其实，比赛中的每一个动作、教练的每一次指导和每一个小的比分对比赛的成败都是至关重要的。中国男篮外籍主教练哈里斯在中国队与塞黑队比赛的前夜，当别人都安然入睡后，他独自一人去图书馆调出新西兰打败塞黑的比赛录象研究，了解了比赛的细节，掌握了取胜的关键。在第二天的比赛中，哈里斯带领下的中国男篮击败了强大的塞黑男篮，首次进入了奥运会八强。

可以看出，对对手弱点等若干细节的研究能够影响比赛的成败，点滴的积累将成就成功。

资料链接

“有别人在场的时候，不要自己乱唱，也不要用手指敲打或者用脚踢什么东西;别人讲话时，不要插嘴;别人站着时，不要坐下;别人停下来时，不要自己走;和别人在一起，不要读书或者看报，如果确有必要做上述事情，也一定要请求。事先不得到允许，不要看别人的书或者写的东西，写信的时候，也别离得太近……”这是美国总统乔治 o 华盛顿 14 岁时抄在笔记本上的部分守则。

这都是细节，甚至是很拘束人的细节，然而华盛顿却把它看成是成长所必须的“维生素”。假如他不注意这些细小的事，从不顾别人的感受，很难想象他会承担起美国开国总统的重任。可见，注意细节是华盛顿成为总统的基石。

资料链接

著名的木桶理论认为：一支木桶盛水的多少，取决于最短的那块木板。而细节从某种意义上说，就是那块最短的木板。春秋时的子罕“不贪为宝”，清朝廉卿张伯行以“取一文，我为人不直一文”为铭，林则徐因自己容易发怒，自书“制怒”条幅挂于堂上，烟瘾特大的毛泽东在重庆谈判期间坚持不抽一支烟……

伟人之所以成为伟人，并不是天生的，而是从细微之处修炼而成。所以，如果想成功，做事就应该注意细节，细节是成功的基石。

探究拓展

一个球的区别：在职业棒球队中，一个击球手的平均命中率是0.25，也就是每4个击球机会中，他能打中1次，凭这样的成绩，他可以进入一支不错的球队做个二线队员。而任何一个平均命中率超过0.3的队员，则是响当当的大明星了。每个赛季结束的时候，只有十一二个的平均成绩能达到0.3。除了享受到棒球界的最高礼遇外，他们还会得到几百万美元的工资，大公司会用重金聘请他们做广告。

讨论思考：伟大的击球手同二线球手之间的差别其实只有1/20。每20个击球机会，二线队员击中5次。而明星队员击中6次，仅仅是一球之差，这一球之差说明什么？

第四课　在感恩中成长

感恩之心是职业精神的核心。一位成功的企业家说：如果一个员工有能力，就会是一个可用之才；如果一个人懂得感恩，就会是一个优秀的员工；如果一个员工既有能力又有感恩的心，那么可以把工作放手交给他去做，因为这样的员工不会找借口来搪塞自己的职责，也不会做任何表面工作来欺骗老板。他们会珍惜一切，善待别人，并认为努力工作是对公司、对事业最好的回报，也是对自己和他人最好的交代。只有懂得感恩的人，才会对家庭、对公司、对朋友、对社会都真正负起"责任"。一个企业重点要培养和提拔那些懂得感恩的人。学会感恩是一个员工做好工作的动力。懂得感恩是一个员工优秀品质的重要体现。

案例导引

日本一家公司招聘职员，一位大学生前去应聘。公司了解到这位大学生家境贫寒，父亲早逝，母亲给人作女佣，拼命挣钱供他读书。学费虽高，但母亲毫无怨言。面试的时候，公司经理审视着他，出乎意料地问："你替母亲洗过脚吗？""没有。"大学生很诚实地回答。经理对他说："明天这个时候你再来，不过有个条件，来之前一定要为你母亲洗一次脚。"大学生回到家里，等母亲下班后，向母亲说明了事情的原委，便开始为母亲洗脚。当他发现母亲的脚像木棒一样僵硬，不禁潸然泪下。读书的时候，他心安理得地花着母亲如期寄来的学费和零花钱，现在他才知道那些钱是母亲的血汗钱。第二天，儿子如约去那家公司，对经理说："现在我才知道母亲为了我受了很多的苦，您让我明白了在学校里没有学过的道理，谢谢您。我只有母亲一个亲人了，我要照顾好母亲，再也不能让她受苦了。"经理点点头，说："你明天到公司上班吧。"

问：1. 公司为什么给大学生布置了这样一个任务？

2. 你为母亲洗过脚吗？

一、个人在施恩中生活，社会在施恩中发展

感恩是对别人所给的帮助表示感激。怀着感谢他人施予自己恩惠的心情对待他人或者去回馈社会。

资料链接

"感恩"二字，牛津字典给的定义是："乐于把得到好处的感激呈现出来且回馈他人"。

感恩是一种处世哲学，感恩是你对一个没有关系或者关系不够亲密的人给予你帮助所产生的一种回馈心理，对他人给予的恩惠表示感谢，带着一颗真诚的心去报答、感谢。"感恩"是一个人与生俱来的本性，是一个人不可磨灭的良知，也是现代社会成功人士健康性格的表现。

人的一生，小时候，领受父母的养育之恩，上学后，领受老师的教育之恩，工作后，领略领导、同事的关怀、帮助之恩，晚年后，领受晚辈的赡养、照顾之恩，个人在施恩中成长、生活。作为一名社会成员，人们首先从社会这个多层次的大环境里获得了生存、发展的条件和机会。人们生活在大自然里，大自然给予人们诸多的恩赐。人生道路，难免有艰难险阻，甚至遭遇

挫折和失败。在危困时，有人向你伸出温暖的双手，解除生活的困顿；有人为你指点迷津，让你明确前进的方向；甚至有人用肩膀、身躯把你擎起来，让你攀上人生的高峰……你最终战胜了苦难。人类在施恩中相互支撑生活。“感恩”也是一种认同，这种认同应该是发自内心的一种认同。施恩则是在这种认同之下产生的一种责任感。没有社会成员的知恩和施恩，社会就难以维系，社会在施恩中发展。

实案思考

有一位单身女子刚搬了家，她发现隔壁住了一户穷人家，一位单身母亲与两个小孩子。一天晚上，忽然停了电，那位女子只好自己点起了蜡烛。没一会儿，忽然听到有人敲门。原来是隔壁邻居的小孩子，只见他紧张地问：”阿姨，请问你家有蜡烛吗？“女子心想：”他们家竟穷到连蜡烛都没有吗？千万别借他们，免得被他们依赖了！“于是，对孩子吼了一声说：”没有！“正当她准备关上门时，那小孩展开关爱的笑容说：“我就知道你家一定没有！”说完，竟从怀里拿出两根蜡烛，说：“妈妈和我怕你一个人住又没有蜡烛，所以我带两根来送给你。”此刻女子自责、感动得热泪盈眶，将那小孩子紧紧地拥抱在怀里。

资料链接

美国的海关里，有一批没收的脚踏车，在公告后决定拍卖。拍卖会中，每次叫价的时候，总有一个十岁出头的男孩喊价，他总是以五块钱开始出价，然后眼睁睁地看着脚踏车被别人用三十四十元买去。拍卖暂停休息时，拍卖员问那小男孩为什么总是以五块钱的价格来买。男孩说，他只有五块钱。

拍卖会又开始了，那男孩还是给每辆脚踏车相同的价钱，然后被别人用较高的价钱买去。后来聚集的观众开始注意到那个总是首先出价的男孩，直到最后一刻，拍卖会要结束了。这时，只剩一辆脚踏车了。拍卖员问：“有谁出价呢?”这时，站在最前面，而几乎已经放弃希望的那个小男孩轻声的再说一次：“五块钱。”这时，所有在场的人全部盯住这位小男孩，没有人出声，没有人举手，也没有人喊价。直到拍卖会主席大声说：这辆脚踏车卖给这位穿短裤白球鞋的小伙子！此话一出，全场鼓掌。那小男孩拿出握在手中仅有的五块钱钞票，买了那辆脚踏车，脸上露出了灿烂的笑容。

知足知恩

太阳每天都会把她的温暖给予我们，从不要求回报，但是我们必须知恩。知足知恩，是一个人对自己与他人、与社会关系的正确认识，“感恩”是一种回报。对太阳感恩，是对温暖的领悟；对蓝天感恩，是我们对纯净的一种认可；对草原的感恩是我们对“野火烧不尽，春风吹又生”的叹服；对大海的感恩，是我们对兼收并蓄的一种倾听。

资料链接

上世纪七十年代，新加坡总统李光耀任职期间，曾收到过旅游局的一份报告，大意是说，我们新加坡不像埃及有金字塔，不像中国有长城，不像日本有富士山，除了一年四季的阳光，我们什么名胜古迹都没有。言外之意，是说新加坡发展旅游业举步维艰。李光耀看过报告之后，写下这么一行批示：你想让上帝赐给我们多少东西，阳光就够了。而后来，新加坡正是靠那些上帝赐予的阳光，植树种草，发展成为世界著名的花园城市。连续三年，其旅游收入位列亚洲第三位。

知足知恩之心，就是对世间所有人所有事物给予自己的帮助铭记在心，无论你是尊贵，还是卑微，无论你生活在何地何处，或是你有着怎样特别的生活经历，只要你胸中常常怀着一颗知恩的心，心中就会充满温暖、自信、坚定、善良。在日常生活、工作和学习中所遇之事、所遇之人给予的点点滴滴的关心与帮助，都值得我们用心去记恩，铭记那无私惠助之恩。感恩不仅仅是为了报恩，因为有些恩泽是我们无法回报的，有些恩情更不是等量回报的，惟有用纯真的心灵去感动去铭记，才能真正对得起给你恩惠的人……“感恩”就是为了将无以为报的点滴付出永铭于心。是一种对恩惠心存感激的表示。

人生在世，不可能一帆风顺，种种失败、挫折或无奈都需要我们勇敢地面对、豁达地处理。跌倒了，爬起来，对生活满怀感恩，感恩使我们在失败时看到差距，在不幸时得到慰藉和温暖，激发我们挑战困难的勇气，进而获取前进的动力。换一种角度去看待人生的失意与不幸，对生活时时怀有一份感恩的心情，则能使自己永远保持健康的心态和进取的信念。感恩不纯粹是一种心理安慰，也不是对现实的逃避，是来自对生活的热爱与希望的心态。所以，感恩也是一种生活态度。

名人名言

“生活就是一面镜子，你笑，它也笑;你哭，它也哭。”——萨克雷

没有感恩就没有真正的美德。——卢梭

感恩，是一条人生基本的准则，是一种人生质量的体现，是一切生命美好的基础。怀有感恩之情，对别人、对环境就会少一份挑剔，多一份欣赏和感激。感恩，是一种美好的情感，是人的高贵之所在。感恩将使你的心和你所企盼的事物联系得更紧，感恩将使你对生活、对一切美好事物坚定信念，从而一生被美好的事物包围。常怀感恩之心，我们便能够生活在一个感恩的世界。相信这个世界一定是非常美好的，人们的人生也会变得更加美好。

资料链接

善良的力度

一对夫妻很幸运地订到了火车票，上车后却发现有一位女士坐在他们的位子上，先生示意太太坐在她旁边的位子上，却没有请那女士让位。太太坐定后仔细一看，发现那位女士右脚有点不方便，才了解先生为何不请她起来。他就这样从嘉义一直站到台北。

下了车之后，心疼先生的太太就说:“让位是善行，但是从嘉义到台北这么久，中途可以请她把位子还给你，换你坐一下。”先生说:“人家不方便一辈子，我们不方便就这三小时而已”。

三、学会感恩报恩

(一)学会理解、宽容和关爱

滴水之恩，当涌泉相报。知恩报恩，是中华民族的优良传统，也是一个正直的人具备的起码品德。父母对我们有养育之恩，老师对我们有教育之恩，领导对我们有知遇之恩，同事对我们有协助之恩，社会对我们有关爱之恩，军队对我们有保卫之恩，祖国对我们有呵护之恩……一个经常怀着感恩之心的人,会胸怀宽广，会自觉自愿地给人以帮助，助人为乐。

学会感恩，为自己已有的而感恩，感谢生活给予你的一切。这样你才会有一个积极的人生观，才会有一种健康的心态。“感恩”也是一种品德，学会“感恩”，其实就是学会懂得尊重他人,对他人的帮助时时怀有感激之心。尊重他人、社会、自然、知识，在自己与他人、与社会

相互尊重以及与自然和谐共处中追求生命的意义，展现自己的人格魅力，感恩是学会做人的支点。

名人名言

感恩是精神上的一种宝藏。——洛克

感恩即是灵魂上的健康。——尼采

“感恩”之心是一种美好的感情，没有一颗感恩的心，孩子永远不能真正懂得孝敬父母、理解、帮助其他的人，更不会主动地帮助别人。

在感恩的心态中，人们对待事情会平心静气，认真务实，严于律己，宽以待人。一切情绪之中最有威力的便是爱心。当一个人懂得感恩时，便会将感恩化做一种充满爱意的行动，实践于生活中。感恩不是简单的报恩，它是一种责任、自立、自尊和追求，感恩是积极向上的思考和谦卑的态度，更是学会做人，学会理解、宽容和关爱。

实案思考

一次，美国前总统罗斯福家失盗，被偷去了许多东西，一位朋友闻讯后，忙写信安慰他，劝他不必太在意。罗斯福给朋友写了一封回信：“亲爱的朋友，谢谢你来信安慰我，我现在很平静。感谢上帝：因为第一，贼偷去的是我的东西，而没有伤害我的生命；第二，贼只偷去我部分东西，而不是全部；第三，最值得庆幸的是，做贼的是他，而不是我。”

对任何一个人来说，失盗是不幸的事，而罗斯福却找出了感恩的三条理由。

从成长的角度来看，心理学家们普遍认同这样一个规律：心如果改变，态度就跟着改变；态度如果改变，习惯就跟着改变；习惯如果改变，性格就跟着改变；性格如果改变，人生就跟着改变。

也许别人只是在你囊中羞涩时，帮你解围付了一元的车费；也许别人只是在你跌入人生的低谷时，轻轻地拍拍你疲惫的双肩；也许别人只是当你身处异地时为你端上一碗普通的清水；也许别人只是在你迷茫时无意为你点拨了久陷其中的迷津……但是不要把这当成是微不足道的举手之劳，因为等到你失去了，才明白这世界上根本不存在微不足道，任何一件事都至关重要。更不要认为这是别人应该做的。

实案思考

在印度北部有一个极为偏僻贫困的小村庄，村民常常可以看到车辆载货物过往。偶然的一次，一辆拉罐头的货车坏在路上，村民们趁司机出去找修车师傅时将货车上的罐头一抢而空。从此，这个村子抢劫成风，而政府却苦于对这种集体抢劫没什么对策。直到有一天，一辆拉着工业淀粉的货车又在此遭遇了这种情况。年轻的司机怕无知的村民们把这些工业淀粉错当成面粉，开始挨家挨户告诉大家淀粉没有了不重要，但是如果人吃了会有生命危险。人们起初不信，有几个聪明的村民拿淀粉让猫吃了，果然猫中毒死去了。对于抢东西的村民，小伙子不仅没有愤恨，而且还担心他们的安全。这件事给了村民很大的触动，他们退回了淀粉，并感激那位善良的小伙子。从此村民们再也没有抢劫过来往的车辆。

对于生活心存感恩，就不会有太多的抱怨。与别人交往更离不开感恩，世上没有十全十美的事物。比抱怨更重要的是自己为改变这一切做出的努力。感恩之心足以稀释我们心中的狭隘和蛮横，变得宽阔，能够帮助我们度过人生的痛苦和灾难。宽容和感动使我们可以原谅那些有过结怨甚至触及心灵痛处的那些人，可以化干戈为玉帛，会使我们已有的人生资源变得更加丰厚。学会感恩，在生活的每一天，充满着感恩情怀，懂得回报，学会付出。这样，每天我们都有一个好心情，就会在生活中发现美好，用微笑去对待人生，对待朋友，对待困难，对待世界。

资料链接

香港作家张小娴曾有这么一段话很值得我们深思：把一撮盐放在一杯水里，你会觉得尝起来很咸；可是把一撮盐放进一个湖里，你就不会觉得咸了。每当我发怒时，我就对自己说：我是一个湖。

资料链接

朋友的巴掌与帮助

有两个人在沙漠中行走，他们是很要好的朋友，在途中不知道什么原因，他们吵了一架，其中一个人打了另一个人一巴掌。那个人很伤心，于是他就在沙里写道："今天我朋友打了我一巴掌"，写完后继续行走。他们来到一块沼泽地里，那个人不小心踩到沼泽里面，另一个人不惜一切拼了命地去救他，最后那个人得救了，他很高兴，于是拿了一块石头，在上面写道："今天我朋友救了我一命"。朋友一头雾水，奇怪得问："为什么我打了你一巴掌，你把它写在沙里，而我救了你一命你却把它刻在石头上呢？"那个人笑了笑，回答道："当别人对我有误会，或者有什么对我不好的事，就应该把它记在最容易遗忘、最容易消失的地方，由风负责把它抹掉，而当朋友有恩与我，或者对我很好的话，就应该把它记在最不容易消失的地方，尽管风吹雨打也忘不了。"

在现实生活中，我们经常可以见到一些喜欢埋怨的人，"真不幸，今天的天气怎么这样不好"、"今天真倒霉，被老师骂了一顿"、"真惨啊，丢了钱包，自行车又坏了"……这个世界对他们来说，永远没有快乐的事情，其实，所抱怨的事都是日常生活中经常发生的一些小事情，但是明智的人会一笑置之，因为有些事情是不可避免的，有些事情是无力改变的，有些事情是无法预测的。能补救的则需要尽力去挽回，无法转变的只能坦然处之，重要的是要学会知恩、感恩、报恩，做好应该做的事情。

在家中，当你吃着可口的饭菜，你是否感恩父母付出的辛勤劳动？当你穿着漂亮暖和的衣服，你是否感恩父母对你的关心？父母们每天要在工作岗位上辛苦地工作十几个小时，他们付出了多少汗水？面对父母语重心长的教诲，你是否会无动于衷，甚至会感到厌倦？在学校里，面对老师、阿姨的辛勤劳动，你是否学会了感恩？当他们看到你们学习上出现了滑坡，学习习惯散漫的时候，对你提出了警醒或批评，你能否体察老师们的关怀之情，对他们感恩？

实案思考

湖北5名贫困大学生受助不感恩被取消资格

受助一年多，没有主动给资助者打过一次电话、写过一封感谢信，更没有一句感谢的话，襄樊5名受助大学生的冷漠，逐渐让资助者寒心。襄阳市总工会、市企业家协会联合举行的第九次"金秋助学"活动中，主办方宣布：5名贫困大学生被取消继续受助的资格。

记得有一首歌叫《感恩的心》，其中有几句印象深刻：感恩的心，感谢有你伴我一生——让我有勇气做我自己；感恩的心，感谢命运花开花落——我一样会珍惜。如果说，爱是人类最崇高的情感，那么，因爱而生的感恩之心则是爱的升华，化感恩之情为报恩之行，则是一种自觉的社会责任，更是一种高尚的精神洗礼。

资料链接

手术费

一个生活贫困的男孩为了积攒学费，挨家挨户地推销商品。傍晚时，他感到疲惫万分，饥饿难挨，而他推销的过程却很不顺利，以至于他有些绝望。这时，他十分饥饿，他敲开一扇门，希望主人能给他一杯水。开门的是一位美丽的年轻女子，她给了他一杯浓香的热牛奶，令男孩感激万分。许多年后，男孩成了一位著名的外科大夫。曾给他恩惠的女子，因为病情严重，当地的大夫都束手无策，便被转到了那位著名的外科大夫所在的医院。外科大夫为妇女做完手术后，惊喜地发现那位妇女正是多年前在他饥寒交迫时，热情地给过他帮助的年轻女子，当年正是那杯热奶使他又鼓足了勇气，完成了学业。那位妇女想，这次费用一定很贵，当她看手术费单据时惊奇地发现上有一行字，写道：手术费＝一杯牛奶。

中国有句古语："百善孝为先"。意思是说，孝敬父母是各种美德中占第一位的。一个人如果连父母都不知道孝敬、感恩，就很难想象他会热爱祖国和人民。古人说："老吾老，以及人之老；幼吾幼，以及人之幼"。我们不仅要孝敬自己的父母，还应该尊敬别的老人，爱护年幼的孩子，在全社会形成尊老爱幼的淳厚民风，这是我们新时期的责任。

实案思考

子路借米孝敬父母的故事

子路，春秋末鲁国人。在孔子的弟子中以政事著称，以勇敢闻名。但子路小的时候家里很穷，长年靠吃粗粮野菜度日。有一次，年老的父母想吃米饭，可是家里一点米也没有，怎么办？子路想，要是到亲戚家借点米，不就可以满足父母的这点要求了吗？

于是，小小的子路翻山越岭走了十几里路，从亲戚家背回了一小袋米，看到父母吃上了香喷喷的米饭，子路忘记了疲劳。邻居们都夸子路是一个孝顺的好孩子。

（二）养成感恩的习惯

每天怀有感恩的说"谢谢"，不仅仅使自己有积极的思想，也使别人感到快乐。在别人需要帮助时，伸出援助之手；而当别人帮助自己时，以真诚的微笑表达感谢；当你悲伤时，有人会抽出时间来安慰你，这些小小的细节都是一颗感恩的心。如果你想表达你对别人或生活的感恩，就要养成感恩的习惯，例如一张表达谢意的纸条，如果别人向你寄来一封表达谢意的纸条，你一定会很开心，当你表达谢意时，并不需要正式的感谢信，一张小小的卡片（或 Email）就可以了，礼轻情意重；不求回报的小小善意，不要为了私利去做好事，也不要因为善小而不为；留心一下他人需要什么，然后帮他们做点事情；行动强于话语，说声"谢谢"不如做一件小小善事来回报他人；一份小小的礼物，也足够表达你的感恩；列一份你感谢别人的理由，写一份清单，表达你对他人的感激；公开地感谢别人，在一个公开的地方表达你对他人的感谢，比方说办公室里、在与朋友和家人交谈时、在博客上、在当地新闻报纸上等；给他们意外惊喜，小小的惊喜可以使事情变得不一样。一个懂得感恩并知恩报恩的人，人生就会充实而快乐，这才是天底下最富有的人。

生活中，自己所做的事情不一定会得到别人的认可，也许这在当时会成为心中的纠结。但是，要感谢那些曾经让自己成长的人，是他们让我们走向成熟睿智。学会感恩，定会收获别样的人生。

资料链接

歌词《感恩的心》

我来自偶然像一颗尘土
有谁看出我的脆弱
我来自何方我情归何处
谁在下一刻呼唤我
天地虽宽这条路却难走
我看遍这人间坎坷辛苦
我还有多少爱我还有多少泪
要苍天知道我不认输
感恩的心，感谢有你
伴我一生让我有勇气作我自已
感恩的心，感谢命运
花开花落我一样会珍惜
我来自偶然像一颗尘土
有谁看出我的脆弱
我来自何方我情归何处
谁在下一刻呼唤我
天地虽宽这条路却难走
我看遍这人间坎坷辛苦
我还有多少爱我还有多少泪
要苍天知道我不认输
感恩的心，感谢有你
伴我一生让我有勇气作我自已
感恩的心，感谢命运
花开花落我一样会珍惜
感恩的心，感谢有你
伴我一生让我有勇气作我自已
感恩的心，感谢命运
花开花落我一样会珍惜

资料链接

我感谢……

感谢伤害我的人，因为他磨练了我的心志；
感谢欺骗我的人，因为他增进了我的见识；
感谢遗弃我的人，因为他教导了我应自立；
感谢绊倒我的人，因为他强化了我的能力；
感谢斥责我的人，因为他助长了我的智慧；
感谢藐视我的人，因为他觉醒了我的自尊；
感谢父母给了我生命和无私的爱；

感谢老师给了我知识和看世界的眼睛；

感谢朋友给了我友谊和支持；

感谢外界给了我信任和展示自己能力的机会；

感谢邻家的小女孩给我以纯真无邪的笑脸；

感谢周围所有的人给了我与他人交流沟通时的快乐；

感谢生活所给予我的一切，虽然并不全都是美满和幸福；

感谢天空，给我提供了一个施展的舞台

感谢大地，给我无穷的支持与力量；

感谢太阳，给我提供光和热；

感谢天上所有的星，与我一起迎接每一个黎明和黄昏。

感谢我爱的人和爱我的人，使我的生命不再孤单；

感谢我的敌人，让我认识自己和看清别人；

感谢鲜花的绽放，绿草的如茵，鸟儿的歌唱，让我拥有了美丽、充满生机的世界；

感谢日升，让我在白日的光辉中有明亮的心情；

感谢日落，让我在喧嚣疲惫过后有静夜可依。

感谢快乐，让我幸福地绽开笑容，美好生活着；

感谢伤痛，让我学会了坚忍，也练就了我释怀生命之起落的本能；

感谢生活，让我在漫长岁月的季节里拈起生命的美丽；

感谢有你，尽管远隔千里，可你寒冬里也给我温暖的心怀；

感谢关怀，生命因你而多了充实与清新。

探究拓展

1. 阅读下面的材料，谈谈你的感想。

感恩的活着

史蒂文斯失业了，一切来得那么突然。一个程序员，在软件公司工作了8年，他一直以为自己将在这里干到退休，然后拿着优厚的退休金颐养天年。然而，这一年公司倒闭。史蒂文斯的第三个儿子刚刚降生，他感谢上帝的恩赐，同时意识到，重新工作迫在眉睫。作为丈夫和父亲，自己存在的最大意义，就是让妻子和孩子们过得更好。

他的生活开始凌乱不堪，每天的事情就是找工作。一个月过去了，他没找到工作。除了编程，他一无所长。终于，他在报上看到一家软件公司要招聘程序员，待遇不错。史蒂文斯揣着资料，满怀希望地赶到公司。应聘的人数超乎想像，很明显，竞争将会异常激烈。经过简单交谈，公司通知他一个星期后参加笔试。凭着过硬的专业知识，笔试中，史蒂文斯轻松过关，两天后面试。他对自己8年的工作经验无比自信，坚信面试不会有太大的麻烦。然而，考官的问题是关于软件业未来的发展方向，这些问题，他竟从未认真思考过。史蒂文斯觉得公司对软件业的理解，令他耳目一新，虽然应聘失败，可他感觉收获不小，有必要给软件公司写封信，以表感谢之情。于是立即提笔写道："贵公司花费人力、物力，为我提供了笔试、面试的机会。虽然落聘，但通过应聘使我大长见识，获益匪浅。感谢你们为之付出的劳动，谢谢！"

这是一封与众不同的信，落聘的人没有不满，毫无怨言，竟然还给公司写来感谢信，真是闻所未闻。这封信被层层上递，最后送到总裁的办公室。总裁看了信后，一言不发，把它锁进抽屉。3 个月后，新年来临，史蒂文斯收到一张精美的新年贺卡，上面写着：尊敬的史蒂文斯先生，如果您愿意，请和我们共度新年。贺卡是他上次应聘的公司寄来的。原来，公司出现空缺，他们想到了史蒂文斯。十几年后，凭着出色的业绩，史蒂文斯成了副总裁。这家公司就是美国微软公司。

2. 制定感恩计划

(1)每天至少为家里做一件力所能及的家务，如：打扫卫生、洗碗、叠被、整理房间等。

(2)做一件令父母感动的事。如：为父母揉揉腰、捶捶背、洗洗脚。

(3)在母亲节和父亲节向父母说一声"谢谢"，道一声"辛苦了"，送一句温馨的祝福；(每年 5 月份的第二个星期天是母亲节；6 月份的第三个星期天是父亲节。)记住并祝贺父母的生日。

第五课　挫折是人生的必修课

一份来自企业的调查发现：一个优秀的员工即使面对失败也是积极乐观的，因为失败对于他们来说是成功道路上最为平常的一个插曲，失败能够让他们更加努力，激发他们的潜能，让他们在竞争中更胜一筹。为培养优秀的员工越来越多的企业重视挫折教育，联想集团会定期邀请专业心理人士来为知识型员工进行《压力管理》讲座，世界500强企业中有80%的企业都提供类似的心理培训课程。可见企业需要的优秀员工应该有抗挫能力，能够满怀希望地完成工作。

案例导引

他们是如何成功的？

小李和小周是好友，中专毕业后又同在一个城市工作。小李从事的是销售工作，小周从事的是广告设计工作。两人在工作之余经常聚会，喝酒，畅谈工作和想法。小周每次都有发不完的牢骚，谈的都是对工作的抱怨，不是说自己运气不好，就是觉得领导对自己不公平。小李则相反，他每次谈的都是自己在工作中的收获。一年下来，小李的工作做得很好，与很多老客户建立了稳定的关系，收入也在逐步增加，而小周基本没有什么起色，工资也没增加，只是勉强维持现状。

一次小周因为工作问题被老板训斥了一顿，他约小李出来喝酒。酒过三巡，小周有些语无伦次：小李，你说你哪点比我强？可就是发展的越来越好，我呢一年下来一点进步没有，这老天怎么这么不公平啊？

小李听了有些生气：是啊，我工作做得好，又拿工资又拿提成，可是你只看到我的成功，怎么不问问我以前是怎么过的？我几乎没有睡过一个好觉，业务上没进展，每天都要看领导的脸色。好几次我被客户轰出门外，还被人家骂。有时为了等客户，我在外面一等就是几个小时，回到家沮丧的连饭都吃不下。你只看到我工资高了，奖金多了，可是我失败过多少次你看到了吗？你说老天不公平，什么叫公平？公平是用失败换来的。

小周听完没说一句话，猛地喝完了杯中酒，心中只默念了四个字：尝试失败，两个人的聚餐就这样结束了。

三个月过去了，小李突然接到小周的电话，邀请他出去喝酒。原来小周做成了一个大型的电视广告，终于体会到了成功的感觉。小李笑问小周你是怎么成功的？小周咬牙说：失败是砸出来的！说完两人相视一笑。

问：1. 小李和小周是如何成功的？

2. 我们应该向他学习什么？

一、人生之路不平坦

挫折是指人们在从事有目的的活动中，因客观或主观的原因而受到阻碍或干扰，致使动机不能实现，需要不能满足时的心理状态。表现为失望、痛苦、沮丧、不安等。

人类活动，总有一定的目标。但是道路并不平坦，有时会摔跤，或许还会受伤，这就是挫折。

资料链接

美国百货大王梅西年轻时出过海，以后开了一间小杂货铺，卖些针线，铺子很快就倒闭了。一年后他另开了一家小杂货铺，仍以失败告终。在淘金热席卷美国时，梅西在加利福尼亚开了个小饭馆，本以为供应淘金客膳食是稳赚不赔的买卖，可是多数淘金者却一无所获，什么也买不起，这样一来，小铺又倒闭了。回到马萨诸塞州之后，梅西满怀信心地干起了布匹服装生意，这一回他不只是倒闭，而且简直是彻底破产，赔了个精光。不死心的梅西又跑到新英格兰做布匹服装生意。他把买卖做得灵活，甚至把生意做到了街上商店。头一天开张账面上就收入 11.08 美元，这一回他时来运转，如今位于曼哈顿中心地区的梅西公司已经成为世界上最大的百货商店之一。

造成挫折的因素是多方面的，主要包括外在因素和内在因素。外在因素主要包括自然因素、社会因素、学校因素和家庭因素。自然因素主要是指人们不能预测和及时防范的天灾使人们生活遭受挫折。

资料链接

1976 年震惊中外的唐山大地震，使 24 万人死于非命，给人们身心带来了巨大的创伤。1998 年特大洪水灾害，使无数良田和房屋毁于一旦，人们因无家可归而为此焦虑。2003 年 SARS 病毒在中国一些地区肆虐，人们称之为非典型肺炎疫情，给人们的身体健康和生命安全带来了严重威胁。

社会因素是指人们在社会生活中遭到各种人为因素的打击和阻碍。

资料链接

2003 年美国对伊拉克的战争，据伊拉克方面公布有 1254 名平民丧生，5 000 多人受伤。

1995 年，一位两岁的孩子因医务工作者的疏忽，错打了一针庆大霉素，导致孩子药物性耳聋。从那一年起，父亲经过 8 年的不懈努力，终于为儿子讨回了公道。孩子已长到 10 岁，然而这个意外的打击使他仍然只会喊出“爸爸”这两个字。

学校因素是指学校教师的教育教学和环境对学生成长造成的影响。比如，应试教育使许多学生产生挫折感和失败感，一些教师简单生硬的教育方式使学生对学习和学校产生畏惧感。

家庭因素是指家庭生活中意想不到的因素所产生的影响。比如，亲人突然病逝使人产生强烈的悲痛，父母不理解子女的成长需要而产生心理隔阂等。

内在因素主要是个体由于体力、智力、外貌以及某些生理缺陷带来的限制。例如，有的人很想当飞行员，但是在身体检测时被检测出色盲而失去了当飞行员的机会；有的人希望在学习中获得好成绩，但是由于努力不足造成考试失败，从而产生消极颓丧的情绪等等。

正确看待挫折

(一)大海航行常受伤

资料链接

带伤的船

英国劳埃德保险公司曾从拍卖市场买下一艘船，这艘船1894年下水，在大西洋上曾138次遭遇冰山，116次触礁，13次起火，207次被风暴扭断桅杆，然而它从没有沉没过。劳埃德保险公司基于它不可思议的经历及在保费方面带来的可观收益，最后决定把它从荷兰买回来捐给国家。现在这艘船就停泊在英国萨伦港的国家船舶博物馆里。不过，使这艘船名扬天下的却是一名来此观光的律师。当时，他刚打输了一场官司，委托人也于不久前自杀了。尽管这不是他的第一次失败辩护，也不是他遇到的第一例自杀事件，然而，每当遇到这样的事情，他总有一种负罪感。他不知该怎样安慰这些在生意场上遭受了不幸的人。当他在萨伦船舶博物馆看到这艘船时，忽然有一种想法，为什么不让他们来参观这艘船呢？于是，他就把这艘船的历史抄下来和这艘船的照片一起挂在他的律师事务所里，每当商界的委托人请他辩护，无论输赢，他都建议他们去看看这艘船。它使我们知道：在大海上航行的船没有不带伤的。

(二)挫折不是失败的根本原因

一般人认为垓下之战是项羽最大的挫折，而且项羽自觉已无颜面见江东父老，最后自刎在乌江江边，不少人为这样的结果而感到遗憾。他们认为，如果项羽过了江东，重新结集人马，再与刘邦战上几百个回合，最后天下还不知鹿死谁手呢。韩信背叛项羽而归刘邦时，曾评价项羽为人的弱点，如不能任属贤将，有功爵者忍不能予，以亲爱王诸侯，不平，所过无不残灭，百姓不附。项羽有的只是“妇人之仁，匹夫之勇”，他轻敌自大、寡谋轻信、不善用人、刚愎自用、优柔寡断，不能正确看待他人的长处，不能正确分析形势，最终失败自杀。临死前，他大呼“此天亡我，非战之罪”，他的至死不悟是他最大的悲哀。

挫折是成功的阻碍，但是这种阻碍来自外部，影响事物发展的根本原因是内因。我们自己如果能够正确地看待挫折，并采取办法去克服挫折所带来的困难，挫折是可以战胜的。

挫折可使意志薄弱者消极、妥协；也可使意志坚强者接受教训，在逆境中奋起。挫折是对勇气的最大考验，就是看一个人能否做到败而不馁。每一种挫折或不利的突变，是带着同样或较大的有利的种子。

名人名言

苦难是人生的老师，通过苦难，走向欢乐——贝多芬

我们若已接受最坏的，就再没有什么损失。——卡耐基

一切幸福都并非没有烦恼，而一切逆境也绝非没有希望。——培根

只要我们勇于直面挫折，挫折可以成为成功的起点。

实案思考

吹口琴的华人“盖茨”

沈望傅，他是全球多媒体帝国——“创新科技公司”的创始人，是“声霸”计算机声卡的发明人，也是一位在科技创新领域里可以和微软老板比尔·盖茨相提并论的优秀华人。

沈望傅中学时的学习成绩并不理想，曾经是个高考落榜青年。后来勉强上了一所理工专科学院，读电子工程技术专业。沈望傅喜欢吹口琴，一天沈望傅突发奇想：能不能让电脑响

起来，播放优美的音乐呢？经历了无数次的挫折与失败，沈望傅终于研制成功了一种计算机芯片。这种芯片可以附在线路板里，插到主板上，只要一开机就能发出“叮”的一声脆响。随后，沈望傅又发明了世界上第一块声卡——“魔音卡”，让计算机发出了美妙的乐音。1981年，沈望傅与自己的两位好友创办了只有30名员工的“创新科技有限公司”。1984年沈望傅推出了他的首部能发声的兼容电脑，但刚一上市就遭遇了“滑铁卢”，电脑价格普遍下降与制造成本提高并存的不利市场环境，决定了实力弱小的创新在与大型电脑制造商竞争过程中的必然失败的命运。沈望傅果断做出决定，放弃电脑产品的研制转而发展软件、研发声音卡。1989年他推出了“声霸”计算机声卡，使自己成为在计算机科技创新领域里可以和比尔·盖茨分庭抗礼的人物，被誉为“亚洲最杰出的商业人士之一”。

(三)挫折使人变得坚强

有时候，我们的生命中需要奋斗、需要挣扎。如果生命中没有经历挫折，我们就会变得很脆弱。挣扎让人变得坚强，挣扎就是奋斗。

名人名言

平静的湖面练不出精悍的水手；安逸的环境造不出时代的伟人。—— 列别捷夫

资料链接

塞曼小时候读书的自觉性并不高，成绩也一直平平。塞曼的母亲看到儿子的这种表现，心里十分着急。一天，她把儿子叫到跟前，注视着他的眼睛，神情激动地说：“儿啊，早知道你是一个平庸无能之辈，我当初真不该在波涛中挣扎……”接着，她向默默呆立的塞曼忆起往事：在塞曼快要降生的时候，家乡突然遭到洪水的袭击，她死里逃生，好不容易才登上了一只小船，塞曼就降生在这只小船上，母亲望着滔滔洪水和刚刚临世的小生命，想起了荷兰人的一句古训：我要挣扎，我要探出头来！

听完妈妈的回忆，塞曼才知道母亲所经历过的艰难，心灵受到强烈的震撼，暗暗发誓要发奋攻读，绝不辜负妈妈的厚望。功夫不负有心人，他终于以优异的成绩受到学校的赏识，被学校聘为助教。当他满怀喜悦去见母亲的时候，母亲已身染重病，奄奄一息了。在弥留之际，她用深情的目光注视着塞曼，嘴唇在艰难地颤动着“挣扎，再——挣——扎！”留下这句遗言后溘然长逝！

挣扎就是奋斗。

挣扎，再挣扎，就是不满足于现状，永远拼搏。塞曼把妈妈的话铭刻在心。他将嵌有母亲遗像的金制小镜框一直挂在胸前。遇到困难和挫折时，他便凝视着母亲的遗像，回想母亲的谆谆教诲，以增加自己克服困难的勇气。塞曼在科学的道路上挣扎，再挣扎！终于攀上了一般人难以企及的高峰，1902年塞曼获得了诺贝尔物理奖。

资料链接

蝴蝶的故事

一天，一只茧裂开了一个小口，有一个人正好看到这一幕，他一直在观察着，蝴蝶正艰难地将身体从那个小口中一点点地挣扎出来，几个小时过去了……，蝴蝶似乎没有任何进展了。看样子它似乎已经竭尽全力，不能再前进一步了……。这个人看得心疼，于是就决定帮一下蝴蝶，他拿来一把剪刀，小心翼翼地将茧破开。蝴蝶很容易地挣脱出来了。但是蝴蝶的身体很萎缩，身体很小，翅膀紧紧地贴着身体……。这个人接着观察，期待着在某一时刻，

蝴蝶的翅膀会打开并伸展起来，成为一只健康美丽的蝴蝶……。然而，这一刻始终没有出现。实际上他看到的是，这只蝴蝶在余下的时间都极其可怜地带着萎缩的身子和瘪塌的翅膀在爬行，它永远也没能飞起来……。这个好心人并不知道，蝴蝶从茧上的小口逐步挣扎而出，是要通过这一挤压过程将体液从身体挤压到翅膀，这样它才能在脱茧而出后展翅飞翔……

站起来的次数比倒下去的次数多，就是成功。越挫越勇才是真正的强者。

资料链接

真正的男子汉

一位父亲很为他的儿子苦恼，已经是十六七岁了，却一点男子汉的气概都没有。于是他去拜访一位拳师，请求这位武术大师帮助训练他的儿子，塑造男子汉的气概。拳师说："把你的儿子留在我这里吧，半年后，我一定把你的孩子训练成一个真正的男子汉！"半年后，男孩的父亲来接男孩，拳师安排了一场拳击赛来向这位父亲展示这半年来的训练成果，男孩与教练对打。教练一出手，这男孩便应声倒地。但是，男孩才刚刚倒地便立即站起来接受挑战。倒下去又站起来……如此来来回回总共二十多次。拳师问这个父亲："你觉得你孩子的表现够不够男子汉气概？"父亲伤心地回答："我简直无地自容了，想不到半年后我所看到的结果还是这么不经打，被人一打就倒。"拳师意味深长地说："我很遗憾，因为你只看到了表面的胜负，但你有没有看到你儿子倒下却又立刻站起来的勇气和毅力呢？那才是真正的男子汉气！"

追求成功的路上难免会遇到挫折导致失败，而且可能是屡屡挫折和失败。几次失败以后，有人便开始不是抱怨这个世界的不公平，就是怀疑自己的能力，于是不再想方设法去追求成功，而是一再地降低成功的标准，即使原有的一切限制已取消。人们往往因为经历了挫折而丧失继续挑战成功的勇气，宁愿接受失败者的生活。

资料链接

视拒绝为常事

美国推销员协会曾经对推销员的拜访做长期的调查研究，结果发现:48%的推销员，在第一次拜访遭遇挫折之后，就退缩了;25%的推销员，在第二次遭受挫折之后，也退却了;12%的推销员，在第三次拜访遭到挫折之后，也放弃了;5%的推销员，在第四次拜访碰到挫折之后，也打退堂鼓了;只剩下10%的推销员锲而不舍，毫不气馁，继续拜访下去。结果80%推销成功的个案，都是这10%的推销员连续拜访5次以上所达成的。一般推销员效率不佳，多半有一种共同的毛病，就是惧怕客户的拒绝。心里虽想推销却又裹足不前，所以纵有满腹知识与技巧也无从发挥。真正的推销家则有顽强的耐心，有"精诚所至，金石为开"的态度，视被拒绝为常事，且不影响自身的情绪。坚持就是胜利。其实成功者与不成功者之间距离很短——只要后者再向前几步即可。

三、学会战胜挫折、驾驭人生

生活中必然面对困难和挫折，挫折如果应对不当，就会是成功路上的障碍。敢于直面挫折的人是坚强的。怎样才能坚强呢？要学会面对挫折。在遇到挫折时，冷静下来，理智地分析挫折，确定处理方法。

挫折能磨练人的意志，战胜挫折本身就是一种成功，一种坚强。挫折可以成为新的机遇，挫折可以激起人的斗志。要乐观地对待人生中的挫折，从挫折中总结经验和教训，变挫折为动力，在挫折中奋起，并想办法克服困难。当克服了困难时，应自己鼓励自己。这样，就能体验到成功的喜悦，增强克服困难的信心，在挫折中创造条件继续奋斗，人是从挫折中获得成长。

实案思考

造纸工人

在德国，有一个造纸工人在生产纸时，不小心弄错了配方，生产出了一批不能书写的废纸。因此，他被老板解雇。正当他灰心丧气、愁眉不展时，他的一位朋友劝他："任何事情都有两面性，你不妨变换一种思路看看，也许从错误中找到有用的东西来。"于是，他发现，这批纸的吸水性能相当好，可以吸干家庭器具上的水分。接着，他把纸切成小份，取名"吸水纸"，拿到市场去卖，竟然十分畅销。后来，他申请了专利，独家生产吸水纸发了大财。

资料链接

驴子的故事

有一天，农夫的一头驴子不小心掉进枯井里，农夫绞尽脑汁想要救出驴子，几个小时过去了，驴子还在井里哀号着。最后，农夫决定放弃，他想这头驴子已经老了，不值得大费周折把它救出来，但是不管如何这口井是一定要填起来的。于是农夫就找邻居帮忙，想将井里的驴子埋了，以免除驴子的痛苦。

大伙人手一把铲子，开始将泥土铲进井里，当这头驴子意识到自己的处境时，刚开始哭得很凄惨，但出人意料的是，一会儿它安静下来了。大家好奇地往井底一看，出现在眼前的情形令他们大吃一惊：

当铲进的泥土落到驴子的背部时，它将泥土抖落一旁，然后站到泥土堆上面。

就这样，驴子一步一步地上升到井口，然后在众人的惊讶中快步跑开了。

实案思考

博迪是法国的一名记者，1995年他突然心脏病发作，导致四肢瘫痪，而且丧失了说话的能力。被病魔袭击后的博迪躺在医院的病床上，头脑清醒，但是全身的器官中，只有左眼还可以活动。可是，他还是决心要把自己在病倒前就开始构思的作品完成并出版。出版商便派了一个叫门迪宝的笔录员做他的助手，每天工作6小时，给他做笔录。博迪只会眨眼，所以就只有通过眨动左眼与门迪宝来沟通，一个字母一个字母地向门迪宝背出他的腹稿，然后由门迪宝抄录出来。门迪宝每一次都要按顺序把法语的常用字母读出来，让博迪来选择，如果博迪眨一次眼，就说明字母是正确的。如果是眨两次，则表示字母不对。由于博迪是靠记忆来判断词语的，因此有时就可能出现错误，有时他又要滤去记忆中多余的词语。开始时他和门迪宝并不习惯这样的沟通方式，所以中间也出现了不少障碍和问题。刚开始，他们两个每天用6小时默录词语，也只能录1页，后来慢慢加到3页。几个月之后，他们历经艰辛终于完成了这部著作。据粗略估计，为了写这本书，博迪共眨了左眼20多万次。这本不平凡的书有150页，已经出版，它的名字叫《潜水衣与蝴蝶》。

资料链接

英伦才子阿兰·德伯顿曾说过，对于可以预见的挫折，大家基本可以接受，即使心里充满沮丧和痛苦，也不至于呼天抢地。但对于完全没有预见到的挫折，哪怕只是微不足道的小问题，也不免要失态无措。

在办公室里，很多人经常会为突然不见了一张写着重要信息的纸而惊慌失色；在家里，甚至会因为一下子找不到电视机遥控器而大怒。日常生活中，诸如此类的小事每天都在上演。小事尚且如此，关系家庭财富的投资理财一旦遭遇意料之外的损失风险，当然就更容易让人丧失理性。

资料链接

在预想投资风险与挫折方面，“股神”巴菲特堪称世人的表率。他对于股票投资的风险总是不忌讳做最坏的打算：“我从未期望通过股市买卖股票赚钱。我们买入股票时假设股市第二天会关闭，甚至在5年内股市不会重新开始。”巴菲特对风险的设想，使伯克希尔公司成就了全世界最伟大的投资事业。

法国普鲁斯特的《追忆似水年华》这部名著里有位莱奥尼姑妈，她很爱自己的家人，却总喜欢想象他们遭遇种种不测。譬如，她会假设某日忽然起了一把火，全家人葬身火海，只有她一人死里逃生。之后尽管伤心欲绝，她依旧会神情坚毅地出席葬礼，还要发表一番感人肺腑的悼词，使全村人因佩服她的勇气而啧啧赞叹。莱奥尼姑妈是如此的特别，她敢于预想苦难，并乐于品尝这种想象中的痛苦。

实案思考

高士其是我国著名的科学家。在国外留学的时候，有一次做实验，一个装有培养脑炎过滤性病毒的玻璃瓶子破裂了，病毒侵入了他的小脑。从此留下了身体致残的祸根。他忍受着病毒的折磨，学完了芝加哥大学病菌学的全部博士课程。

1930年秋天，高士其回到了阔别5年的祖国。在上海，他住在一个窄小的亭子间，靠做翻译工作和当家庭教师来维持生活。由于经济困难、营养不良，他的病症加重了。这时，他认识了董纯才、张天翼、艾思奇等进步文化界人士。艾思奇把马克思主义的一些著作介绍给他，使他在艰难中看到了光明，看到了希望。于是他在短短几年就写出了上百篇科普作品和论文，为中国科学文艺作品的诞生作出了开创性的贡献。

1937年他奔赴延安，在延安，高士其的生命获得了新的力量，他以更加昂扬的斗志写作、讲课，孜孜不倦地工作着。而那里的医疗条件是很恶劣的，高士其的病情日益恶化，终于全身瘫痪。但他在极为困难的环境中一方面同疾病斗争，一方面坚持创作。后来病情恶化，说话和行动都十分困难，连睁、合眼都需要别人帮助。但他仍以惊人的毅力进行创作，先后写成了100多万字的作品。有人问他苦不苦，他笑着说：“不苦！因为我每天都在斗争，斗争是有无穷乐趣的。”

资料链接

战胜残疾的巴雷尼

巴雷尼小时候因病成了残疾，母亲的心就像刀绞一样，但她还是强忍住自己的悲痛。她想，孩子现在最需要的是鼓励和帮助，而不是妈妈的眼泪。母亲来到巴雷尼的病床前，拉着他的手说："孩子，妈妈相信你是个有志气的人，希望你能用自己的双腿，在人生的道路上勇敢地走下去！好巴雷尼，你能够答应妈妈吗?"

母亲的话，像铁锤一样撞击着巴雷尼的心扉，他"哇"地一声，扑到母亲怀里大哭起来。

从那以后，妈妈只要一有空，就带着巴雷尼练习走路，做体操，常常累得满头大汗。有一次妈妈得了重感冒，她想，做母亲的不仅要言传，还要身教。尽管发着高烧，她还是下床按计划帮助巴雷尼练习走路。黄豆般的汗水从妈妈脸上淌下来，她用干毛巾擦擦，咬紧牙，终于帮巴雷尼完成了当天的锻炼计划。

体育锻炼弥补了由于残疾给巴雷尼带来的不便。母亲的榜样作用，更是深深教育了巴雷尼，他终于经受住了命运给他的严酷打击。他刻苦学习，学习成绩一直在班上名列前茅。最后，以优异的成绩考进了维也纳大学医学院。大学毕业后，巴雷尼以全部精力，致力于耳科神经学的研究。最后，终于登上了诺贝尔生理学和医学奖的领奖台。

当我们遇到挫折时，要学会发泄，可以选择多种方法，如找朋友倾诉、唱歌、旅游，明白自己的责任，知道自己被需要。坚信自己的信念，坚强没有理由，看看自然界的事物，不管在怎样恶劣的困境，都会顽强地生存，生存本身就是人生意义，生存就有希望。相信会走出困境。困难是一个良好的锤炼、磨砺和洗礼自己的机会。没有不可逾越的鸿沟，没有不可攀越的高峰。要以乐观、自信、坚韧、坦然的心态去竭力拼搏，学会化挫折为奋斗的动力。不怕挫折，百折不挠才会取得成功 。

资料链接

苏秦少有大志，曾跟随鬼谷子学习游说术多年。后来辞别老师，下山求取功名。苏秦先回到洛阳家中，变卖家产，然后周游列国，向各国国君阐述自己的政治主张，希望能施展自己的政治抱负。可惜的是，没有一个国君欣赏他，苏秦只好垂头丧气，穿着旧衣破鞋回到洛阳。洛阳的家人见他如此这般落魄，都不给他好脸色，苏秦央求嫂子做顿饭，嫂子都不给做，还狠狠训斥了他一顿。苏秦受了很大的刺激，从此振作精神，苦心攻读。他身边放着一把锥子，如果自己打瞌睡，就用锥子刺自己的腿，"头悬梁，锥刺股"的"锥刺股"指的就是他。一年后，苏秦掌握了当时的政治形势，开始二次周游列国。这回终于说服了当时的齐、楚、燕、韩、赵、魏六国合纵抗秦，并被封为"纵约长"，做了六国的丞相。

资料链接

萧伯纳是著名的爱尔兰作家，后来移居英国。他一生的著作颇丰，一共写了剧本 50 余部，小说 5 部和其他多种著作，曾荣获诺贝尔文学奖，是一位天才作家。萧伯纳能取得这样骄人的成绩，完全是他长期不懈、不怕挫折、勤奋写作的结果。1879 年，萧伯纳写成了第一部长篇小说《未成年时期》，自己看看，感到不满意，马上又在小说稿纸的背面动手写第二部作品。写好以后拿给出版商看，被出版商拒绝。但是，萧伯纳并没有因此而灰心丧气，就此放弃，虽然那时他靠着不固定的微薄收入维持生活，但是仍然坚持一面在图书馆进修，一面刻苦地进行文学创作。就这样，他连续创作了 3 部作品，直到 1884 年，出版社发表了他的第五部长篇小说《业余社会主义者》，这才开始引起社会的注意。萧伯纳也从此正式登上了文坛。

资料链接

菲尔德铺设海底电缆

1844 年莫尔斯发明有线电报，使同一块大陆上彼此隔绝的人们，几乎可以同时知道世界上发生的事情，但这时对远隔重洋的欧亚及美洲两大陆地上的人们，使用电进行通讯，依然是个奢望。

菲尔德这位年轻的富商，毫不犹豫地将自己所有的财产及全部精力投入到此项事业中。

他改造了由英美两国政府提供的两艘战舰，分别装上足够铺设两千多海里的电缆，于 1857 年 8 月 5 日，开始了铺设海底电缆的第一次尝试。第六天晚上，300 多海里长的电缆，在海面上无影无踪地消失，菲尔德第一次铺设海底电缆的尝试宣告失败。

第二年，菲尔德带着新的勇气和旧的电线再次出发，却在第四天遇上了狂风暴雨，白白扔掉了 200 海里长的电缆，再次失败。

第三次出航已没有人再注意他们这支船队了。结果海底电缆的第一次铺设成功，就是在这悄无声息的航行中完成的。1858 年 8 月 16 日，当纽约人第一次接收到英国女皇通过海底电缆发来的贺电时，欣喜若狂，他们为菲尔德举行了盛大的游行，把菲尔德视为英雄。正当人们欢声雷动之时，那根要命的海底电缆突然沉默了。转眼间赞美变成了咒骂，英雄变成了骗子。

这一搁浅就是六年。当人们开始遗忘这件事时，菲尔德却重整旗鼓，坚毅是战胜挫折的惟一武器，他第 30 次远渡大西洋，出现在伦敦。他购置新巨轮，又开始了一次新的电缆铺设。经历了再一次失败之后，终于在 1866 年 7 月 13 日，使美洲到欧洲的海底电缆铺设成功。

资料链接

只有坚持不懈才能从挫折中站起来 。19 世纪法国著名的科幻小说家凡尔纳是一位多产作家，一生写了 100 多部作品，被誉为科学幻想之父，但他的第一部作品《气球上的五星期》却是经历了一番曲折才问世的。当他把这部手稿写完后，曾先后投稿寄给 15 家出版社，结果都被退了回来，他一气之下将手稿投进火炉。他的妻子赶忙抢救了出来，劝他不要泄气，不妨“再试一次”。结果在第十六次寄出之后，终于被一家公司承印，才使这部处女作问世了。美国作家杰克·伦敦最初投稿也没有一家出版社愿意发表，以至于他不得不去干苦力。后来他的《北方故事》被《西洋月刊》看中，一举成名。丹麦著名童话家安徒生的处女作问世也经历波折，他是一个鞋匠的儿子，有人攻击他的作品“别字连篇”“不懂文法”“不懂修辞”。但是他毫不气馁，笔耕不辍，终于成名。英国诗人拜伦 19 岁写作的《闲散的时光》出版后，即被人骂得“狗血淋头”，说他“把感情抒发在一片死气沉沉的沼泽上”。然而拜伦并没有退却，而是以更优秀的诗作来回敬那个诽谤者。

纵观历史，古今中外，凡是有所建树之人，无一不是在挫折面前经受住考验，而铸造了一个个不平凡的人生。南朝的祖冲之，在极其简陋的条件下，靠一片片小竹片进行大量复杂的计算，一遍又一遍，历经无数次失败，终于在世界上第一个把圆周率精确到小数点后第七位。试想，如果祖冲之苦于那繁琐的计算、屡次的失败，而选择放弃，那会有怎样的结果？由此可见，面对挫折，我们应该大胆地正视它、面对它。罗曼·罗兰说得好：“每个人心中都应有两盏灯光，一盏是希望的灯光；一盏是勇气的灯光。有了这两盏灯光，我们就可以铸造一个充实的人生。

四、热爱生命、珍惜生命

(一)生命是人类社会活动的前提和基础

生命本是生物学用语，在这里我们所说的生命是指人类这种生物体所具有的存在和活动的能力，它开始于人类生命自然体的出生，终止于人类生命自然体的死亡。人类的社会运动以生命的存在为前提和基础，生命是人类社会运动的载体。如果没有人类的生命，就不可能产生人类社会。随着年龄的增长，身边的人离去的越来越多。我们渐渐地理解到生命是那样短暂和脆弱，心里自是珍惜，不敢轻易放弃自己的生命，我们会保护我们的生命。

资料链接

永不放弃生的希望

2004 年 7 月 26 日 17 时 10 分，湖南省娄底市银广石煤矿突然发生坍塌，在矿井下十多名矿工面临灭顶之灾！由于矿井年久失修，坍塌十分严重，而且无法确定遇难矿工的准确位置，救援工作一次一次地失败了，几天过去了…… 井下，由于缺氧和缺水，有人出现了昏迷，同伴们互相照顾和鼓励着，并积极寻找着生的希望。终于，一名矿工发现了井壁上有个洞，透出了一丝光亮，他们一起用手挖掘，一次又一次的失败，一次又一次的坚持，双手挖出了鲜血，他们心里只有一个信念:要活着出去！终于，外面听到了他们挖掘的声音，确定了他们的位置，十几名矿工脱险得救 了，这坚强的求生意志帮助他们救了自己。无论何时何地,无论遇到多大挫折,都不轻易放弃生的希望。

(二)人的自然生命只有一次

属于人的生命，也只有一次。生命是每个人的财富，生命是短暂的，一去不复返，人的一生就如白驹过隙，一旦过去就不会再来。在这短暂的生命历程中，交织着矛盾和痛苦，充满着求索和艰辛，遍布着荆棘和坎坷。人类都有一种求生的本能，但这只是一个想法而已，并不就是说我们一定不会放弃自己的生命。例如自杀是一时冲动，那一刻自杀者不会想那么多的责任和生命的来之不易。“年轻人容易冲动”，这句话我们都听过，事实也常常如此。

实案思考

2005 年 4 月 30 日，高考在即，北京延庆县一中高三学生郭某因害怕考不上大学被父亲责骂，在学校扎死一名同学后自杀;6 月 13 日，中考前一天，广州某中学初三女生阿珊，忽然觉得“活着没意思”，在家里喝下致命的药物;6 月 27 日，合肥市一名高三女生因高考成绩不理想，哭泣着跳入汹涌的河流……

石家庄某等专业学校学生闫某，经学校安排在江苏吴江一家电子工厂实习。曾在电话中告诉父亲:“每天工作 10 至 12 个小时，熬得慌，压力很大。”在当地河边一棵树上上吊自杀身亡。

偶尔看到富士康员工几连跳的新闻，让人们感到更震惊的是这些自寻短见者的年龄都是 19 – 24 岁之间。

资料链接

部分富士康员工死亡记录

2010 年 5 月 21 日一名年仅 21 岁的男性员工南钢从 F4 栋楼跳下身亡。

2010 年 5 月 14 日一名年仅 21 岁的安徽籍男工，从宿舍楼 7 楼楼顶坠下，当场身亡。

2010 年 5 月 11 日河南籍祝姓女员工跳楼身亡，24 岁。

2010 年 5 月 6 日深圳宝安区龙华街道富士康厂区，22 岁男工卢新从阳台跳下身亡。

2010 年 4 月 7 日观澜樟阁村，富士康男员工身亡，死者 22 岁，湖北人。

2010 年 4 月 7 日富士康观澜厂区外宿舍，宁姓女员工坠楼身亡，18 岁，云南人。

2010 年 4 月 6 日，观澜 C8 栋宿舍饶姓女工坠楼，仍在医院治疗，18 岁。

2010 年 3 月 29 日龙华厂区，23 岁湖南籍男性员工从宿舍楼上坠下，当场死亡。

2010 年 3 月 11 日富士康龙华基地生活区一李姓员工从宿舍楼 5 楼坠地身亡。

2010 年 1 月 23 日凌晨 4 时许，富士康 19 岁员工马向前死亡。

……

据卫生部公布的调查显示，15 岁到 34 岁人群死亡的第一原因不是医学上束手无策的什么疑难病症，而是自杀，并且自杀者年龄也越来越低龄化。自杀是自愿并主动结束自己生命的行为，是一种自我 毁灭的极端方式，是我国乃至全世界亟待解决的一个重要的医学和社会问题。

导致放弃年轻生命的原因是多方面的，但再怎么冲动，都不应该拿自己的生命来做赌注，生命的意义不单单是为自己，且不说社会责任，首先说“百善孝为先”，每个人的生命都是父母赐予的，就这样自寻短见，最起码对不起你的父母，他们辛辛苦苦把你养大，从出生，到上幼儿园，小学，初中，高中，大学。在这个漫长的阶段中先不说耗费了多少金钱，在幼儿园的时候父母会担心你睡觉的时候被子是不是盖好了，有没有吃饭等，到了小学、初中、高中，他们又开始担心你的学习成绩、有没有和别人打架等等，到了大学，又会时常问你生活费够不够等等。还有就是一个更现实的问题——金钱。为了让你读书、长大成人父母省吃俭用，把最好的东西都留给你。

当然，不得不说当今社会竞争的激烈和工作的压力之大，每个人面对这些竞争和压力都有个限度，如果承受不了，可以选择辞职或者别的方法，俗话说，树挪死，人挪活。条条大道通罗马。天无绝人之路，为什么一定要选择放弃生命？难道一死了之事情就能改变吗？答案显然是否定的，如果这样的方式能够改变什么，也就不会出现几连跳事件了。自杀显然是不足取的弱者的行为，不敢承担责任，不敢面对现实，只会逃避的人才会选择这样极端的方式，这种方式对自己爱的人和爱自己的人都是一种不负责任的表现，一走了之，留下的就只有痛苦和遗憾。

资料链接

生命是什么？
生命是父母的精血，
是灵魂的存在。
生命是什么？
生命是风的轻盈岁月，
是雨的淋漓尽致。
生命是有着许多合音的交响，
是有着一颗感恩而快乐的心。
生命来之不易，
经过了多少折磨，

才有了你我的身躯。
不要践踏生命，
不要放弃生命。
生命是我们的根本，
生命是我们的希望。
珍惜每一日，
保护身体安全。
把生命演绎的更精彩，
把事业铸就的更辉煌。

（三）学会热爱生命、珍惜生命

生命来之不易，人的生命只有一次，对于谁都是宝贵的。如果不去珍惜，不去开拓或者弃置不管，那生命也不算是生命。所以，我们应该以一颗积极与平和的心去掌管我们的生命。即使遇上人生的暴风雨，也不要放弃，也不要丢失信心。不要对生命抱怨，我们要心存希望和向往，迎接一个又一个雨后灿烂的太阳。把每个黎明都看作是生命的开始，希望从来就没有消失过，是我们没有发现。

珍惜生命不仅仅是指不放弃生命，不放弃生命只是最基本的一个条件。没有这个条件，一切都是虚无和没有意义的。可是有了这个条件也不代表珍惜生命。时光不可倒转，让我们热爱与珍惜自己的生命，把握人生中的每分每秒。

实案思考

激励大师拒绝说不

约翰·库缇斯：1970 年出生，澳大利亚人。出生时脊椎下部没有发育，两条腿根本没有成型，既无法行走，也无法安装假肢。29 岁时 罹患癌症，一个出生时被医生断言活不过当天的残疾人一直顽强生 活到现在。他不但是世界“激励大师”，而且还是乒乓球、橄榄 球、游泳、跳水等运动项目的二级教练员，并获得澳大利亚残疾人网球赛的冠军。他，天生严重残疾，但他以拒绝死亡来挑战医学观念。他没有腿，也不依靠轮椅生活，却形成了世界级的自尊、自信和自立。正是因为有了这种信念，他可以开着经过改装的汽车周游世界，可以去潜水，可以大胆地追求自己的爱情，并赢得幸福和尊敬。

名人名言

“人生有两出悲剧，一是万念俱灰，另一是踌躇满志。”——肖伯纳

当我活着，我要做生命的主宰，而不做它的奴隶。——惠特曼

从某种意义上说，一个人生要比死更难。死，只需一时的勇气，生，却需一世的信心。所以我们要珍惜生命，不要在乎它活的是不是长久，而在于活得是否充实。生命的意义不在于它的长度，而在于它的宽度。

资料链接

历史长河中，无数英烈为了使生命变得精彩而做出了生与死的抉择。屈原为了使自己的生命变得精彩投入到汨罗江中；一代大侠荆轲，为了生命的精彩，高吟着“风萧萧兮易水寒，壮士一去兮不复还”而血洒咸阳殿；以“人生自古谁无死，留取丹心照汗清”千古绝唱而流芳

百世的文天祥，为了生命的精彩躺倒在蒙古人的大刀之下；“一腔碧血勤珍重”的鉴湖女使秋瑾为了生命的精彩，命丧清狗之刀下。无数的英雄儿女，不甘平凡，舍生取义，使生命绽放出耀眼的光芒。

鲁迅先生曾说过：“节约时间，也就是使一个人有限的生命，更加有效，也就等于延长了人的寿命。”我们不能让时光悄然而逝！我们要让有限的生命绽放无限的光彩，让它开花结果，为我们制造财富，为世人做出贡献，一生不留任何遗憾！

前苏联作家高尔基说过：“世界上最快而又最慢，最长而又最短，最平凡而又最珍贵，最容易被人忽视，而又最令人后悔的就是时间。”时间代表生命，生命是短暂的、无常的。时间更是一去不复返，我们必须珍惜时间，珍惜生命，把有限的生命，有限的时间好好把握。没有哪个人敢保证自己能够活到哪一天，所以每个人都应该学会珍惜，学会充分利用生命的价值，认真对待生命的分分秒秒。

资料链接

不惧挫折

有个叫阿巴格的人生活在内蒙古草原上。有一次，年少的阿巴格和他爸爸 在草原上迷了路，阿巴格又累又怕，到最后快走不动了。爸爸就从兜里掏 出5枚硬币，把一枚硬币埋在草地里，把其余4枚放在阿巴格的手上，说：“人生有5枚金币，童年、少年、青年、中年、老年各有一枚，你现在才用了一枚，就是埋在草地里的那一枚，你不能把5枚都扔在草原里，你要一点点地用，每一次都用出不同来，这样才不枉人生一世。今天我们一定要走出草原，你将来也一定要走出草原。世界很大，人活着，就要多走些地方，多看看，不要让你的金币没有用就扔掉。”在父亲的鼓励下，阿巴格那天走出了草原。长大后，阿巴格离开了家乡，成了一名优秀的船长。

愿我们珍惜生命，珍惜家人，珍惜身边的人，珍惜自然，珍惜有生命的和维护生命的一切！生命不只是你自己的，它属于爱你和你爱的人，同样也属于我们的社会和全人类。所以为了善良的爱我们的人们，为了我们的社会，负起我们最基本的责任吧！

资料链接

热爱生命—汪国真

我不去想是否能够成功
既然选择了远方
便只顾风雨兼程
我不去想能否赢得爱情
既然钟情于玫瑰
就勇敢地吐露真诚
我不去想身后会不会袭来寒风冷雨
既然目标是地平线
留给世界的只能是背影
我不去想未来是平坦还是泥泞
只要热爱生命
一切，都在意料之中

资料链接

《热爱生命》是19世纪末20世纪初美国小说家杰克·伦敦最著名的短篇小说，这部小说以雄健、粗犷的笔触，记述了一个悲壮的故事，生动地展示了人性的伟大和坚强。一个美国西部的淘金者在返回的途中被他的伙伴——比尔抛弃了，他独自在荒原上寻找着出路。冬天逼近了，环境十分恶劣，他没有一点食物了，而且他的腿受了重伤不停的流血。他只能歪歪斜斜地蹒跚在布满沼泽、丘陵、小溪的荒原上，非常艰难地前行着。就在他的身体非常虚弱的时候，他遇到了一匹狼。他发现 这匹病狼跟在他的身后，舔着他的血迹尾随着他。就这样，两个濒临死亡的生灵拖着垂死的躯壳在荒原上互相猎取对方。为了活着回去、为了战胜这匹病狼，最终在人与狼的战斗中人获得了胜利，他咬死了狼，喝了狼的血。最终他获救了，使生命放射出耀眼的光芒。生命就是不放弃自己。

资料链接

电影《隐形的翅膀》剧情简介

这是一个发生在美丽草原上的故事。15岁的志华考上了高中，她和同学们高兴地去放风筝庆祝，却不幸被高压电击中。经过医院全力抢救，终于保住了性命，但却失去了双臂。失去双臂的志华痛苦不堪,原来一切需要用手来做的事，她都无法自理，生活变得非常艰难.她想回到学校上课,却被学校拒绝了,原因是她没有双手无法写字做作业……面对着失学和生活无法自理的困难处境，志华非常痛苦，想要了结自己的生命，但是爸爸妈妈鼓励她,给予她勇气使她最终放弃自杀的念头。后来，志华参加了高考，她的分数过了线，但因为没有双手又报的是医科专业，她最终没有被录取。失望再一次降临.不料妈妈知道了她没被录取的消息,受不住打击，精神分裂症发作，一下子走失，再也没有回来,志华家又陷入迷茫,悲痛的状态……志华在全国残疾人运动会上获得了好成绩，取得了进军残奥会的资格。但是妈妈已不在人世.为了纪念妈妈，志华和爸爸将妈妈亲手为她做的龙风筝放上天空,风筝越飞越高……仿佛志华妈妈正在为女儿骄傲!

探究拓展

1992年8月1日，巴塞罗那奥运会女子100米决赛中，美国选手盖·德弗斯一举摘取桂冠，可就在一年前，这位当今世界第一飞人还在与死神苦苦搏斗。1990年9月，她被确诊为患了一种“身处坟墓一样可怕的病”，她的甲状腺过于活跃，处在癌裂变的前夜。她被告之，生命将于12个月内终结。频繁的化疗和放射性治疗，各种副作用折磨得她死去活来。头发大把大把地脱落，双手不停地发抖，左眼几乎失明，头痛欲裂，记忆力大部分丧失，双腿浮肿，不能站立，只能用双膝爬行。但病魔并没有压垮她，她发誓:“只要我活着，就一定要重返跑道。”她每天挣扎着跪着爬行，以致医生警告她，如果不停止这种愚蠢的行动，两天之后就只能锯掉双腿了。德弗斯却宁死也不放弃她的运动生涯。1991年4月，当她重新站起来后，就到跑道上慢慢行走。一年之后，她终于摘取了奥运金牌，被誉为“从坟墓里爬出来的冠军”。

阅读上面的材料后

1. 写出你的人生名言

2. 谈谈你经历的一次挫折

3. 以小组为单位，收集本组同学在以前学习、生活中遇到过的挫折及当时的处理办法。今天再回头反思的时候，大家有什么感想？把这些内容收集整理成《挫折启示录》，分析归纳出我们应该如何应对生活中遇到的挫折。

第六课　忠诚是职场生存的前提

企业对员工最基本的要求是忠诚。忠诚是员工精神的核心，是职业精神的本质和精髓。世界500强企业和顶尖机构秉承的理念和价值观是忠诚第一。一位成功的职场人士曾说过："一切履历都必须排在忠诚的素质之后。"显然忠诚是企业招聘员工时最重要的因素，也是决定你能否进入职场和进入职场后能否生存下去的关键因素。企业中有这样的说法：忠诚于企业有能力的人是"上品"；忠诚于企业没能力的是"可用品"；不忠诚于企业有能力的是"毒品"。可见忠诚是员工最基本的职业素养，是一个人的职业灵魂。作为一名优秀的员工，就要忠于公司，忠于老板，忠于同事。老板的共同心声是："我们需要忠诚的员工"。

资料链接

张欣在计算机专业中专毕业后来到一家房地产公司，从事电脑打字员的工作。她的办公室与老板的办公室只隔着一块大玻璃，她很少向那边多看一眼。她每天都有打不完的资料。她处处为公司着想，打印纸都不舍得浪费一张，如果不是重要的文件，她会一张打印纸两面用。

一年后公司资金周转困难，人们相继跳槽，最后总经理办公室的工作人员只剩她一人。有一天，张欣走进老板的办公室，直截了当地问老板："您认为您的公司已经垮了吗?"老板很惊讶，说："没有!""既然没有，您就不应该这样消沉。现在的情况确实不好，可很多公司都面临着同样的问题，并非只是我们一家。虽然您的2000万美元砸在了工程上，成了一笔死钱，可公司没有全死呀！我们不是还有一个公寓项目吗？只要好好做，这个项目就可以成为公司重振旗鼓的开始。"说完她拿出那个项目的策划文案。隔了几天，张欣被派去做那个项目。2个月后，那片位置不算好的公寓全部先期售出，张欣为公司拿到3 800万美元的支票，公司终于有了起色。

以后的4年，张欣作为公司的副总经理，帮着老板做了好几个大项目，又忙里偷闲，炒了大半年股票，为公司净赚了600万美元。

又过了4年，公司改成股份制，老板当了董事长。董事会要聘请一位总经理，有很多副总都很优秀，纷纷被推荐，而董事长极力推荐张欣，最后张欣成为新公司第一任总经理。张欣说："我为公司炒股赢利了，许多炒股高手问我是如何成功的，我说一要用心，二没私心。"确实，很多人一面在为公司工作，一面在打着个人的小算盘，怎么能让公司赢利呢?

问：1. 从张欣的身上你学到了什么?

2. 为什么董事长给予她这么高的位置?

一、忠诚的含义

（一）忠诚是一种美德

忠诚是指对国家、人民、事业、上级、朋友（盟友）、情人（爱人）或者亲人等的真心诚意、尽心尽力，没有二心。我们对祖国的忠诚，是一种很特殊的忠诚，是不需要理由的基本品质，是绝对的忠诚。日常生活中，忠诚代表着诚信、守信和服从。如在所属企业里诚实劳动，关心企业发展，遵守合同和契约。维护本身所属的国家、团体、集体信誉。又如企业信誉和形象的树立，主要依赖产品质量，服务质量，信守承诺，保守企业秘密等。

资料链接

袁绍死后，他手下的重臣审配，辅佐袁尚，袁尚在城外被曹操击败，当时袁尚只想着逃命放弃邺城，可是审配一直不放弃，因为他知道邺城是袁家的首府，也是河北的门户、命门，一旦放弃，袁家就彻底失败了，所以他带领城中的残兵坚持守城，曹操大军多次攻城都被他击退，后来他的侄子审荣贪图富贵，出卖了他，打开了城门，曹操极度欣赏审配，说要给他很多赏赐，然后重用他，可是他就是不降，后来曹操要杀他的时候，他说："我的主公（袁绍）的坟墓在北方，我一定要向着北方死去！"

资料链接

根据英国某权威医学杂志公布的美国军医的一项调查，部署在亚洲某地的美国海军陆战士兵中，90%都曾受到过攻击，大多数人都看到过战友阵亡或受伤。由于经常处于紧张状态和时刻面临危险，陆战队员的心理健康受到了严重的损害。该调查表明，有1/6的士兵在完成任务后出现了心理问题。这个比例和"越战"时期不相上下。

尽管如此，有幸加入海军陆战部队仍然被美国士兵视为一种荣誉。有人甚至愿意为维护这种荣誉而去面对残酷的战争。已在军中服役27年、现年45岁的军士长丹尼尔说："为了跟战友们一起出征，我推迟了退役时间。如果我战前退役，我就不算一名真正的陆战队员。"38岁的蒂莫西少校说："人们出于什么目的加入海军陆战队并不重要，重要的是他们认可我们的价值观、我们的历史和我们的传统。"

这些都表明美国海军陆战士兵具有高度的忠诚感，由于忠诚于自己的军队，他们甚至不惧怕死亡，有人评价说："'永远忠诚'对美国海军陆战部队来说，不是一句空的座右铭，而是一种生活方式。"

（二）忠诚是一种职场生存方式

老板和员工是一对矛盾的统一体，在竞争激烈的今天，有人认为，老板希望减少人员开支，而员工希望获得更多的报酬，两者矛盾。其实，实现自我价值与忠诚和敬业并不是对立关系，而是相辅相成，两者是和谐统一的。公司的生存和发展需要员工的敬业和忠诚；对于员工来说，丰厚的物质报酬和精神上的成就感离不开公司的存在。

忠诚是职场中值得重视的美德，只有员工对企业忠诚，才能发挥出团队的力量，才能凝成一股绳，推动企业走向成功。老板在用人时不仅仅看重个人能力，更看重个人品质，而品质中最关键的就是忠诚度。在这个世界上，并不缺乏有能力的人，那种既有能力又忠诚的人才是企业需求的理想人才。

不管你的能力如何，只要你真正表现出对公司足够的忠诚，你就能赢得老板的信赖，他也会真诚对待你。当你的敬业精神增加一分。别人对你的尊敬也会增加一分，老板也会乐意在你身上投资，给你培训的机会，提高你的技能，身在职场中的每个人，应该把忠诚作为一种职场生存方式。对企业忠诚并不是口头上，而是要用努力工作的实际行动来体现。我们除了做好本职工作外，还应该表现出对企业兴旺和成功的兴趣，不管老板在不在身边，都要像对待自己的物品一样照看企业的设备和财产。另外，要认可公司的运作模式，由衷地佩服老板的才能，保持一种和公司同呼吸、共命运、同发展的事业心。即使出现分歧，也应该树立忠实的信念，求同存异，化解矛盾。当老板和同事出现错误时，坦诚地向他们提出来。当公司面临危难的时候，和老板同舟共济。只要你是企业中的一员，就应当投入自己的忠诚和责任心，一荣俱荣，将身心彻底融入公司，尽职尽责。

名人名言

品德，应该高尚些；处世，应该坦率些；举止，应该礼貌些。——孟德斯鸠

资料链接

王捷到一家电子仪器生产厂实习，过春节主动要求在厂里值班。他每天很早就起床，检查，清洁，做事一丝不苟。他觉得厂门是工厂的脸面，便特意把厂门擦拭得干干净净，并主动帮助守厂的老工人做一些力所能及的工作。实习结束的时候，他成了这家企业的正式员工。

也许你的上司是一个心胸狭隘的人，不能理解你的真诚，不珍惜你的忠心，那么也不要因此而产生抵触情绪。老板也有缺点，也可能因为太主观而无法对你做出客观的判断，这个时候你应该学会自我肯定。只要你竭尽所能，做到问心无愧，对投资人承担风险的勇气报以钦佩，理解管理者的压力并给予体谅，也许你就在不知不觉中提高了自己的能力，争取到了未来事业成功的砝码。

二、忠诚是一种无形的契约

心理契约是指个人与组织之间非正式的、未公开说明的相互期望，双方心理上的认同与归属。在职场，忠诚作为一种情感契约，是企业和员工之间的相互认同，是员工对企业文化或其它方面认可而形成的一种归属感。企业不认同员工的能力和人品时，可以解雇员工。同样，员工不认同企业和组织时，也可以离开。员工对企业尽心尽力，放弃其它发展的机会，企业对员工也倍加呵护，这种忠诚有助于企业员工的生存、成长和发展。这样的忠诚是相互依存，是无形的心理契约。

对于一个职业人来说，忠诚是一种优秀品质，是成就一番事业的基本素质要求。忠诚是承认并服从于职业的价值观，是以职业的发展为己任，是一种推动职业发展的强烈责任心；忠诚是出色的理解判断能力和解决问题能力，是完成使命所必须具备的手段；是一种不畏艰难的良好心态。一个从业者，只有同时具备了这几方面的品质，才谈得上“忠于职守、忠于企业”，才能在促进职业发展的事业中发挥作用。

资料链接

小李是一家设计公司的食品包装设计师，他进公司没多长时间，就受到老板的重用，成为设计部的经理。很多年过去，他设计出来的产品包装非常出名。但是因为公司经营不善，面临危机，于是很多有名的设计公司就想出高薪把他挖走，可是都被他拒绝了，他说：“我刚入这一行的时候，是老板发现了我，并给我机会，如果不是这样，我还只是一个默默无闻的小设计师。现在公司出了问题，我要留下来帮老板渡过难关。”

就在这个时候，公司接到一个可以挽救公司的大项目。老板非常重视，经常都会到设计部看看进展。这天，老板看到他们的设计，非常不满意，非要把包装的颜色改成蓝色。当时小李不在，其他下属不敢违反老板之意，只能把颜色改成了蓝色。第二天，小李找到老板，和他据理力争，一定要把颜色改回来。老板很不高兴，但是想到现在公司还离不开小李，于是不得不答应他改回颜色。

设计终于完成，客户看到这个设计非常满意，称赞他们不但设计做得好，连颜色也运用得很恰当。老板这个时候才觉得小李是对的，对小李心服口服。

三、做忠诚的员工

(一) 忠诚不盲从

忠诚，但不唯命是从。企业都希望员工对自己忠诚，所以员工要想获得企业的赏识，对企业忠诚是最基本的条件。但是，忠诚应该有个合理、合法的限度，超过了限度就是盲从。盲从就意味着可能去做不该做的事情，甚者可能会给自己的职场记录留下污点，影响事业的发展。

资料链接

我们在办公室经常遇到这样的情况：老板不想见一个人，或者不想听一个人的电话，就叮嘱你说："某某找我的时候，就说我不在。"虽说诚实是做人之本，是职场中取得事业成功的必备美德，但是这时你一般都要遵照老板的话去做，撒谎说老板不在办公室；若对方继续问，就说老板出差了，或者开会去了。如果你拒绝执行，肯定会得罪老板，并且可能失去工作。在这种无可奈何的情况下，偶尔撒撒小谎，对他人并没有造成多大的伤害，也是无可厚非的。

但是，如果老板让你撒个弥天大谎，如做假账，这时无论老板怎样威逼利诱，你都要拒绝。你可以提醒老板："你让我帮着你犯罪吗？"如果老板还不觉悟，你宁可辞去工作，也不要跟老板同流合污。如果你怕失去工作而怀着侥幸心理做了，一旦东窗事发，你的前途就被自己葬送了。况且，如果碰到老奸巨猾的老板，利用你的忠诚陷害你，到时候出问题就把责任全部推到你身上，让你一个人背黑锅，你就跳进黄河也洗不清了。忠诚不是唯命是从，当老板让你做涉及到违法犯罪的事情时，则一定要拒绝。

资料链接

2003 年"非典"期间，有一家公司的老板想借机报复竞争对手，他找来了对自己忠心耿耿的下属，让下属给防治"非典"中心打电话，谎称那家公司里发现了多名"非典"疑似患者。下属遵照执行，搞得有关人员着实紧张了一阵。后来警方经过调查，查到了那个下属。在警方讯问人员的强大攻势下，那名下属交代自己是受老板指使。老板却说自己并不知道这件事，他也没有指使下属打电话，更不知道下属要干这样一件愚蠢的事，甚至说如果事先知道这件事，他一定会严厉制止下属的行为。下属拿不出证据，只好自己背黑锅。下属的盲从给老板留下了推卸责任的借口，也毁掉了他在职场中苦心经营建立起来的一切。

试想，在前面的案例中，如果遇到小李的这种状况，也许有的员工在老板很不高兴的时候就立刻妥协了。但是小李没有，他对老板很忠诚，在公司最艰难的时候也没有离开。但是他也有自己的主见和看法，在老板不高兴的时候依然坚持自己的见解，结果他赢了，不但赢得了订单，更重要的是赢得了老板的绝对信任和绝对尊重。

在职场中，忠诚并不等于绝对服从。一个真正忠诚的下属应是自己独立思考，并且把公司当做自己的公司，当老板向你下达任务时，你应该学会分析辨别，哪些是必须执行的，哪些是应有限度拒绝的，只有这样才会得到老板的高度信任，才能在职场上获得更多的机会。

职场中忠诚和坚持自己都非常重要，那么要怎样做才是既忠诚又不会失去自己的见解？

1. 老板要求的事当然应该尽快完成。任何一个老板都不喜欢看到自己的员工拖拖拉拉。

2. 如果老板有错，你应该马上说明。老板也是人当然也会犯错，你在适当的时候就要指出老板的错误。

3. 时刻把公司的利益放在前面。老板请你回来当然是希望你为公司创造最大的利益，你忠诚的价值在这点上最能体现。如果你认为老板的决定会损害公司的利益，一定要提出来，如果老板还是坚持已见，那么你应该把损失降到最低。

4. 冷静面对老板，不要草率接下任务。有的老板可能比较威严，在公司里整天板着脸，让胆小的员工感到战战兢兢，老板安排任务就慌里慌张地接受；有的老板恰好相反，对待员工平易近人，让员工对分配的任务很难说出一个“不”字。无论面对哪一种老板，你都要冷静地应对，这样你才不会在没有充分考虑的前提下草率地接受任务。

5. 对于老板的指令要懂得权衡。老板的某些指令，你凭直觉就能觉察出是错误的，是不可执行的。而有些指令，虽然是不应该执行的，可是老板进行了伪装，让你一时感觉不出来。这就需要你在接受老板安排的任务时进行冷静的思考，权衡利弊。这样才不会犯错误。

（二）恪尽职守

1. 执行不找借口。对应该干的工作，要想方设法按时保质地完成，而不是对有难度的任务进行推诿：“这项工作我从没涉及过，恐怕完成得没有那么完美。”“我现在手头正忙，没有精力做这件事。”“小张对这方面有经验，还是找小张吧。”等等。即使最后任务没有按时完成，甚至做砸了，也不要找借口推卸责任：“我那几天感冒了，提不起精神来。”“市场部的数据传得太迟了，要不……”“下一次我一定会做得很出色。”等等。有困难要努力去克服，在这个过程中，你的工作能力自然会得到锻炼和提高。

资料链接

《把信送给加西亚》一书讲述了一个士兵忠诚完成使命的故事。故事里，总统下达给罗文的命令只是把信送给加西亚，并没有路线图，更没有说明怎么去达到目的。而罗文这个普通的士兵，凭着强烈的责任心、过人的智慧和坚强的意志，克服了重重困难，终于圆满完成使命。

正是这个简单而经典的故事引发了我们对忠诚内涵的深层思考。谁都不会否认，罗文是一名优秀的士兵，他无疑是忠诚的。但是，罗文的忠诚显然不是简单意义上的“不背叛”和“不放弃”，罗文的忠诚具有更深层次的内涵。首先，罗文作为一名士兵，强烈的爱国心和责任感，成为他不畏艰难完成使命的原动力。因此，罗文的“品性”是优秀的；其次，使命的艰难决定了光凭一股爱国热情是不足以完成任务的。去古巴的路怎么走？怎么找到加西亚？没有现成的答案，必须以杰出的智慧去巧妙设计、化险为夷。聪明的罗文排除了种种障碍和危险，顺利地涉险过关，完成任务；第三，炎热、干渴、凶险和前途的渺茫，随时都能让人丧失信心，精神崩溃，如果没有超人的意志，又怎么能把信送到加西亚手里呢？罗文这个普通的士兵显然具备了非凡的毅力，以军人的钢铁意志克服了所有的困难。因此，罗文的“韧性”也是出色的。罗文送信的故事，说明了一个道理，即所谓忠诚，必须是人之品性、灵性和韧性的完美结合，三者缺一不可。可以说，忠诚是事业成功的要素。

2. 不侵害公司的利益。对公司忠诚，就应该把公司的利益看得高于一切，做事以公司的利益为重。不要私拿公司的财物，即使是一张纸、几颗订书钉。更不要泄露公司的秘密。有的业务员经不住金钱的诱惑，把自己公司的开发计划泄露给了竞争对手，使对手抢在自己公司的前面将新产品上市，导致公司蒙受了很大的损失。事情败露后，他自然得到了应有的惩罚。

资料链接

孙立中专毕业后应聘到中关村一家IT公司做程序设计员，上司对他很信任，把设计部的工作全权交给孙立负责，自己很少过问一些具体的事情。刚开始，孙立见上司对自己信任有加，心里很是感激，便暗下决心，一定要率领设计部的全体员工，早日完成一个重要的财务软件的设计程序，用来报答公司对自己的信任和工作上的支持。

3个月后，软件已初见雏形，它比市场上正在应用的同类软件功能更齐全，使用更快捷、更方便。毫无疑问，一旦上市，该软件在同类产品中将极具竞争力。

上司对孙立的表现很满意，并表示自己将尽力为孙立申请"北京绿卡"，因为有了这张"绿卡"，孙立就可以享有北京市民一样的待遇，能购买经济适用房，解决子女上学难的问题……

孙立知道上司是个一诺千金的人，因此，他在工作中更加努力，为软件的上市做最后的完善工作。

就在这时，孙立的一位同学从海外归来。在同学聚会上，当他偶然得知孙立主持研发的一个重要的财务软件即将上市时，立即表现出了极大的兴趣。聚会散后，这位同学邀请孙立去了自己住宿的宾馆，并直接告诉了自己邀请他的目的，即让孙立把研发成功的财务软件程序全盘告诉他，这样做得到的报酬是:孙立能马上得到两把钥匙:一套位于中关村附近的商品房的钥匙;一辆凌志轿车的钥匙。另外，还有一张6位数字的支票。面对这块从天上掉下的"奶酪"，孙立心动了。他欣然笑纳了同学送给他的"礼物"，同时，孙立也交出了所有的设计程序。

但是，没有纸能包得住火的。尽管孙立认为自己做得天衣无缝，但上司还是抓住了他的蛛丝马迹。在公安局内，孙立交出了刚到手没几天的两把钥匙，和那张还没来得及消费的巨额支票，而等待孙立的将是法律的严惩，孙立为自己的背叛付出了沉重的代价。

问:孙立对公司忠诚吗?

3. 与公司同甘共苦。有的员工"身在曹营心在汉"，"这山看着那山高"，不安心工作，这就是不忠诚的表现。员工对公司的忠诚度，在公司经营业绩滑坡的时候最能体现出来。有的员工在公司陷入困境后，立即选择跳槽。这样的员工无论走到哪里，都很难获得老板的器重，永远不会有大的发展。你应该在公司遭遇困难的时候，积极帮老板出谋划策，共度难关。你的行为一定会得到老板的赏识，在公司走出困境后，一旦出现加薪和晋升的机会，老板想到的第一个人选就会是你。

探究拓展

改革开放以来，中国社会发生了巨大变化，这种变化势必在国人的职业生存方式中体现出来。(1)就业方式的变化:由传统的"统包统配"到"自主择业"、"竞聘上岗"，唤起了人们对职业目标的自我意识和自我责任感;(2)职业地位获得途径的变化:只要个人有足够的能力、付出足够的努力，就可以改变自己的职业命运;(3)职业心理契约的变化:计划经济条件下那个虽不富有但稳定可靠的企业不见了，长期安全的承诺成为空话，组织保障变成了自我保障;(4)职业流动方式的变化:由于频繁跳槽，职业流动方式更加多样化，人们不仅在组织的不同部门间流动，也在不同组织和不同专业间流动;(5)职业成功标准的变化:职场上成长起来的新一代，并不十分看重地位，而是渴望从工作中获得乐趣，强调职业心理成就感;(6)职业种类的变化:传统的职业种类消亡和迁移方兴未艾，新的职业种类层出不穷，且与人们生活息息相关、与高新技术密切相连。这一切的变化都必将是我们对于“忠诚”理念的理解会增加许多新的内涵。

据一家人力资源管理咨询公司调查统计，目前中国 30 岁以下的年轻人平均 5 年至少更换工作一次，一生中至少要换 7 次工作。另据统计，营销、房地产、广告等行业跳槽现象非常普遍，其中广告行业的人才流失率约 10%，大约每人平均一年跳槽 1 次，营销和保险行业最高，每年达到了 30%，房地产大约在 10% 至 20% 之间。雇员和组织的关系更多变成了利益交换关系，长期安全的承诺让位于自己对自己负责，组织保障变成了自我保障，所以个人需要更多的自我职业生涯的管理。

一份调查结果显示：在找到第一份工作后，50% 的大学生选择在 1 年内更换工作；两年内大学生的流失率接近 75%。33% 的大学生“先就业后择业”，第一份工作仅仅是由学校到社会的跳板。而随着职业变动频率的增加以及流动方式的变化，终身依附一个组织的固定职业不断削减，独立的、不依赖于任何组织的自由职业不断产生。例如，个人培训师、咨询顾问、个体医生、家教等等，知识性和服务性职业所涉及的活动是很难像传统的工厂和办公室的工作那样职责界定明确的。

结合上面的材料：

1. 谈谈你的职业观是什么？

2. 你认为能力与忠诚哪个更重要？

3. 假设你是老板，在选择员工时你会更侧重于哪个方面？

第七课　诚信为本 学做真人

诚实守信是做人、做事的一项基本原则，社会呼唤诚信。几乎每个企业都在要求自己的员工做到诚信，强化企业全体员工的诚信意识。现在不少用人单位的负责人也声称，在如今的人才市场中，已经不再以能力和学历为标准了，人品才是第一重要的。个人讲诚信，才有永久的朋友;企业讲诚信，才有良好的信誉。诚信是商业社会的基石，也是个人安身立命的根本。企业在市场上确立诚实的形象和声誉，是企业每位员工诚实守信的综合反映:员工诚信于企业就能忠于职守，自觉维护企业的利益和荣誉;而企业对员工报以诚信，则能激发员工的工作热情，制造出优质产品、提供给客户最佳服务，只有如此企业与员工才能获得“双赢”。因此，企业要加强对全体员工诚实守信道德观念的教育，确立“诚信做人，以德立身、诚信经营、以德治企”的思想理念，让员工将诚信铭记于心，施于行。

案例导引

李杰在某企业打工，由于受金融危机的影响，产品销路不好，企业不得不缩小经营规模，裁减员工，李杰也在被裁减的行列。那一天，经理给被裁减的每位员工发放了各自应得的工资。李杰拿到工资后，反复数了数，发现自己的工资多了五十元钱，于是他便把多余的钱送给经理，经理笑着说:“你是这二十名员工中唯一送回五十元钱的人”。

问:1. 你知道故事的结尾是怎样的?

2. 李杰为什么能这样做?

一、诚信的含义

诚信是一个道德范畴，是诚实和守信的合称。诚实，即忠诚老实，就是忠于事物的本来面貌，不隐瞒自己的真实思想，不掩饰自己的真实感情，为人处事以诚相待不说谎，不作假，不用不可告人的目的而欺瞒别人。守信，则是信守诺言，讲求信用，信守承诺，答应了别人的事一定要去做，忠诚地履行自己承担的义务。诚实与守信是相互联系又相互统一的优良品德，即待人处事真诚、老实、讲信誉，言必信、行必果，一言九鼎，一诺千金。是思想和行为高度一致的具体表现。是每一个现代公民应有的职业品质，被誉为现代公民的第二个“身份证”。

资料链接

“诚则是人，伪则是禽兽。”(黄宗羲《孟子师说·卷七》)意思是说诚信是人和动物的根本区别之一，只有人具有诚信美德，而禽兽则是不讲诚信的。如果人只求物质私欲而不讲诚信，就是一种丧失人性的禽兽行为。

二、诚信是做人之本、社会活动之魂

古语云:“反身而诚，乐莫大焉。”只有做到真诚无伪，才可使内心无愧，坦然宁静，给人带来最大的精神快乐。人若不讲诚信，就会造成社会秩序混乱，彼此无信任感，后患无穷。可见，诚信对于自我修养、齐家、交友、营商以至为政，都是一种不可缺少的美德，诚信在人类社会中是非常重要的。

(一)诚信是为人之本

诚实守信是为人之本，从业之要 。首先，做人是否诚实守信，是一个人品德修养状况和人格高下的表现。其次，做人是否诚实守信，是能否赢得别人尊重和友善的重要前提条件之一。子曰:人而无信，不知其可也。认为人若不讲信用，在社会上就无立足之地，什么事情也难以做成。

资料链接

曾子杀猪教子

曾子的妻子要去市集，儿子哭闹着要跟着去。曾妻便哄儿子说:“你就留在家里玩，等我回来后，就杀猪给你吃。”当妻子从集市回来，看见曾子准备杀猪。妻子连忙阻止说:“我只是跟孩子说着玩的。”曾子说:“不能同小孩子开玩笑的，孩子年纪幼小，没有知识，会模仿父母的行为，听从父母的教导。今天你欺骗他，就等于教他学你那样骗人。母亲欺骗自己的孩子，孩子就不会相信自己的母亲。”于是，曾子杀了那头猪，并煮了猪肉给孩子吃。

实案思考

湖北孙水林兄弟俩每年都会在年前给农民工结清工钱，2009年底哥哥孙水林为赶在年前给农民工结清工钱，在返乡途中遭遇车祸遇难。弟弟孙东林为了完成哥哥的遗愿，在大年三十前一天，将工钱送到了农民工的手中，兄弟俩的诚信之举深深打动了全中国的人。

资料链接

季札赠剑

吴国宗室季札，在出使北方大国途中，顺道访问了徐国国君。徐君非常喜欢季札的宝剑，但知它是吴国国宝，所以不好意思索要。

季札看到徐君很喜欢这宝剑，想立即将它送给徐君，但碍于自己仍需前往其他国家，所以需要带着这宝剑以代表吴国出使。于是，季札心中暗暗向徐君许下诺言:“当我结束这次行程后，我会再到徐国，届时定将这宝剑送给您。”

后来，当季札返回徐国时，徐君已死。季札来到徐君墓前，便将宝剑挂在徐君墓旁的树上。随从连忙问道:“人都死了，还赠他宝剑干什么?”季札说:“我早在心中答应将这宝剑送给徐君，如今徐君虽已离世，但不可因此改变我的承诺，我仍要履行诺言。”

资料链接

手捧空花盆的孩子

有一个国王给许多孩子每人发一些花籽，叫他们去种花，当花朵盛开时，再把花送到王宫来。国王事先悄悄地把花籽煮过，不可能发芽了，可是到了规定的日子，许多孩子都把一盆盆艳丽夺目的花儿送来，他们都是为了得到国王的奖励，换了花籽种出来的。只有一个叫宋全的孩子，双手捧的是没有鲜花的花盆。宋全凭着诚实的美德，赢得国王的赏识，得到了奖励。

(二)诚信是治国齐家之道

唐代著名大臣魏征说:“夫妇有恩矣，不诚则离。”只要夫妻、父子和兄弟之间以诚相待，诚实守信，就能和睦相处，达到“家和万事兴”的目的。若家人彼此缺乏诚信、互不信任，家庭便会逐渐四分五裂。

《左传》中说:信，国之宝也。意思是说诚信是治国的根本法宝。孔子在“足食”、“足兵”、“民信”三者中，宁肯“去兵”、“去食”，也要坚持保留“民信”。孔子认为如果人民不信任统治者，国家朝政根本立不住脚。因此，统治者必须取信于民。正如王安石所言：“自古驱民在信诚，一言为重百金轻”。

实案思考

商鞅变法令既具，未布，恐民之不信己，乃立三丈之木于国都市南门，募民有能徙置北者予十金。民怪之，莫敢徙。复曰：“能徙者予五十金。”有一人徙之，辄予五十金，以明不欺。卒下令，令行于民。——《史记·商君列传》

商鞅是战国时期著名的改革家。商鞅至秦后，秦孝公任命他为左庶长，制定变法法令。当变法法令出台后，为了表示法令信而不欺，意思是说商鞅变法的法令已经准备就绪，但没有公布。他担心百姓不相信自己，他就令人在秦国都集市南门外立一根3丈长的木头，并贴下告示：谁把木头搬到城北门，赏10金，人们不相信，无人搬木头。商鞅把赏金提高到50金，一男子把木头扛到了北门，商鞅果真赏他50金，以表明他说到做到。接着商鞅下令变法，新法很快在全国推行。

资料链接

周幽王烽火戏诸侯

西周建都丰镐(今长安县西北)，接近戎人，周天子与诸侯相约，要是戎人来犯就点燃烽火、击鼓报警，诸侯来救。周幽王的爱妃褒姒不爱笑，只有看到烽火燃起，诸侯的军队慌慌张张从四面赶来时才大笑不止。周幽王为博得褒姒高兴，数次无故燃起烽火，诸侯的军队多次赶到而不见戎人。后来戎人真的来了，各诸侯还以为是幽王又在捉弄他们呢？结果幽王被戎人杀于骊山之下。

(三)诚信是社会活动之魂

1. 诚信是交友、经商之道

只有“与朋友交，言而有信”，才能达到“朋友信之”、推心置腹、无私帮助的目的。否则，朋友之间充满虚伪、欺骗，就绝不会有真正的朋友，朋友是建立在诚信的基础上。

在现代社会，商人在签订合约时，都会期望对方信守合约。诚信更是商业活动的竞争手段，是市场经济的灵魂，是企业家的一张真正的“金质名片”。

资料链接

季布“一诺千金”使他免遭祸殃 。秦末有个叫季布的人，一向说话算数，信誉非常高，许多人都同他建立起了浓厚的友情。当时甚至流传着这样的谚语：“得黄金百斤，不如得季布一诺。”(这就是成语“一诺千斤”的由来)后来，他得罪了汉高祖刘邦，被悬赏捉拿。结果他的旧日的朋友不仅不被重金所惑，而且冒着灭九族的危险来保护他，使他免遭祸殃。一个人诚实有信，自然得道多助，能获得大家的尊重和友谊。

2. 诚信是社会安定之基

《吕氏春秋·贵信篇》中谈到：如果君臣不讲信用，则百姓诽谤朝廷、国家不得安宁；做官不讲信用，则少不怕长，贵贱相轻；赏罚无信，则人民轻易犯法，难以施令；交友不讲信用，则互相怨恨，不能相亲；百工无信，则手工产品质量粗糙，以次充好，丹漆染色也不正。可见失信对社会的危害之大。

资料链接

美丽的笑话

美国的"阿罗兹"饼干是一个知名品牌，主要销售地在澳洲，经过几年的市场开拓，阿罗兹饼干的销售量扶摇直上。

有一年圣诞节后的一天，阿罗兹食品公司突然接到一个可怕的消息，一个匿名电话向公司宣布，他向澳洲某一地区待售的饼干投了毒，阿罗兹饼干在澳洲有上千个品种，如果仅查封这个地区的饼干显然不能消除消费者的疑虑。

几个小时后，董事会做出了一项惊人的决定，查封澳洲所有的阿罗兹饼干，短短的几个小时内，全澳洲所有柜台上的阿罗兹饼干被全部撤下，此举让阿罗兹食品公司遭受了巨大损失，正当阿罗兹食品公司在巨大的打击中慢慢复苏时，警察查出了那个打匿名电话的人，他竟然是个精神病人，他也很喜欢吃"阿罗兹"饼干，谁知爱极生恨，把一家跨国公司狠狠冤了一把。

"阿罗兹"饼干在澳洲的遭遇有些离奇，董事会的决定也有些草木皆兵，这成了当年商界的一大笑谈，但奇怪的是原先一直抵制"阿罗兹"饼干进口的日本，韩国等东亚国家闻讯后，纷纷进口"阿罗兹"饼干，就在阿罗兹食品公司闹笑话那年，公司不仅挽回了在澳洲的全部损失，而且还赚了一笔。

问：阿罗兹食品公司接到电话后是怎么做的？

三、诚信为本 学做真人

"以诚实守信为荣，以见利忘义为耻 。"诚实守信是社会主义新时期的需要，人人都应以诚实守信为荣。

在当今社会，国内失信的现象比较严重，造成信用危机，影响经济发展，扰乱生活秩序。例如在商业交易中，假冒伪劣商品屡禁不止，目前中国约有35% 的企业被假冒伪劣产品侵权，商家对顾客态度冷漠敷衍、虚假广告、毁合约、作假帐的现象相当普遍。现代人虽利用科技创造了物质财富，但自己反被物质财富所奴役。当现代人意识到自己可以积极争取权利和利益时，却错误地认为自由就是无规定和不受约束地为所欲为，因此人们往往为了一己私利而不择手段，损人利己，将道德规范、承诺信誉、合约法律置之度外，人类没有了真诚，生活便没有了分量。

我们每个人在学习阶段，要自觉从自己修身养性做起，不断地磨练自己的诚信品格，诸如在日常生活中严格地要求自己做到不自欺亦不欺人，不护短亦不造假，在无人监督时亦能自律，勇于改过。

(一)加强自我修养，做诚信之人

自我修养是齐家、治国(这里指诸侯国)、平天下的根本。

名人名言

天下无现成之人才，亦无生知之卓识，大抵皆由勉强磨练而出耳。——曾国藩

资料链接

子路是孔子的门人，有一天子路问孔子："如何才能成为一个君子？"孔子答："修己以敬(谨慎)。"子路又问："这样就足够吗？"孔子答："修己以安人。"子路再问："这样就足够吗？"孔子答："修己以安百姓。"孔子这里是把"修己"作为"安人"、"安百姓"的前提，孔子认为君子

应先慎重地培养、训练自己的道德品质，然后再去治人，再去治百姓。孟子也明确地阐述了“修身”与“家”、“国”的关系，他说：“天下之本在国，国之本在家，家之本在身。”由此孟子作出结论：“君子之守(操守)，修其身而天下平。”

荀子从“修身”的社会效应角度指出：“以修身自强，则名配尧、禹。”“故君子务修其内而让之于外，务积德于身而处之以遵道(遵从道德原则)，如是则贵名(美好的名声)起如日月，天下应之如雷霆。”荀子认为圣人和大儒，都具备道德上最高的品格。若一个人能实践道德，便会如圣贤般留下美好的名声，天下百姓就会如雷霆般拥护他。

儒家经典《大学》对修身与齐家、治国、平天下的关系作出了更为具体、更为系统的表述，其中指出：“古之欲明明德于天下者，先治其国；欲治其国者，先齐其家；欲齐其家者，先修其身。……身修而后家齐，家齐而后国治，国治而后天下平。”由此，《大学》逻辑地得出结论说：“自天下以至于庶人，壹是(皆是)皆以修身为本。”可见不论是什么人，都以修身养性为根本。

1. 戒欺

戒欺，也就是不自欺，亦不欺人，能做到“慎独”。

资料链接

《礼记·大学》说：“所谓诚其意者，毋自欺也。”意谓真诚实意就是不自欺。宋代哲学家陆九渊也说：“慎独即不自欺。”即使在闲居独处时，自己的行为仍能谨慎不苟且，不会自欺。中国现代学者蔡元培先生说过：“诚字之意，就是不欺人，亦不可为人所欺。”可见，戒欺是诚信的重要准则之一。

资料链接

杨震“受四知金”

东汉名臣杨震在赴任东莱郡太守的途中，经过昌邑县。昌邑县令王密是他过去推荐的秀才，王密深夜带十斤黄金私赠给杨震。杨震说：“老朋友了解你，你却不了解老朋友，这是为什么呢?”王密说：“现在是深夜，没有人知道。”杨震回答说：“天知，神知，你知，我知，怎么说没有人知道呢?”王密听了这番话，很羞愧地走了。杨震“不受四知金”的故事，说明他的道德修养已达到了不自欺的“慎独”境界。只有在没有人监督的情况下，能做到不自欺，才算是真正的“诚信”。

我心有主

宋元之交，世道纷乱。一天，学者许衡外出，天气炎热，口渴难忍。路边正好有棵梨树，行人都去摘梨，惟独许衡不为所动。有人便问：“你何不摘梨解渴?”他回答：“不是自己的梨，岂能乱摘?”那人笑其迂腐：“世道这样乱. 管它是谁的梨!”许衡正色道：“梨虽无主，我心有主。”

实案思考

某高校有个名为“诚信驿站”的小店，在这里不仅东西随便挑，而且没有收银员，付款找零全凭顾客自觉。盈余用于资助贫困生 。小店由5 名学生负责管理，小店到现在已经开张一年多了，很多学生都来这里买需要的学习用品，不仅方便，也使校园充满了浓浓的诚信氛围，成为学校的一道风景。

资料链接

诚实证词

柳阳和邱昌雷两个好朋友一起到江里游泳，一不小心误入挖沙洞。柳阳的个子矮小一点，水马上淹没了他的头顶，昌雷游过来，潜入水中，将柳阳托出挖沙洞水面，柳阳顺着水流向浅水区游去，而昌雷由于溺水时间过长，已经没有力气游出挖沙洞……

昌雷是为了救柳阳而牺牲的，可是柳阳父母不但一次没去邱家看望和慰问，甚至不承认自己的儿子是昌雷救的，而认为自己儿子运气好，邱家非常伤心，便一纸诉状将柳阳父母告上法庭，要求法院判定给予经济补偿8万元，柳阳的父亲知道，只要儿子一口咬定昌雷没有救人行为，法院就拿他们没办法，于是暗示儿子，在法庭上不要作不利于自己的陈述。

法院开庭时，柳阳的父亲在答辩中说：我对原告之子的不幸表示惋惜，至于原告要求赔偿8万元，我没有这个经济实力，另外我儿子当时呛了水，神志不清，到底是昌雷救了我儿子还是拉了我儿子都说不清楚。昌雷救没救我儿子值得怀疑。接着柳阳父亲向法院出示了证明材料，证明邱昌雷不会游泳，根本不会救人。

在这关键时刻年仅16岁的柳阳站了起来，当着几百人的面，流着泪说出了事情的经过，他说昌雷同学用自己的生命换来了我的生命，他跟我同龄，我的生命就是他的生命，法院判我们赔多少我都认了，如果我父母没有能力偿还，等我长大了挣钱还，请昌雷的爸爸妈妈放心。一个16岁的孩子用自己的纯真，捍卫了事实的真相，也捍卫了自己的人格，在场的观众纷纷为他鼓掌，最后柳家败诉，赔偿人民币3万元，并承担案件受理费1200元。

问：如果你是柳阳，你会怎么做？

2. 过而能改

中国古代哲人强调知过即改，这是诚实的一种表现。在学校读书是人生重要的求知阶段，在学习过程中，可能会犯错。不过，我们应持诚实态度对待过错，知错即改，从中吸取教训，方能走向成功。

名人名言

夫过者，自大贤所不免。——王阳明

资料链接

《孟子·滕文公下》载有一则寓言：有一个人每天都偷邻居家的鸡，有人劝告他说："这不是有道德者的行为。"那人回答说："那么，我打算减少一些，一个月只偷一只鸡，等到明年，然后停止偷鸡。"这则寓言说明，如果已经知道这样做是不道德的，就应立即改正，何必等到明年！所以，人对于过错应该"迁善如风之迅，改过如雷之烈"。一定要与过错一刀两断，彻底改正。

孟子曾说："子路，人告之以有过则喜，禹闻善言则拜。"通常人们很难看到自己的缺点，若有别人对自己给予善意的批评，当事人会受益匪浅。东汉尚书令左雄曾推举冀州刺史周举为尚书，后因左雄推荐贪官冯直为将帅，周举以此上书皇帝，揭发左雄罪状。左雄知道自己的过失后，即赔礼谢罪，说："我曾是冯直之父的部下，又与冯直是好朋友；现在周举以此来揭发我，这确实是我的过错。"天下之人因此更加尊重左雄。

(二)以诚相待，交友处事

在人际交往中营造一种和谐的关系，这是每一个人所期盼的。为了营造这种和谐的关系，我们平日与人交往时，重诺守信是十分重要的。如果我们对别人许下诺言，就须认真对待，对自己的承诺负责，切勿掉以轻心，失信于人。在平日待人处事时，我们可先从守时开始做起，然后对家人、朋友信守承诺，以诚信待人。

资料链接

彩票店主守信送还票据

前日，足彩胜负彩10081期开奖，北京一彩民揽获1注500万元大奖。据了解，该中奖彩票是石景山田村体彩网点店主赵书兵为一老主顾垫资购买的。中奖后，赵书兵主动联系该彩民，将中奖彩票如约送还。

垫资一千元中得500万

9月12日晚8时许，赵书兵接到一位彩民打来电话要求购买彩票。该彩民要求购买当期足彩胜负彩彩票，共需花费1024元。

赵书兵回忆，这位彩民是彩票店的老客户，有时因为忙不开，打电话要他先帮忙垫资投注，事后再把钱送还。接完电话后，赵书兵立即按要求把彩票打了出来。

9月13日，足彩胜负彩第10081期开奖，全国共中出6注500万元头奖，北京彩民揽获其中1注。

当天夜间，赵书兵看了电视转播，确认自己垫资购买的彩票就是当期北京中出的那张。这张彩票还中得9注二等奖，税前共获得533万元奖金。

挂横幅放鞭炮庆祝

赵书兵说，当时非常兴奋，早晨6点多就给中奖者打去电话，通知中奖消息并让其来取彩票。

早晨7时许，中奖彩民到网点将彩票取走，同时将赵书兵垫付的钱归还。第二天上午，赵书兵在彩票店门前挂上横幅，并燃放鞭炮庆祝。

"做生意得诚实守信"

根据规定，彩票不记名不挂失，中奖者领取彩票奖金只需持中奖彩票及本人有效身份证。

"该是人家的，就是人家的。"赵书兵认为，这都是本分，不值得报道。做生意得诚实守信，这些钱不是自己的，也就不会想着要拿。赵书兵说，当时对方提出给钱酬谢，被自己婉拒，"卖出彩票体彩中心会给钱，拿自己该得的就行了"。

问：如果是你，你会这样做吗?

朋友之间必须诚实忠信，一旦欺骗朋友，朋友也不会信任自己，便会破坏了大家的友谊。而真的朋友，能做到如《礼记·儒行》所言："久不相见，闻流言不信。"就算大家很久没见，当听到有关朋友的谣言，彼此仍能互相信任。

名人名言

与朋友交，言而有信。——《论语·学而》

将人际交往建立在道义的基础上，彼此皆以道义为原则，这是一种君子之交。真正的君子之交以道义为基础，真心相待，友谊是持久的。相反，小人之交以势利为基础，虚假造作，友谊是短暂的。

资料链接

北宋著名文学家欧阳修在《朋党论》中深刻地分析说："小人与小人，以同利为朋……小人所好者利禄也，所贪者货财也。当其同利之时，暂相党引以为朋者，伪也。及其见利而争先，或利尽而交疏，则反相贼害……君子则不然。所守者道义，所形者忠义……以之修身，则同道而相益……终始如一。"

将友谊建立在志同道合、情趣相投的基础上，贵者一方不应以自己的年资、地位、权势、财富作为交友的资本，彼此应当相互尊重，平等相待，做到《法言·修身》所言："上交不谄，下交不骄。"遇到显贵的人，不会因此奉承巴结；遇到寒微的人，不会因此傲慢自大，这正是平等之交的可贵之处。

（三）立足诚信，德才兼备

当你日后离开校园，投身社会工作时，身为下属，应具有敬业精神，凡事做到精益求精，完成本职工作，切不可弄虚作假，欺骗上司。只有以诚实的态度对待自己的工作，方可事业有成。所谓"为事不以诚，则事败"，说的就是这个道理。故诚信是百行之源，也是成事之本。

资料链接

《管子·乘马》篇曰：非诚贾（不是诚实的商人）不得食于贾（以商谋生），非诚工不得食于工，非诚农不得食于农，非信士不得立于朝。

作为上司，你在用人时，必须奉行"疑人不用，用人不疑"的原则。宋代欧阳修曾在《论任人之体不可疑札子》曰："任人之道，要在不疑。宁可艰于择人，不可轻任而不信。"任人之道有二个要点：一是选人一定要选准，要选德才兼备的贤者；二是一旦选准，就要信任他，放手使用他，充分发挥他的聪明才智，使其为社会做出更大的贡献。

同事之间要以诚相待，切不可互相猜疑，古人云："以诚感人者，人亦诚而应。"诚信具有双向性的，只有自己以诚对待同事和朋友，才能得到他人的以诚相报。这样，同事之间的关系更为和谐融洽，才能形成良好的工作氛围。

你若从商，从营商角度来看，"诚信"主要是以诚待客、货真价实、公平买卖、信守合同、偿还借贷、不做假账等。有一位外国专家曾讲过一句话：诚实是最好的公共关系政策。商家只有以诚待客，方能赢得顾客盈门。

资料链接

诚信

一个顾客走进一家汽车维修店，自称是某运输公司的汽车司机。"在我的帐单上多写点零件，我回公司报销后，有你一份好处。"他对店主说。但店主拒绝了这样的要求。顾客纠缠说："我的生意不算小，会常来的，你肯定能赚很多钱！"店主告诉他，这事无论如何也不会做。顾客气急败坏的嚷道："谁都会这么干的，我看你是太傻了。"店主火了，他要那个顾客马上离开，到别处谈这种生意去。这时顾客露出微笑并满怀敬佩的握住店主的手："我就是那家运输公司的老板，我一直在寻找一个固定的、信得过的维修店，你还让我到哪里去谈这笔生意呢?"

面对诱惑，不怦然心动，不为其所惑，虽平淡如行云，质朴如流水，却让人领略到一种山高海深。这是一种闪光的品格——诚信。

问:店主答应汽车司机的要求了吗?

若你将来毕业后打算从政，对于从政者来说，取信于民是最为重要的。只有政府守信，为官清廉。赏罚分明，秉公执法，人民才能信赖政府，遵纪守法，所以对于政府来说，祸莫大于无信。

资料链接

《吕氏春秋·贵信》言:君臣不信，则百姓诽谤，社稷不守;处官不信，则少不畏长，贵贱相轻;赏罚不信，则民易犯法，不可使令。

实案思考

从中国留学生德国逃票看国人诚信意识的培养

欧洲某些国家的公共交通系统的售票处是自助的，也就是你想到哪个地方，根据目的地自行买票，没有检票员，甚至连随机性的抽查都非常少。一位中国留学生发现了这个管理上的漏洞，或者说以他的思维方式看来是漏洞。他很乐意不用买票而坐车到处溜达，在留学的几年期间，因逃票被抓了三次。他毕业后，试图在当地寻找工作。他向许多跨国大公司投了自己的资料，因为他知道这些公司都在积极地开发亚太市场，可都被拒绝了，一次次的失败，使他愤怒。他认为一定是这些公司有种族歧视的倾向，排斥中国人。最后一次，他冲进了一家公司人力资源部经理的办公室，要求经理对于不予录用他给出一个合理的理由。下面的一段对话很令人玩味:"先生，我们并不是歧视你，相反，我们很重视你。因为我们公司一直在开发中国市场，我们需要一些优秀的本土人才来协助我们完成这个工作，所以你一来求职的时候，我们对你的教育背景和学术水平很感兴趣，老实说，从工作能力上，你就是我们所要找的人。"那为什么不收天下英才为贵公司所用?"因为我们查了你的信用记录，发现你有三次乘公车逃票被处罚的记录。""我不否认这个。但为了这点小事，你们就放弃了一个多次在学报上发表过论文的人才?""小事?我们并不认为这是小事。我们注意到，第一次逃票是在你来我们国家后的第一个星期，检查人员相信了你的解释，因为你说自己还不熟悉自助售票系统，只是给你补了票。但在这之后，你又两次逃票。""那时刚好我口袋中没有零钱。""不、不，先生。我不同意你这种解释，你在怀疑我的智商。我相信在被查获前，你可能有数百次逃票的经历。""那也罪不至死吧?干吗那么较真?以后改还不行?""不、不，先生。此事证明了两点:一、你不尊重规则，不仅如此，你擅于发现规则中的漏洞并恶意使用;二、你不值得信任，而我们公司的许多工作的进行是必须依靠信任进行的，因为如果你负责了某个地区的市场开发，公司将赋予你许多职权。为了节约成本，我们没有办法设置复杂的监督机构，正如我们的公共交通系统一样。所以我们没有办法雇佣你，可以确切地说，在这个国家甚至整个欧盟，你可能找不到雇佣你的公司，因为没人会冒这个险的"。

诚信是公平机制得以顺利运行的前提，这就是以公平来保障诚信，而以诚信再来保障公平，从而形成良性的循环。如果群体内部互相之间无诚信可言，那么群体内部之间在共进退时的所谓公平就难能获得信任。因此，我们要做一个诚实守信的人，要树立进取精神和事业意识，要能够正确对待利益问题，培养高尚的人格。诚实守信是做人处事的根本。做到诚信待人并不难，正如上述所说，与人交往，与人处事，都要建立一个彼此信任的关系，正如一座大桥，它会让我们安全的到达彼岸，我们才会走过去，因为我们信任它。我们作为一个顶天立地的人，必须要表里如一，诚信为本，让我们的外表真正的华丽，与别人建立一个通往内心深处的坚实的桥梁，让我们成为一个诚实守信的人。做到诚实守信，做到表里如一，构建一个诚实的世界，让诚信永远留在我们的身边。

探究拓展

1. 阅读下面的材料，谈谈你对“言必信，行必果”的理解。

列宁信守新年赴约

列宁自己没有儿女，可是自从革命胜利以来，逢年过节，他总是和夫人克鲁普斯卡娅一起到儿童之家，和孩子们欢度节日。1921年，列宁病了，因为革命胜利以后，反革命势力在1918年8月刺伤过列宁，养好伤以后，又有太多的工作压着列宁，使列宁的身体越来越虚弱了。可是眼看着1922年的新年快到了，这回列宁实在不能到儿童之家与孩子们一起欢度节日，怎么办呢？最后他决定在自己的家里布置一个枞树晚会，请孩子们上家里来做客！

孩子们一听到这个消息，高兴得晚上都睡不着觉了，他们扳着手指头数着日子，等着到列宁爷爷家里去过年。自然，他们谁也不知道，列宁爷爷这会儿正患着重病。

列宁病得越来越厉害，他头疼、失眠。医生对他说：“列宁同志，您无论如何也得去休养了。”秘书说：“列宁同志，新年晚会就取消了吧，那会消耗您太多的精力的！”

列宁说：“不！我希望孩子们成为有革命思想和共产主义道德的人，我对孩子们不能失信！新年晚会一定要如期举行，我也一定要准时出席，和孩子们一起欢度新年！”

工作人员知道列宁的脾气：不但对大人不会失信，而且对孩子们也从不失信。因此，就按照列宁的意思，忙着把列宁的家布置起来，他们从森林里砍回一棵树干特别直、枝叶特别茂密的枞树，摆放在大厅里，又在树上挂上五颜六色的小电灯和各种玩具：洋娃娃、小兔子、小狗熊……

当孩子们来到列宁家里的时候，一眼就看见了这棵漂亮的新年枞树，高兴得欢蹦乱跳。这时，列宁尽管正病痛难忍，却一定让工作人员推着他坐的轮椅，来到孩子们中间。当孩子们又是唱歌、又是跳舞的时候，列宁就坐在一旁，笑眯眯地拍着手。有个淘气的孩子爬到列宁的膝盖上，列宁就搂着他慈祥地笑。最后，列宁夫人克鲁普斯卡娅和女工作人员玛丽亚给孩子们发了新年礼物，每个人都有一份。

孩子们长大以后，谁也忘不了在列宁家中的这一次新年晚会，当然，也永远忘不了，这一回列宁是坐着轮椅来和他们欢度新年的。列宁信守了他的新年之约，抱病举办并参加了这样一个令人永远难忘的新年晚会！

2. 写一份诚信考试倡议书 。

3. 搜集日常生活中发生在自己身边的，关于诚信和不诚信的实例，编成剧本，以短剧的形式在课堂上表演。

4. 以小组为单位，到家庭、社区、用人单位进行调查走访，了解人们对诚信的态度和要求，写一篇调查报告。

第八课　珍惜你的饭碗

敬业精神是时代的呼唤、社会竞争、社会发展的需要，也是个人生存的需要。爱岗敬业是每个企业对所有员工最基本的也是最高的要求。是企业员工的第一素质。一份职业，一个工作岗位，是一个人赖以生存和发展的基础保障。同时，一个工作岗位的存在，往往也是人类社会存在和发展的需要。所以，爱岗敬业不仅是个人生存和发展的需要，也是社会存在和发展的需要。企业是老板的身家性命，员工是企业的基石。你努力工作，同时工作也会成就你。反之你不爱岗就下岗，不敬业就失业。有很多企业提出：爱岗敬业、实现双赢；让敬业成为一种习惯；只有敬业才能有事业。

案例导引

把职业当成事业

野田圣子是日本现在内阁中最年轻的阁员，也是惟一的一位女性大臣。然而有谁能想象得到，她的事业起点却是从喝厕水开始的呢？野田圣子的第一份工作是在帝国酒店当白领丽人。在受训期间负责清洁厕所，每天都要把马桶抹得光洁如新才算合格。可是自出娘胎以来，她从未做过如此粗重的工作。因此第一天伸手触及马桶的那一刻，几乎呕吐，甚至在上班不到一个月时便开始讨厌这份工作。有一天，一名与圣子一起工作的前辈在抹完马桶后居然伸手盛了满满一杯厕所水，并在她面前一饮而尽，理由是向她证明经他清洁过的马桶干净得连水都可以饮。此时，野田圣子才发现自己的工作态度有问题，根本没资格在社会上肩负起任何责任。于是她对自己说："就算一生要洗厕所，也要做个洗厕所最出色的人。"结果在训练课程的最后一天，当她抹完马桶之后，也毅然喝下了一杯厕所水，并且这次经历成为她日后做人、处事的精神力量的源泉。

问：1. 野田圣子事业成功的秘诀是什么？

2. 她的事迹对你有什么启发？

一、爱岗敬业的含义

（一）爱岗敬业的含义

爱岗敬业是爱岗与敬业的总称。爱岗就是热爱自己的本职工作，安心于本职岗位，稳定持久，恪尽职守地做好本职工作。敬业就是从业人员应该充分认识本职工作的社会意义和价值，具有职业荣誉感和自豪感，以恭敬严肃的态度对待自己的工作岗位，在职业活动中具有高度的劳动热情和创造性，以强烈的事业心、责任感，从事本职工作。无论在任何时候，都尊重自己的岗位职责，对自己岗位非常勤奋，负责到底。

爱岗和敬业，互为前提，相互支持，相辅相成。"爱岗"是"敬业"的基石，"敬业"是"爱岗"的升华。爱岗敬业是指忠于职守的事业精神，这是职业道德的基础。爱岗敬业作为最基本的职业道德规范，首先要对工作充满热情。热爱是最好的老师，只有热情，才可激发你的潜能，兢兢业业地去完成工作任务。

（二）爱岗敬业的重要性

爱岗敬业是个人生存和发展的需要，一份职业，一个工作岗位，是一个人赖以生存和发展的基础保障。目前，职业是个人谋生的手段，也是体现人生价值的舞台。决定事业成败的因素很多，爱岗敬业是最重要的因素之一。爱岗敬业的人，能够获得更多的发展机会，创造更好的工作业绩，据调查显示：有百分之七十八的人认为爱岗敬业是其事业成功的主要原因。

资料链接

有位技术精湛的木匠，因为年事已高就要退休了，他告诉他的老板，他想离开建筑业，然后和妻子儿女享受一下轻松自在的生活。老板实在是舍不得这样好的木匠离去，希望他能在离开前再盖一栋具有个人品位的房子来。木匠欣然答应了，不过令人遗憾 的是，这一次他并没有很用心。他草草地用劣质的材料就把这间屋子盖好了。房子落成时，老板来了，顺便看了看，然后把大门的钥匙交给这个木匠说："这就是你的房子，是我送给你的一个礼物！"木匠实在是太惊讶了！他目瞪口呆，羞愧得无地自容，当然也非常后悔。

爱岗敬业也是社会存在和发展的需要。整个社会好比是一台机器，其中的任何一个环节哪怕是其中的一个小小的螺丝钉出现了问题，都会影响整台机器的运转。如果一个从业人员不能尽职尽责，忠于职守，就会影响整个企业或单位的工作进程。甚至损害到个人的利益。所以，一个工作岗位的存在，往往也是人类社会存在和发展的需要。爱岗敬业可以提高工作效率，增强综合国力，使各行各业更好更快的发展。

总之，爱岗敬业是对人们工作态度的一种普遍要求，也是人类社会最为普遍的奉献精神。

资料链接

“傻子”刘芳

刘芳是一所中专学校酒店管理专业的一名学生，毕业后到一家饭店做服务员，刘芳话不多，整天默默的干活，当别人在说笑时她也是自己找活干。有人说她是傻子，干那么多活老板也看不见。每当听到别人这么说时，刘芳总是付之一笑。时间一长，其他人总是把最脏最累的活留给刘芳，但她从来没有向老板或者领班告过状。

半年过去了，饭店的服务员换了两批，但是刘芳依然在这里干。老板的一位朋友经常来这家饭店吃饭，一次他问老板：刘芳可是你这里元老级的人物了。老板看看正在干活的刘芳，满意的说：这孩子实在，你别看她平时不说话，心里可有数了。她干活，我最放心。刘芳像没有听到老板的表扬一样，还继续干手中的活。

老板告诉这位朋友，自己找刘芳谈过话，她觉得找一份工作不容易，虽然工资不高，但是能供家里的弟弟妹妹上学，我必须好好干这份工作。不然连这份工作都丢掉了。我必须珍惜这个饭碗。

名人名言

我们欣赏那些对工作充满满腔热情的人，欣赏那些将工作中奋斗、拼搏看作人生的快乐和荣耀的人。——罗宾斯

成功与其说是取决于人的才能，不如说取决于人的热情。——罗宾斯

二、爱岗敬业的具体要求

（一）树立职业理想

职业理想是人们在职业上依据社会要求和个人条件而确立的奋斗目标，即个人渴望达到的职业境界。是指人们对未来工作部门和工作种类的向往和对现行职业发展将达到什么水

平、程度的憧憬。它是人们实现个人生活理想、道德理想和社会理想的手段，并受社会理想的制约。职业理想是人们对职业活动和职业成就的超前反映，与人的价值观、职业期待、职业目标密切相关的，与世界观、人生观密切相关。理想是前进的方向，是心中的目标。人生发展的目标是通过职业理想来确立，并最终通过职业理想来实现。

名人名言

理想是指路明灯，没有理想就没有坚定的方向，就没有生活。——托尔斯泰

在现阶段，作为学生，我们在学习生活中也会深切地感受到，一旦学习目的不明确，学习的热情就会低落，学习的效果就不明显。因此，有了明确的、切合实际的职业理想，再经过努力奋斗，人生发展目标才会实现。

职业理想在现实生活中具有参照系的作用，它指导并调整着我们的职业活动。当一个人在工作中偏离了理想目标时，职业理想就会发挥纠偏作用，尤其是在实践中遇到困难和阻力时，如果没有职业理想的支撑，人就会丧失斗志。此外，如果一个人只把自己的追求定位在找个“好工作”上，即便是将来有实现的可能，也不能算是崇高的职业理想，因为，这样的理想一旦实现，他就会不思进取，甚至虚度年华。总之，一个人只有树立正确的职业理想，无论是顺境或者逆境，都会奋发进取，勇往直前。

职业理想源于现实又高于现实，它比现实更美好。为使美好的未来和宏伟的憧憬变成现实，人们会以坚忍不拔的毅力、顽强的拼搏精神和开拓创新的行动去为之努力奋斗。

资料链接

12 岁时，周恩来就发出“为中华之崛起而读书”的誓言，表达了他从小立志振兴中华的伟大志向。

(二)强化职业责任

职业责任：是指人们在一定职业活动中所承担的特定的职责，它包括人们应该做的工作以及应该承担的义务。职业活动是人一生中最基本的社会活动，职业责任是由社会分工决定的，是职业活动的中心，也是构成特定职业的基础。职业责任具有明确的规定性；职业责任与物质利益存在直接关系；职业责任具有法律及其纪律的强制性。

资料链接

敬业的保安

小刘中专毕业后到一家企业做保安，半夜巡逻时他发现有一伙人在偷企业仓库的铜料，窃犯见只有他一个人，让他赶紧让路，面对十余人的盗窃团伙，小刘没有让开，而是义正辞严地让他们放下赃物。窃犯见他不吃硬的，又掏出500元钱说：这三更半夜的根本没人知道，你拿着这钱喝酒去吧，我们拿这些就走，保证以后不再来拿了。小刘坚持要他们放下铜料再走。这群窃贼火了，拿起长刀威胁他让开，放他们走，但小刘不仅没有让开，反而冲上前与他们搏斗，窃犯的刀扎在他身上，石块打在他的身上，小刘就是没放手，最后倒在了血泊中，窃犯吓坏了，扔下赃物就跑。事后有人说小刘傻，小刘说：我不是傻，这是我的岗位职责所在，我必须这么做。

责任是成就事业的可靠途径。有了责任心，再危险的工作也能减少风险；没有责任心，再安全的岗位也会出现险情。责任心强，再大的困难也可以克服；责任心差，很小的问题也可能酿成大祸。责任是实现人的全面发展的必由之路。有理想、有道德、有文化、有纪律，都

与责任相联结，都通过履行责任来体现，来升华。每个人只有在全面履行责任中，才能使自己的潜在能力得到充分的挖掘和发挥。每个人只有在推动社会的进步中，才能实现个性的丰富和完美。

我们常常认为只要准时上班，按时下班，不迟到，不早退就是敬业了，就可以心安理得地去领工资了。其实，敬业所需要的工作态度是非常严格的。一个人不论从事何种职业，都应该心中常存责任感，敬重自己的工作，在工作中表现出忠于职守、尽心尽责的精神，这才是真正的敬业。愿我们每个人都能自觉肩负起对工作、对家庭、对亲人和朋友的责任。

(三)提高职业技能

职业技能，也称职业能力，是人们进行职业活动、履行职业责任的能力和手段，它包括从业人员的实际操作能力、业务处理能力、技术技能以及与职业有关的理论知识等。

21世纪是知识经济发展的世纪，世界各国综合国力的竞争，主要是经济和科技实力的竞争，市场竞争将更加激烈、更加残酷，提高劳动者职业技能对促进就业、实现经济增长方式转变，促进经济社会发展、增进社会和谐稳定均起着非常重要的作用。

三、乐业、勤业、精业

勤业。就是对自己所从事的职业勤奋刻苦。这是任劳任怨、无私奉献的根本。勤劳本身就是一种财富。只有那些在艰苦探索的过程中付出了辛勤劳动的人，才有可能取得令人瞩目的成果；也只有那些兢兢业业、忘我工作的人，才有可能赢得不断进步的机会。一个人要想有所作为，勤奋刻苦才是成功之路。

资料链接

匈牙利喜剧影片《废品的报复》讲述了一个不安心工作，无视产品质量的制衣工人，最终自己受到了自己生产的废品的报复。当每个人都认为自己生产的废品是卖给别人而不是卖给自己时，自己得到的也是废品，同样会被自己之矛伤自己之盾。影片耐人寻味。

精业，就是对自己所从事的职业精益求精，这是任劳任怨、无私奉献的前提。是爱岗敬业的最高体现。精益求精取决于学习。人类历史不断发展，现代科技突飞猛进，知识更新日新月异。如果单靠旧知识、原底子、小聪明，不仅做不好本职工作，反而有被岗位淘汰的危险。这就要求我们必须坚持立足本职岗位成才，大力提倡“工作学习化、学习工作化”的理念，学习、学习、再学习。

乐业，就是对自己所从事的职业忠诚热爱，这是任劳任怨、无私奉献的基础。对待本职工作的态度至关重要，态度是灵魂。对待工作要有正确的心态。

资料链接

小镇邮差

小镇上有个中年邮差，他从20岁开始，每天往返50公里的路程，日复一日地将信件送到居民的家中。就这样3年过去了，人和物几番变迁，唯独从小镇到邮局的路，从过去到现在，始终没有一枝半叶，触目所及，唯有飞扬的尘土。

这么荒凉的路还要走多久呢？他一想到必须在这无花无树充满尘土的路上，骑着自行车度过他的一生时，心中总是有些遗憾。

有一天当他送完信，心事重重准备回去时，刚好经过了一家花店。“对了，就是这个！”他走进花店，买了一把野花的种子，并且从第二天开始，带着这些种子撒在往来的路上。就这样，经过一天，两天，一个月，两个月……他始终持续撒着野花种子。

没多久，那条已经来回走了3年的荒凉道路，开满了红、黄各色的小花。夏天开夏天的花，秋天开秋天的花，四季更迭，永不停歇。

在充满花香的道路上，吹着口哨、骑着自行车的邮差，不再是孤独的邮差，也不再是愁苦的邮差。他的心中充满了喜悦，所以他看见每一个人都兴奋热情地打着招呼，送信已经不是辛苦的工作，而是一件兴趣盎然的事情。没过多久他被提升到市里的邮局。但他留下来的这条开满鲜花的路给了更多的邮差信心和热情，整个市的邮政工作更有效率了。

乐业 使事业成为喜悦,使喜悦成为事业。——罗素

爱岗敬业既是一种高尚品质，又是一种模范行为，作为从业者，要立足本职任劳任怨，忠于岗位无私奉献，做到乐业、精业、勤业。这样才能在各行各业成就一番事业。

资料链接

“凡职业都是有趣味的，只要你肯继续做下去，趣味自然会发生。”为什么呢？第一，因为一份职业，总有许多 曲折，倘能身入其中，看它变化、进展的状态，最为亲切有味。第二，因为每一职业的成就，离不了奋斗；一步一步奋斗前去，从刻苦中将快乐的分量加增。第三，职业性质，常常要和同业的人竞争，好像赛球一般，因竞胜而得快感。第四，专心做一职业时，把许多游思妄想杜绝了。孔子说：“知之者不如好之者，好之者不如乐之者。”人生能从自己职业中领略出趣味，生活才有价值。孔子自述生平，说道：“其为人也，发愤忘食，乐以忘忧，不知老之将至云尔。”

实案思考

“无声响操作”，偌大的集装箱放入铁做的船上或车中，居然做到了铁碰铁，不出响声。这种操作法可以最大程度地降低集装箱、船舶的磨损，尤其是降低桥吊吊具的故障率，提高工作效率。实践证明，它是最科学也是最合理的。

“一钩准”。钩头起吊平稳，钢丝绳走“一条线”。集装箱上有4个锁孔，从几十米高的空中摆荡的吊具放下去，一次把琐眼都对齐，把集装箱抓牢靠。

“一钩净”。开吊车的司机，都知道一个“四稳”的口诀：就是在舱内起钩要稳，旋转时要稳，落钩时要稳和变幅时要稳。但要协调做到这四个方面很不容易。特别是落钩，做到了吊具一钩下去，一点不撒，把这种技术起名为“一钩净”。

“二次停钩”. 就是箱子刚离地和快落地的一刹那，放慢速度，先观察后起落，这样做虽然使每次操作时间多了几秒钟，但杜绝了事故隐患，提高生产效率。

“无故障运行”。核心班轮保班作业“一二三”的工作法，“一”就是“一个目标”：桥吊呈现无故障运行；“二”就是“两个制度”：凡是保班作业，一要技术主管昼夜值班制，二是出现突发故障15分钟排除制度；三是“三个事先”：对桥吊，保班作业前要技术主管事先检修一遍，事先掌握船舶技术资料、作业箱量，事先动员。

请问：

1. 你知道这是谁的绝活吗？

2. 他的事迹对我们做到勤业、精业、乐业有何启发？

四、树立岗位职责意识、做爱岗敬业的好员工

俗话说的好，没有规矩不成方圆。作为一名员工就要树立岗位职责意识。责任是员工对

企业肩负的使命，员工的责任心要充分体现出来，就必须先学会遵守工作流程，严格按工作标准工作，不违反工作制度，自觉接受企业监管，明确岗位职责才能承担责任。责任本身就是一种能力，要做一名合格的现代企业员工，唯有将自己职责范围内的事情做好，才能更好地热爱自己的本职工作。

一个人无论从事什么职业，都应该做到干一行、爱一行、专一行。这是一种优秀的职业品质，是所有的职业人士都应遵循的基本价值观，是爱岗敬业的题中之意。我们中职生要学会干一行爱一行、专一行，只有珍惜工作、尊重职业、坚守事业、忠诚企业，才能专心致志搞好工作。

资料链接

每个职业都是社会发展所不可或缺的，职业和岗位没有贵贱之分，只要“干一行、爱一行、专一行”，在每个职业和岗位上都可以做出不凡的成绩。修脚工陆琴顶住社会的偏见和巨大压力，坚信“三百六十行，行行出状元”，刻苦钻研修脚技术。在练习修脚功夫时，首先手感要好，这就得先用竹筷竖着一层层地削，越削刀工越细，削下来的筷子就越薄。一年下来，她削掉的筷子整整有一箩筐。刻苦钻研再加上用心，使她很快成为扬州修脚业的“第一高手”。在修脚技艺上精益求精，练就了熟练的技术，成为我国的修脚大师，连续两届当选为全国人大代表，在全国拥有几十家脚艺连锁店。

用陆琴的话说，“无论从事什么工作，只要技能精湛，坚守职业道德，自尊、自强、自爱，就能得到人们的尊重。”从业17年，修脚逾10万的陆琴名片上写着“脚医运宝刀，如琢又如雕，隐痛顿消失，足轻上九霄”，这张名片让她迎来了一批批客人。一位美籍华人一家每年两次来修脚，香港的邵逸夫先生希望陆琴每月来港一次。

2004年3月11日下午温总理来到江苏人大代表团参加审议，当陆琴发言结束后，温总理动情地说：“你的事迹，我以前在报纸上读过。今天听了你的发言我更受感动。我向你学习，向你致敬，向你表示感谢。你用你自己的实际行动，改变了社会的偏见；你用你自己的实际行动，实践了‘三个代表’的重要思想，全心全意为人民服务；你用你自己的实际行动，为全社会树立了榜样；你用你自己的实际行动证明：只要有意志、敢创业，人们的创造能力是无限的；你用你自己的实际行动告诉人们：手艺也是品牌。”

目前，在我国市场经济条件下，实行的是求职者与用人单位的双向选择，这种就业方式的益处，就是能使更多的人从事自己所感兴趣的工作，用人单位也能挑选自己所需要的合适人选。双向选择的就业方式为更好地发挥人的积极性创造了条件。

这一改革与社会主义职业道德基本规范要求的爱岗敬业并不矛盾。首先，提倡爱岗敬业，热爱本职，并不是要求人们终身只能干”一”行，爱“一”行，也不排斥人的全面发展。它要求工作者通过本职活动，在一定程度上和范围内做到全面发展，不断增长知识，增长才干，努力成为多面手。我们不能把忠于职守、爱岗敬业片面地理解为绝对地、终身地只能从事某个职业。而是选定一行就应爱一行。合理的人才流动，双向选择可以增强人们优胜劣汰的人才竞争意识，促使大多数人更加自觉地忠于职守，爱岗敬业。实行双向选择，开展人才的合理流动，使用人单位有用人的自主权，可以择优录用，实现劳动力、生产资源的最佳配置，劳动者又可以根据社会的需要和个人的专业、特长、兴趣和爱好选择职业，真正做到人尽其才，充分发挥积极性和创造性。这与我们所强调的爱岗敬业的根本目的是一致的。其次，求职者是不是具有爱岗敬业的精神，是用人单位挑选人才的一项非常重要的标准。用人单位往往录用那些具有爱岗敬业精神的人。因为只有干一行，爱一行的人，才能专心致志地搞好工作。如果只从兴趣出发，见异思迁，“干一行，厌一行”，不但自己的聪明才智得不到充分发挥，还会给工作带来损失。另外，现实生活中能够找到理想职业的人必定是少数的，对于多数人来说，必须面对现实，去从事社会所需要、而自己内心不太愿意干的工作。在这种情况下，如果没有“干一行，爱一行”的精神，那就很难干好工作，很难做到爱岗敬业。

爱岗敬业是平凡的奉献精神，因为它是每个人都可以做到的，而且应该具备的；爱岗敬业又是伟大的奉献精神，因为伟大出自平凡，没有平凡的爱岗敬业，就没有伟大的奉献。

一位著名的企业家说过这样一段话：“我的员工中最可悲也是最可怜的一种人，就是那些一心只想获得薪水，而在工作中的其他方面一无所知的人。”

《敬业才能有事业》一书中讲述了世界旅馆业大王希尔顿从一开始对洗马桶这个工作有抱怨到认真且干净的洗好每一个马桶的故事。这让我们明白了一个道理：为什么一 样学历的人，在同一个公司，甚至同一个部门，从事同样的行业，做着同样的工作，若干年后，有人脱颖而出，而另外的一些人却碌碌无为？那就是对工作的态度，即是否有一颗敬业的心。爱岗敬业是走向成功的必备之路。在工作中，许多时候决定成败的往往不是工作能力，而是工作态度，敬业精神决定成就的大小。只有全力以赴地投入工作，个人潜能才会得到充分挖掘，而增长的才干又会让人更加兢兢业业工作，如此良性循环，日后才能成功。

没有不重要的工作，只有不敬业的员工！无论学历高低，不论工作如何，只要走进职场，都应该以敬业的精神来要求自己，用心做好自己的本职工作。惟有敬业，你才能成为最受单位和领导欢迎的人。那些动不动就抱怨、偷懒、敷衍、投机取巧的人，注定要承受职业生涯的尴尬、无奈甚至失败的结局。

肯尼迪总统在他的就职演说中曾为我们留下了经典的名言：“不要问国家能为我们做些什么，而要问我们能为自己的国家做些什么”。同样，作为员工，不要问公司能给我们什么，先问我们能为公司解决什么。同学们，带着这样的座右铭，为奉献插上激情的翅膀，在青春的隧道中穿行。怀着一颗爱岗敬业的心，即使一辈子没什么光荣，你们青春的奉献也同样辉煌！

探究拓展

1. 结合自己所学的专业，去做一件实事，谈谈体会

例如：饭店和西餐专业的学生回家给父母做饭；会计专业的学生记录自己的个人消费和家庭消费账；旅游专业的学生用勤工俭学的工资自己做导游带父母去近郊游；幼师专业的学生给自己的亲戚带带孩子；形象设计专业的学生回家给家人化妆理发等。

2. 讨论：如何看待爱岗敬业与择业的关系？

第九课　勇于担当责任才能成就事业

一条标题为《有责任感的毕业生求职最受欢迎》的新闻引起轰动，内容是山东人才网对200家用人单位的人事主管调查发现，在挑选大学毕业生时，看重的因素依次是——责任感、团队协作精神、进取心、适应能力、表达能力、独立性、自信心、承受压力能力、待人接物能力和在专业领域的独特才能。其中责任感被排在第一位。这则消息反映出社会公众对责任感的强烈召唤，也准确无误地向世人宣告，目前最稀缺的东西不是高文凭，而是责任心。最可爱的员工是这样一些人：热爱本职工作，尽职尽责做好属于自己的工作，不到退休那一刻绝不抛弃自己的本职工作。在其位必尽责，这样的员工无论把他放在哪一个岗位上，他都能够兢兢业业、任劳任怨地发挥自己的智慧和才干。因此，无论现在在哪个职位上，都要义不容辞地把事情做好。如果怠慢消极，职位将会被人取代；如果保守落后，那么自然就会遭到淘汰。“物竞天择”不仅是大自然的规律，也是职场上不容忽视的真理。

案例导引

台湾有这么一所学校，学生年龄在15～18岁之间，每年三千多学生中，因违反校规校纪被校方开除的二、三百人。学校没有工人，没有保卫，没有大师傅，一切必要工种都由学生自己去做。学校实行学长制，三年级学生带一年级学生。全校集合只需3分钟。学生见到老师七米外要敬礼。学生没有寒、署假作业，没有一个考不上大学的。这就是台湾享誉30年以道德教育为本的忠信高级工商学校。在台湾各大报纸招聘广告上，经常出现“只招忠信毕业生字样。”以下是校长高震东在国内高校讲演的部分内容：

同学们，你们说“天下兴亡”的下一句是什么？（台下声音：“匹夫有责”）——不，是“我的责任”。如果今年高考每个人都额外加10分，那不等于没加吗？“天下兴亡，匹夫有责”等于大家无责。“匹夫有责”要改成“我的责任”，我是这样教我的学生的。所以说，现在我们大陆教育办得不好，是我高震东的责任，只因为这样，我才回祖国专门举办道德方面演讲。（掌声）

“以天下兴亡为己任”是孟子思想。禹是人，舜是人，我也是人！他们能做到的，我为什么不能呢？“天下兴亡，我的责任”，唯有这个思想，我们的国家才有希望。我们每个学生如果人人都说：学校秩序不好，是我的责任；国家教育办不好，是我的责任；国家不强盛，我的责任……人人都能主动负责，哪有不兴盛的国家？哪有不团结的集体？所以说，每个学生都应该把责任拉到自己身上来，而不是推出去。

我在台湾办学校就是这样，如果教室很脏，我问“怎么回事？”假如有个学生站起来说：“报告老师，今天是32号同学值日，他没有打扫卫生”。那样，这个学生是要挨揍的。在我的学校，学生会这样说：“老师，对不起，这是我的责任”，然后马上去打扫。灯泡坏了，哪个学生看见了，自己就会掏钱去买个安上，窗户玻璃坏了，学生自己马上买一块换上它——这才是教育，不把责任推出去，而是揽过来。也许有些人说这是吃亏，我告诉你，吃亏就是占便宜，这种教育要牢牢记在心里，我们每个中国人都要记住！

学校更应该训练学生这种“天下兴亡，我的责任”的思想。校园不干净，就应该是大家的责任。你想，这么大的一个校园，你不破坏，我不破坏，它会脏吗？脏了之后，人人都去弄干净，它会脏吗？你只指望几个工人做这个工作，说："这是他们的事。我是来读书的，不是扫地的。"——这是什么观念？你读书干什么？读书不是为国家服务吗？眼前的服务你都不做，你还能为未来服务？当前的责任你都不负，未来的责任你能负吗？水龙头漏水，有人会说："那不是我的事，那是总务处的事。"这是错误的。一般人最坏的毛病是这样：打开水龙头后，发现没水，又去开第二个，第二个也没有，又去开第三个——这样的学生，在我学校是要被开除的！连举一反三都不懂，第一个没水，第二个会有吗？你就没想到水会来吗？人无远虑怎么能行？作为一个干部，作为一个人，都要想到后果，后果看得越远的人，越是一个成功的人。一个只管眼前，不顾将来的人，不是一个好干部，不是一个有用的人。水管不关，来了水后让它哗哗满池子去流，仍不去关注。……你为什么浪费国家的水？你为什么浪费国家的资源？我每天洗脸都为国家省一盆水，一年省多少水，你算算，你们学校六千多学生，每个每天节省一盆水，一年省多少水？省水就是省电，就是节省国家资源。爱国可有两种，一种是积极爱国，一种是消极爱国。积极爱国是为国家创造财富，消极爱国是为国家节省财富。

问：1. 你所理解的担当责任的含义是什么？

2. 你现在应担当的责任有哪些？

一、责任的含义

"责任"一词有三方面的涵义：其一，使人担当起某种职务和职责；其二，分内应做之事；其三，做不好分内应做的事，因而应承担的过失。

所谓责任心，是指个人对自己和他人，对家庭和集体，对国家和社会所负责任的认识、情感和信念，以及与之相应的遵守规范、承担责任和履行义务的自觉态度。责任心是自尊心、自信心、进取心、事业心等意识的核心。

作为一个从业者要具有责任心，自觉承担职业责任。职业责任是指人们在一定职业活动中所承担的特定的职责，它包括人们应该做的工作和应该承担的义务。职业活动是人一生中最基本的社会活动，职业责任是由社会分工决定的，是职业活动的中心，也是构成特定职业的基础，往往通过行政的甚至法律方式加以确定和维护。

资料链接

勇于承认自己的过错

小洛克菲勒10岁时，一次在花园里玩，不小心把一台割草机弄坏了。面对老洛克菲勒的责问，他害怕极了，就把责任胡乱地推给佣人。事后，老洛克菲勒弄清了事情真相，不但没有宽容自己的儿子，而且逼着他去向佣人道歉。这一件小事，小洛克菲勒一生都记着，以后他接任公司总裁时，常以此来教育下属，一个人应该对自己所做的一切负责，才能对企业对社会负责。

电影《辛德勒的名单》讲述了一个真实的故事。德国纳粹成员辛德勒看到集中营对犹太人惨无人道的大屠杀，激起了他的反感并萌发了人性。他用金钱收买纳粹军官，以兵工厂需要工人为由开出名单，千余名犹太人因此获救。电影最感人的高潮，是德国宣布投降后，当全厂获救的犹太人向辛德勒表示感激时，辛德勒声泪俱下地反思道："我应该救出更多的人，如果我不要这辆汽车，还可以救出10个人……可是我没有做……"人的反思是美丽的，是人格的升华，是人性的升华，是人性最为充实饱满的体现。反思的背后是责任。人的反思没有止境，做了好事通过反思会做得更好，做了坏事，更要反思怎样改正。

责任心与人生观、价值观、道德、理想、集体主义、爱国主义紧密相联。如果人的价值取向以奉献为乐，那么他就会有很强的责任心。责任心以情感为基础。可以想象，如果一个孩子对父母没有感情，就不可能对家庭承担任何责任，一个对社会、对祖国、对人民没有情感的人，当外族入侵，祖国受难之时，就不可能挺身而出，舍生忘死，为国献身。责任心靠意志来维持。尽责尽心主要体现在行动之中。不管承担什么样的责任，都离不开坚强意志和毅力的支撑。由此可见，责任心是青少年健全人格的基础。担当责任就是承担并肩负责任。

资料链接

华盛顿的父亲非常喜爱花草树木，他亲手在自家的花园里栽了几棵樱桃树，每天浇水、松土，视如珍宝。一天，父亲出去了，小华盛顿望着枝叶茂盛的樱桃树，脑子里闪出一个大问号：这几棵樱桃树为什么长得这么好？他皱着眉头来回打量，突然自语道："这树干里面说不定有什么宝贝呢？弄开来看看。"

于是，他提了一把斧头，"喀嚓"一声把树给砍断了，但是里面什么"宝贝"也没有。小华盛顿心想，这下可糟了，"宝贝"没找到，树也砍坏了，父亲回来后一定会找我的，他感到害怕起来。

父亲回来了，像往常一样，先去看他的樱桃树。听着父亲的脚步声，华盛顿紧张得冒出一身冷汗。果然，大祸临头，父亲拣起被砍断的樱桃树怒吼道："这是谁干的？谁干的？真是太坏了，我要扭断他的胳膊！"听到父亲的吼声，全家人赶紧表示不是自己砍的。

小华盛顿心想，明明是自己砍的，何必连累别人呢？他咬了一下嘴唇，毅然地走到父亲面前承认是自己砍的。父亲正要打他，华盛顿睁大眼睛望着父亲说："爸爸，我告诉你的是事实，绝没有假话！"

听着儿子的申诉，父亲的怒容消失了，他和蔼亲切地拉过华盛顿说："孩子，你不要害怕，我不会打你的。因为，你这种勇于承认错误的态度，比爸爸心爱的樱桃树要珍贵千万倍！"

资料链接

沃尔玛商场要招考一名收银员，几经筛选，最后只剩三位小姐有幸参加复试。

复试由老板亲自主持，第一位小姐刚走进老板办公室，老板便丢了一张百元钞票给她，并命令她到楼下买包香烟。这位女孩心想，自己还未被正式录用，老板就颐指气使地命令她做事，因而感到相当不满，更认为老板故意伤害她的自尊心。因此，老板丢出来的钱，她连看都不看，便怒气冲冲地掉头离开。她一边走，一边还气呼呼地咒骂："哼，他凭什么支使我，这份工作不要也罢！"

第二位女孩一进来，也遇到相同的情况，只见她笑眯眯地接了钱，但是她也没有用它去买烟，因为钞票是假的。由于她失业许久，急需一份工作，只好无奈地掏出自己的一百元真钞，为老板买了一包烟，还把找回来的钱，全交给了老板。不过，如此尽职卖力的第二位面试者，却没有被老板录用。因为，老板录用了第三位面试的小姐。原来，第三位女孩一接到钱时，就发现钱是假的，她微笑着把假钞还给老板，并请老板重新换一张。老板开心地接过假钞，并立即与她签定合约，放心地将收银工作交给她。

问：面对100元假币这三名应聘者是如何做的？

资料链接

人生于大地之间各有责任。知责任者，大丈夫之始也；行责任者，大丈夫之终也；自放弃其责任，则是自放弃其所以为人之具也。是故人也者，对于一家而有一家之责任，对于一国而有一国之责任，对于世界而有世界之责任。一家之人各自放弃其责任，则家必落；一国之人各自放弃其责任，则国必亡；全世界之人各自放弃其责任，则世界必毁。——梁启超

二、承担责任的意义

（一）担当责任是一种思想素质

一个敢于担当责任的人，面对事物有强烈的责任心，并具备了对事物选择的决断力，不惧失败，勇于前进。

每一个人从出生那天起，就生活在复杂的社会关系中，与他人、集体、社会之间存在着责任关系。我们应该考虑对个人、家庭、他人、民族、国家、社会甚至整个人类所应当担当的责任。这种高度的责任感是我们应该具备的基本品德，是我们学会做人的基点。积极主动承担起我们应尽的社会责任，是人格健全和心理成熟的表现。中职生在承担自己应尽的责任的同时，也就开始了美好人生的塑造，而建立在责任之上的人生才是坚实健康的人生、成熟的人生。责任感反映了一个人的精神境界，责任也是一种爱，甚至是一种最为崇高的爱。

名人名言

一个人若是没有热情，他将一事无成；而热情的基点正是责任心。——列夫·托尔斯泰

资料链接

老斑马的“壮举”。一位英国旅行家曾在非洲草原上看到过一匹老斑马的“壮举”。一群迁徙中的斑马在遭遇几头雄狮的突然袭击时，怀孕的母马和小马面临着严重的威胁。此时，一匹老斑马忽然一声长吼，猛地掉转头，离开斑马群冲向雄狮。雄狮们争抢着撕扯它的肉体，直到剩下一堆白骨。在这段时间里，斑马群早已离去。

（二）担当责任是一种职业精神

一个勇于担当责任的人，会把自己的“职业”转换成“事业”。必以敬重的态度对待自身工作，胸怀壮志，并愿为之付出毕生精力。担当责任是能力发展的催化剂。

资料链接

钱学森，中国航天事业奠基人，1938年在美国获博士学位，1950年开始争取回归祖国，受到美国政府迫害，历经5年于1955年才回到祖国。1958年起，钱学森长期担任火箭导弹和航天器研制的技术领导职务，为中国火箭和导弹技术的发展提出了极为重要的实施方案。1965年，钱学森正式向国家提出报告和规划，建议把人造卫星的研究计划列入国家任务。在实施人造卫星研制计划中，钱学森在许多关键技术问题的解决上贡献了智慧。钱学森对科学技术的重大贡献是多方面的，他以总体、动力、制导、气动力、结构、计算机、质量控制等领域的丰富知识，为组织领导新中国火箭、导弹和航天器的研究发展工作发挥了巨大作用，对中国火箭导弹和航天事业的迅速发展做出了卓越贡献。

（三）担当责任是公民的社会义务

公民的责任意识，表现在不问别人、尤其是国家能为自己做些什么，而是自己能为别人、尤其是国家做些什么。在国家危机中，真正的公民不仅仅是受保护者，更应该是主动积极的“责任行动者”。北京大学的学生说得好：“不要问社会能为我做什么，而要问自己能为社会

做什么?"其实，我们每个人已经从社会得到了许多看得到的或看不到的服务，现在重要的是自己能为我们的社会和国家做些什么？"人人为我"是社会事实，更重要的是自己要尽到"我为人人"的社会责任。

资料链接

有一位出租汽车司机，送乘客到北京火车站。当客人说自己肺部有感染，打了一周点滴都没好，准备回家时，司机立即把车停在路边拨打120。客人求司机放他走，但司机苦口婆心劝他留。俩人在雨中等了两个半小时，直到救护车来到。这是发生在2003年"非典"肆虐时期一个普通人身上的故事，在这位司机的身上，体现了一个公民强烈的社会责任感。

亚洲金融危机中，韩国公民拿出黄金首饰和外汇积蓄捐给政府;"9·11"恐怖袭击事件中，美国公民自发赶到遇袭地点救人，或到医院排着长队献血;1998年我国抗洪救灾和2003年抗击"非典"中，亿万中国公民顽强拼搏，众志成城，都体现出国家公民的社会责任以及面对危机的信念和意志。

资料链接

各国注重培养"责任公民"

20世纪70年代以后，美国提出了"责任公民"的概念，其主要内涵就是要承认他人享有法律上规定的各种权利的责任，遵守各种规则，信守诺言的责任。20世纪80年代后期，美国推出了五百多个教育法案，鼓励学校制定系统的德育评估标准，提出了21条德育准则，其中主要的有12条，即：自立、值得信赖、勇敢、自信、成为真正的自己、尊重别人的权利、正直、勇于承认错误、信守体育类行业道德、谦恭有礼、己所不欲勿施于人、有创造性等，突出了责任教育的倾向性。

英国最近十多年开始重视责任教育，要求学生要学会如何与别人相处，有高雅自由的生活，能够考虑别人的需要，成为具有丰富的情感和高尚情趣的自律者。其主要教育内容就是莱斯特中心负责筛选的"四个核心"和"六个关系"，"四个核心"就是强调对别人的尊重、公正与合理、诚实和有信用，"六个关系"就是处理好与最亲近人的关系、与社区和社会的关系、与人类的关系、与自己的关系、与非人类的关系、与上帝的关系。处理好这些关系的关键是行为主体要勇于承担自己的责任。

德国教育最突出的特色就是十分重视青少年责任心的培养。《联邦德国教育总法》规定："培养学生在一个自由、民主和福利的法律社会中……对自己的行为有责任感。"在巴伐利亚州，规定得更详细，对于18岁以上的学生，在道德方面的要求是培养"尊重人的尊严、自我克制、责任感、乐于负责与助人，能接受一切真、善、美的胸怀，以及对自然和环境的责任心。"

资料链接

《寂静的春天》给我们的启示。20世纪50年代末60年代初，美国生物学家卡逊女士在科研中发现了空气、土壤、河流、大海都存在污染的物质。这些污染物是人为造成的。出于一个科学家的责任，她首次提出了环保的问题。

在她写的《寂静的春天》一书中，她第一次向人类发出了警告："危险的甚至是致命的物质的污染不仅进入了生命赖以生存的世界，也进入了生命的组织。"她向人们描绘了一个没有鸟叫、没有生机的世界，一个死寂的春天。提出："现代人随意散布毒物，以致迷失了生命最本质的东西。这和随意挥舞棍棒的洞穴时代的人类相比，又有什么进步呢?"

1962 年这本书出版后，引起全社会的震动和争议。当时的科学界、工业界普遍主张人对自然的征服与统治，而卡逊对工业发展带来的副作用的批评，以及呼吁人与自然的和谐，都被攻击为“反科学、反文明、女人的歇斯底里”，甚至美国药物学会也站在她的对立面。

卡逊在苦闷和压力中煎熬，孤立的争辩没有取得成功。两年后，卡逊得了癌症。带着不能被人们理解的遗憾和已尽到科学家责任的欣慰，卡逊离开了人世。如果她不愿意付出这么大的牺牲，她可以随波逐流，或者随声附和，或者睁一只眼闭一只眼，那样她的日子会好过得多。然而，她选择了责任。正是这个正义的选择，她推动了时代的发展，她的名字也永远和她的成就一起被载入史册。

1970 年诞生了世界第一个地球日。美国副总统戈尔这样评价《寂静的春天》:“这本书改变了历史。没有它，人类环境保护运动可能会推迟，或许不会发生。”人们终于醒悟了，接受了卡逊的理念，成立了环保组织，制定了各种环保法。卡逊没有忘记自己对人类的责任，人类也不会忘记卡逊。

三、树立责任意识、做担当责任的职业人

(一) 树立责任心

见义勇为是责任，帮助别人是责任，爱护集体是责任，维护民族尊严是责任，扶贫济困是责任。责任心包括对社会的责任、对家庭的责任、对工作的责任、对别人的责任、对自己的责任。人的责任首先是对社会的责任，有了对社会的责任才能有对家庭、工作、朋友、自己的责任。一个人应当具备的优秀品质很多，而责任心是十分重要和可贵的。

资料链接

雷峰愿做一颗永不生锈的螺丝钉，拧在哪里都要负起应尽的责任，焦裕禄忍着病痛走访贫苦百姓，孔繁森以微薄的收入供养藏族孤儿……

众多先进人物的思想和事迹，无不具有一个共同的特点，那就是对国家、对人民、对事业有着高度的责任感。古人云:“不患无策，只怕无心。”一个人的学识、能力、才华很重要，但缺乏责任感、责任意识、责任心，也是不堪大用的。

资料链接

社会的每一个成员在其职业、文化、结社和消费活动中，每天都应该承担自己对他人的责任。因此，学校应为每个人发挥这种作用做好准备，不仅向他们传授应享受的权利和应尽的义务，还应提高他们的社会生活技能，并鼓励他们参加具体工作。

——《学会生存——教育世界的今天和明天》

(二) 培养责任感

培养责任感包含着以下几个方面的内容:对自己有责任感，对家庭有责任感，对他人有责任感，对集体有责任感，对社会有责任感，对国家有责任感。我们中职生，作为子女，要孝敬父母;对于同学和朋友，我们有义务伸出援助友爱之手;作为一个公民，我们应该肩负保家卫国、建设祖国的重任;作为一个社会人，我们应该维护正义、扶助弱者、呼吁和平、保护环境。

资料链接

人类发展的目的在于使人日臻完善;使他的人格丰富多彩，表达方式复杂多样;使他作为一个人，作为一个家庭和社会的成员，作为一个公民和生产者、技术发明者和有创造性的理想家，来承担各种不同的责任。

21世纪要求人人都有较强的自主能力和判断能力，同时要求加强每个人在实现集体命运过程中的责任。

——《学会生存——教育世界的今天和明天》

在这个社会中，我们每个人都需要承担责任。正因为有了责任心，我们才在人生漫长的旅途中坚强地迈过每一道艰难的门槛。也正因为我们具有坚强的责任感，才始终做到谦虚谨慎，不断地追求新的目标。

资料链接

在火车上，一位孕妇临产，列车员广播通知，紧急寻找妇产科医生。这时，一位妇女站了出来，说她是妇产科的。女列车长赶紧将她带进用床单隔开的病房。产妇由于难产而痛苦地叫着。那位妇产科的妇女非常着急，将列车长拉到产房外，说明产妇的紧急情况，并告诉列车长，她其实只是妇产科的护士，并且由于一次医疗事故已被医院开除。今天这个产妇情况不好，人命关天，她自知没有能力处理，建议立即送往医院抢救。

列车行驶在京广线上，距最近的一站还要行驶一个多小时。列车长郑重地对她说："你虽然只是护士，但在这趟列车上，你就是医生，你就是专家，我们相信你。"列车长的话感染了护士，她准备了一下走进产房时又问："如果万不得已，是保小孩还是保大人？""我们相信你。"

护士明白了。她坚定地走进产房。列车长轻轻地安慰产妇，说现在正由一名专家在给她手术，请产妇安静下来好好配合。出乎意料，那名护士几乎单独完成了她有生以来最为成功的手术，母子平安。那对母子是幸福的，因为遇到了热心人；那位护士更是幸福的，她不仅挽救了两个生命，而且找回了自己的信心和尊严。因为责任，因为信任，她由一个不合格的护士成为了一名优秀的医生。

每个人都有责任感，每个人都会为不辱使命而努力。责任能激发人的潜能，也能唤醒人的良知。给人责任，也就是给了信任和真诚；有了责任，也就成就了尊严和使命。

资料链接

父亲的教诲

曾经荣获普利策奖的詹姆斯·赖斯顿在第二次世界大战期间应聘到《纽约时报》工作。在伦敦工作期间，他亲历了德国纳粹分子对伦敦进行的狂轰滥炸。孤身一人在战火纷飞的伦敦工作，詹姆斯·赖斯顿非常想念妻子和3岁的儿子。在给儿子的信中，詹姆斯这样写道：

"我周围这些生活在紧张之中的人们，大都有了一种更加强烈的责任感。他们更具爱心，做事更多地为他人考虑，与此同时他们也日益坚强起来。他们在为超越自身的理想而作战。我觉得那也是你应该为之而努力的理想。

"我想向你强调的就是，一个人必须承担他应该承担的责任。这场战争爆发于一个不负责任的年代。我们美国人在本世纪第一次大战结束的时候，并没有承担自己的责任。当这个世界需要我们把理想的种子广为撒播的时候，我们却退却了……因此，我请求你接受你自己的责任——把美国创建者的梦想变为现实，为着生你养你的这个国家的前途而努力奋斗……简朴人生，勿忘责任。"

刻苦学习，努力做到德智体美全面发展，这是学生的责任；毕业后到基层去，到西部去，到祖国最需要的地方去建功立业，这是爱国者的责任。我们要不负人民的重托，牢记肩头的重任，报效国家，报效父老乡亲。

(三)强化职业责任意识

对从业者来说，应自觉明确自己的职业责任，树立职业责任意识，具有工作责任心。工作责任心就是对工作的积极态度。这种态度是对自己应承担责任和义务所表现出的一种责任感和义务感。这种责任感和义务感一旦形成，便成为一种巨大的精神力量，在履行自己的职责时会将“不得不为”的行为转变为“自觉自为”的行为，形成自动干好本职工作的一种动力。有责任心的人一定会努力、认真工作，一定会工作细致，自觉履行自己的使命和责任，自觉地创造性地完成工作任务。有责任心的人做每一件事都会坚持到底，不会中途放弃，说到做到，有个交待；有责任心的人一定会按时、按质、按量完成任务，解决问题，能主动处理好分内、分外的相关工作，有人监督与无人监督都能主动承担责任而不推卸责任。

资料链接

卡特和休斯特是某快递公司的两名新员工。平日工作中，他们俩是搭档，工作一直都很认真，也很卖力。上司对这两名新员工很满意，然而一件事却改变了两个人的命运。

一次，卡特和休斯特接了一笔大单，需要把一件贵重的邮件送上飞机。上司反复叮嘱他们要小心，因为里面装有一个价值不菲的“翡翠香炉”。意外的是，当送货车快抵达飞机场的时候突然熄火了。他们两个人马上跳下车检查问题，这时飞机起飞的时间也快到了。于是，休斯特焦急地说：“怎么搞的，你为什么出门前不把车检查好，现在迟了，飞机快起航了，如果不按规定时间送到，我们要被扣奖金的。”

卡特没有责怪自己的搭档，而是说：“对不起！这样吧，我的力气大，我来背吧，距离目的地也不远了。”

“那好，你背吧！”休斯特说。卡特背起邮件，一路小跑，终于按照规定的时间赶到了目的地，而且也看到了等待的客户。这时，休斯特突然说：“你先歇歇，我来背吧，你去招呼货主。”他心里暗想，如果客户能把这件事告诉老板，说不定还会给我一个晋升的机会。他只顾瞎想，当卡特把邮件递给他的时候，他却没接住，邮包掉在了地上，“哗啦”一声，“翡翠香炉”碎了。

“啊？……你……你怎么搞的，我没接你就放手。”休斯特大喊。

“对不起，你明明伸出手了，是你没接住。”卡特道。

卡特和休斯特都知道，这个贵重的邮件打碎了意味着什么，不但会丢了工作，可能还要偿还沉重的债务。果然，老板对他俩进行了严厉的批评。

“老板，不是我的错，是卡特弄坏的。”休斯特趁着卡特不注意，先走进老板的办公室，对老板说。老板平静地说：“谢谢你休斯特，我知道了。”

随后，老板把卡特叫到了办公室。“卡特，你知道那邮件有多贵重吗?”卡特把事情的原委告诉了老板，最后卡特说：“这件事情是我们的失职，我愿意承担责任，一定会弥补我们造成的损失。”

卡特和休斯特一直等待处理的结果，但是结果很出乎他们俩的意料。老板把卡特和休斯特叫到了办公室。老板对他们说：“公司一直对你们两个人很器重，想从你们当中选择一个人担任客户部经理，没想到却出了这样一件事情，不过也好，这会让我更清楚哪一个是合适的人选。”休斯特看着卡特沮丧的表情暗喜，以为一定是自己无疑。

“我们决定请卡特担任公司的客户部经理，因为，一个勇于承担责任的人是值得信任的。卡特，用你赚的钱来偿还客户的损失。休斯特，你自己想办法偿还客户的损失，对了，你明天不用来上班了。”

“老板，为什么?”休斯特问。

“其实，那个客户早你们一步来我办公室了，他已经把事情的始末告诉我了。还有，我也看到了问题出现后你们两个人的反应。”老板最后说。于是，休斯特不但被辞退，还要背负因此而换来的债务。

对于职业人来说，履行好职业责任，不只是哪一个人提出的要求，而是整个社会和全体服务对象的共同期待。

资料链接

安徽长丰县某中学两名学生上课时打架，授课教师杨某没有加以制止，而是继续上课，导致其中一人死亡。

西安王女士在公交车上遭遇性骚扰，因表示不满竟遭到歹徒暴打，而该公交司机却既没喝止也没报警，始终一声未吭。

这两个案例事发之时，在岗的执业者均未像“范跑跑”那样跑离岗位，但没有跑离岗位是否就意味着尽到了职业责任了呢？显然不是。职业责任，是一个围绕岗位划定的责任范围，它包括坚守岗位做好在岗的工作，但又不止于这一个方面，还包括要负起与其职业紧密相关的法律责任、职业道德责任等。

每个人都肩负着责任，对工作、对家庭、对亲人、对朋友，我们都有一定的责任，责任感是一个人做好任何一件事都不可或缺的优秀品质。

在工作中，无论职位高低，能力大小，我们应该提倡每一个人都要做好自己的本职工作，对工作一丝不苟，认认真真，兢兢业业。有责任心的人一定会努力认真工作;有责任心的人一定会工作细致，听从安排，肯于协作;有责任心的人做每一件事都会坚持到底，不会中途放弃，说到做到，有个交待;有责任心的人一定会按时、按质、按量完成工作任务，解决问题，能主动处理好份内与份外相关工作，有人监督与无人监督都能主动承担责任而不推卸责任。如果我们也这样对待工作:上至高层领导，下至一线员工，人人都对各自的工作有一颗强烈的工作责任心，就能更好的做好本职工作。把每一件简单的事做对，把每一件平凡的事做好，这就是你的责任!

探究拓展

小时候，责任是一张暖暖的小床，我在里头，父母在外头。原来，很小的时候，我就有了责任。我的责任，那是给父母最珍贵的礼物。对他们笑，那是我最甜蜜的责任，因为那会使得他们欣喜若狂，初尝为人父、为人母的喜悦与安慰;对他们哭，那是我最沉重的责任，因为那会使得他们痛心和无奈。但我的责任，如影随形，却告诉我，让我得到快乐，让他们做得更好，那是父母与生俱来的责任。不知不觉间，责任已化作爱的种子，开始成长。

长大后，责任是一块黑板，我在下头，老师在上头。上学了，我继续着我的责任。面对老师，做个好学生是我的责任。望着黑板，可以从中窥见世界的包罗万象。探询人生真理，领悟世间百态，感受善良丑陋，是我最大的收获;面对同学，我自有我的责任。那是共同探讨问题时的默契，是共同分享同学间小秘密的愉悦，是困难来了，大家一起分担的勇气干劲，是快乐来了，大家一起分享的其乐融融。不知不觉间，责任已化作了爱的种子，在同学间开遍了鲜花。

后来啊，责任应是一张暖暖的小床，我在外头，儿女在里头。后来啊，当我为人母的时候，我应当站在那小小的婴儿床边，继续履行着我的责任。凝视着宝宝的脸庞，那甜甜的笑是她应当承担的甜蜜责任，也是我应当得到的最好的礼物。她的哭声，是她最沉重的责任，那仿佛是在提醒我并没有很好地尽到我的责任。于是，不知不觉间，责任已化作了爱的芬芳，洋溢在我们之间。我终于知道，原来啊，责任就是爱的化身。

阅读上述材料，谈谈你的感想。

第十课　众人拾柴火焰高

随着知识经济时代的到来，各种知识、技术不断推陈出新，竞争日趋紧张激烈，市场需求越来越多样化。在很多情况下，单靠个人能力已很难处理各种错综复杂的信息并采取切实高效的行动，所有这些都要求组织成员之间进一步相互依赖、相互关联、共同合作。而合作团队的建立旨在解决错综复杂的问题，并进行必要的行动协调，保持组织应变能力和持续的创新能力。团队合作、团队精神，作为知识时代团队文化中的重要组成部分，越来越多地为团队所重视。

案例导引

当年乔丹在公牛队时，皮彭是公牛队最有希望超越乔丹的新秀，他时常流露出一种对乔丹不屑一顾的神情，还经常说乔丹某方面不如自己，自己一定会把乔丹推倒一类的话等。但乔丹没有把皮彭当作潜在威胁而排挤，反而对皮彭处处加以鼓励。有一次，乔丹对皮彭说："我俩的三分球谁投得好？"皮彭有点心不在焉地回答："你明知故问什么，当然是你。"因为那时乔丹的三分球成功率是28.6%，而皮彭是26.4%。但乔丹微笑着纠正："不，是你！你投三分球的动作规范，自然，很有天赋，以后一定会投得更好，而我投三分球还有很多弱点。"并且还对他说："我扣篮多用右手，习惯地用左手帮一下，而你左右都行。"这一细节连皮彭自己也不知道。他深深地为乔丹的无私所感动。从那以后，皮彭和乔丹成了最好的朋友，皮彭也成了公牛队17场比赛得分首次超过乔丹的球员。乔丹这种无私的品质为公牛队注入了难以击破的凝聚力，乔丹不仅以球艺，更以他那坦然无私的广阔胸襟得到了所有人的拥护和尊重。

问：1. 皮彭和乔丹为什么能成为好朋友？

2. 公牛队为什么能创造一个又一个的神话？

一、团结合作的含义

学会与人相处是人类生存与发展的需要。人与人应该如何相处？人只有学会与他人共处，融入社会群体中，才能正常地生活。只有人们安定团结，互助合作，一个社会才能得到更好更快地发展。国际21世纪教育委员会郑重提出："学会合作共处，即学会共同生活，学会与他人共同学习工作，是青少年的人生必修课。"

"团结合作"是人与人共处的基本道德准则。这一准则包括"团结互助"与"合作共赢"两层含义。"团结"，本义指把分散物聚拢在一起，形成结构紧密的团状体。引申到社会人际关系中，"团结"是指为了一个共同的信念或利益而联合或正式组织起来结成的一群。这个群体（或称团队）意志统一，行动起来像一个人；群体的利益高于一切，每个成员都为实现共同目标而竭尽全力；成员之间相互理解，相互信任，互相支持，荣辱与共。这就是团结互助的"集体主义精神"，或称"团队精神"。

常言道，团结就是力量。团结互助作为一种传统美德，对凝聚民族力量，促进社会进步，发挥着重要推动作用。

资料链接

八年抗战的胜利，表现了中华民族万众一心、坚不可摧的力量。2003 年抗击“非典”，2008 年战胜特大冰雪灾害和“5.12”汶川强烈地震给灾区人民带来了巨大的生命财产损失，但都展示了中华民族“一方有难，八方支援”、众志成诚，团结互助的伟大力量。

资料链接

突如其来的水包围了一小块陆地，是蚂蚁的家园，那一小块陆地有许多的蚂蚁。蚂蚁们对水是很敏感的，因为它们不会水。天要下大雨了，它们总是能够预先知道，于是就能看到它们浩浩荡荡搬家的场面。但是这一次它们无法预先知道，因为这一次是人祸，那个人挖开了沟渠，要浇灌他的菜园子。天灾可以预知，但是对于人祸蚂蚁们就无法预知了。蚂蚁们爬出了洞穴，一阵慌乱，蚂蚁们有秩序了，它们聚拢，聚拢，聚拢成了一个大大的蚂蚁团，这时，水漫了上去，蚂蚁团就漂在了水面，而且在微风的吹动下，在水面上向前滚动。没有一只蚂蚁松手，那蚂蚁团好像向前漂得很轻灵。终于，他们抵达了陆地，它们分散开来，它们一定又一次开始重建家园。

合作是人类社会存在、发展的基本方式。人类漫长的历史就是我们合作本性的最好证明。人类所有重大的成就都是合作的结果。

资料链接

美国学者朱克曼研究发现，自 1901 年诺贝尔金奖颁发以来 75 年的 286 位获奖者中，2/3 的科学家是与人合作而获奖的。他又以 25 年为一阶段进行了对比研究，发现与人合作而获奖者，第一个 25 年为 41%，第二个 25 年为 68%，第三个 25 年竟达到 79%。这就有力地说明，科技越发展，一个人要取得事业上的成功就越需要具备与人合作的良好品质，不能互相关心、支持与合作，就很难取得事业上的成功。

团结合作就是在做一件事情时，要学会与他人合作，取长补短，互相帮助，互相配合，相携共进，团队的力量大于个人的力量，团结合作可以提高效率，能够产生巨大的力量，克服艰难险阻，创造人间奇迹，实现双赢或多赢。

资料链接

我国三峡水库建成、南水北调、西气东输，北京奥运会、嫦娥一号探月、神州七号宇航员的太空行走等等这些宏大工程，都是成百上千个群体和千百万人密切合作而成。

资料链接

从前，有两个饥饿的人得到了上帝的恩赐——一根鱼竿和一篓鲜活的鱼。其中一个人要了一篓鱼，另外一个人则要了一根鱼竿。带着得到的赐品，他们分开了。得到鱼的人走了没几步，使用干树枝点起篝火，煮了鱼。他狼吞虎咽，没有好好品尝鱼的香味，就连鱼带汤一扫而光。没过几天，他再也得不到新的食物，终于饿死在空鱼篓旁边。另一个选择鱼竿的人只能继续选择忍饥挨饿，他一步一步地向海边走去，准备钓鱼充饥。可是，当他看见不远处那蔚蓝的海水时，他最后的一点力气也使完了，他也只能带着无尽的遗憾撒手人寰。

上帝摇了摇头，决心再发一次慈悲。于是，又有两个饥饿的人得到了上帝恩赐的一根鱼竿和一篓鲜活的鱼。这次，这两个人并没有各奔东西，而是商定相互协作，一起去寻找有鱼的大海。一路上，他们饿了，每次只煮一条鱼充饥。终于，经过艰苦的跋涉，在吃完了最后一条鱼的时候，他们终于到达了海边。从此，两个人开始了以捕鱼为生的日子，他们有了各自的家庭、子女，有了自己建造的渔船，过上了幸福安康的生活。

这个小故事中前面两个人因为不知道合作，所以两个人都失败了；而后来两个人懂得合作，最终双双取得了成功。

大雁飞行的时候需要合作，每只雁子都有自己的岗位，失去了合作，就有可能被袭击。我们日常的学习与工作也离不开合作，合作能使人学会与别人交流、配合及友好相处，增强自己对团队的归属感、自豪感，个人的成绩与团体的荣誉分不开。现代社会各行各业的工作和生产尤其需要合作共赢的精神。21 世纪的成功者必须是全面发展、富有开创精神，善于与他人团结合作的人。

名人名言

人，力不若牛，走不若马，而牛马为用，何也？曰：人能群，彼不能群。人何以能群？曰分。分何以能行？曰义。故义以分则和，和则一，一则多力，多力则强，强则胜物。——荀子

合作可以填补我们个人头脑中的知识空隙和缺陷，可以使我们互相激励、互相诱导，产生连锁反应，扩大创作性的设想。——比尔·盖茨

资料链接

在辽宁省师范大学教育系里，有两位特殊的学生，一位叫周婷婷，另一位叫王铮。她们一个双目失明，一个双耳失聪。然而，就是这样的两个人组成了“海伦凯勒”号联合舰队，两人在生活上、学习上互帮互助，周婷婷听不清看得清，她做了王铮的眼睛；王铮看不清，她做了婷婷的耳朵，两人取长补短，扬长避短，在学习上都取得了优异的成绩。他们为什么会取得成功？那是因为她们掌握了成功的一个法宝——团结友爱，互相协作。

二、团结合作力量大

团结合作是国家安定、社会和谐发展的基础。人们经常听到的“家和万事兴”、“和气生财”、“天时不如地利，地利不如人和”等话语。对一个家庭、班级、单位、民族和国家来说，要想兴旺发达、和谐幸福，就必须加强团结。否则，不团结或者不够团结，就难以实现和谐发展，人们就不能感受到温暖和幸福。

资料链接

端午节是我国特有的一个民族节日。在南方的一些地区，过端午节时不仅要吃粽子，还要进行龙舟比赛。龙舟比赛是一个集体项目，只有集体中的每个成员都听从指导，动作协调一致，大家团结合作才能使船的前进速度加快，从而取得比赛的成功。

资料链接

定国安邦的基础

春秋战国时期，赵国优秀将领廉颇以英勇善战立下无数战功，地位很高。蔺相如当时是赵王身边宦官的门客，被推荐完成送和氏璧换取秦国十五座城的任务。当时秦国强大，大家都知道送去和氏璧也得不到秦国的城池，不送又怕得罪秦国，蔺相如肩负国家利益和荣辱，冒着生命危险以聪明才智和胆识完璧归赵，得到赵王赏识和封赏。不久秦赵两国国君在渑池相会，蔺相如又立大功为赵国挽回面子。赵王封他为上卿，官位在廉颇之上。廉颇对蔺相如不满，觉得自己在沙场上为赵国拼命，攻下无数城池立下汗马功劳，蔺相如动动嘴皮子就比自己功劳还大，很不服气。蔺相如得知廉颇对自己有意见处处忍让，别人说他是怕廉颇，他

却说:“秦王我都不怕，难道能怕廉将军？现在秦国不敢入侵，因为赵国有得力将相，一旦我们不和，就会削弱赵国力量，秦国趁机入侵怎么办？我不论功争权，为的是国家大局，将相的共同利益!”此话传到廉颇耳里，廉颇也是身明大义之人，主动负荆请罪。将相和的佳话流传至今。

人多力量大

从前，吐谷浑国的国王阿豺有20个儿子。他这20个儿子个个都很有本领，难分上下。可是他们自恃本领高强，都不把别人放在眼里，认为只有自己最有才能。平时20个儿子常常明争暗斗，见面就互相讥讽，在背后也总爱说对方的坏话。阿豺见到儿子们这种互不相容的情况，很是担心，他明白敌人很容易利用这种不睦的局面来各个击破，那样一来国家的安危就悬于一线了。阿豺常常利用各种机会和场合来苦口婆心地教导儿子们停止互相攻击、倾轧，要相互团结友爱。可是儿子们对父亲的话都是左耳朵进、右耳朵出，表面上装作遵从教诲，实际上并没放在心上，还是依然我行我素。阿豺一天天老了，他明白自己在位的日子不会很久了。可是自己死后，儿子们怎么办呢？再没有人能教诲他们、调解他们之间的矛盾了，那国家不是要四分五裂了吗？究竟用什么办法才能让他们懂得要团结起来呢？阿豺越来越忧心忡忡。有一天，久病在床的阿豺预感到死神就要降临了，他也终于有了主意。他把儿子们召集到病榻跟前，吩咐他们说:“你们每个人都放一支箭在地上。”儿子们不知何故，但还是照办了。阿豺又对弟弟慕利延说:“你随便拾一支箭折断它。”慕利延顺手捡起身边的一支箭，稍一用力，箭就断了。阿豺又说:“现在你把剩下的19支箭全都拾起来，把它们捆在一起，再试着折断。”慕利延抓住箭捆，使出了吃奶的力气，咬牙弯腰，脖子上青筋直冒，折腾得满头大汗，始终也没能将箭捆折断。阿豺缓缓地转向儿子们，语重心长地开口说道:“你们也都看得很明白了，一支箭，轻轻一折就断了，可是合在一起的时候，就怎么也折不断。你们兄弟也是如此，如果互相斗气，单独行动，很容易遭到失败，只有20个人联合起来，齐心协力，才会产生无比巨大的力量，可以战胜一切，保障国家的安全。这就是团结的力量啊!”儿子们终于领悟了父亲的良苦用心，想起自己以往的行为，都悔恨地流着泪说:“父亲，我们明白了，您就放心吧!”阿豺见儿子们真的懂了，欣慰地点了下头，闭上眼睛安然去世了。

折箭的道理告诉我们:团结就是力量，只有团结起来，才会产生巨大的力量和智慧，去克服一切困难。

人心齐，泰山移。——中国谚语

资料链接

一个和尚挑水喝，二个和尚抬水喝，三个和尚没水喝。一只蚂蚁来搬米，搬来搬去搬不起，两只蚂蚁来搬米，身体晃来又晃去，三只蚂蚁来搬米，轻轻抬着进洞里。两首童谣，叙述了两种截然不同的结果。“三个和尚”之所以“没水喝”，是因为不负责任，互相推诿;“三只蚂蚁来搬米”之所以能“轻轻抬着进洞里”，是团结合作的结果。

三、学会团结合作

(一)增强团队意识

人是群居动物，团结是人类进步的最大原因，只有团结合作，才能把事情做得更好。团结合作是一种精神，一个人要想成功，除了自身要有较高的素质，还必须要有能够同别人合作的精神，即团队精神。

现代社会团队精神有两层含义，一是与别人沟通、交流的能力；二是与人合作的能力。员工个人的工作能力和团队精神对企业而言是同等重要的，如果说个人工作能力是推动企业发展的纵向动力，团队精神则是横向动力。

张扬个性是团队精神的基础，一个团队创造团队业绩。从根本上说，团队业绩首先来自于团队成员发挥自我取得的个人成果，其次来自于集体成果。就是说，团队所依赖的是个体成员的共同贡献而得到的实实在在的集体成果。即团队精神形成的基础是尊重个人的兴趣和成就。设置不同的岗位，选拔不同的人才，给予不同的待遇、培养和肯定，让每一个成员都拥有特长，都能表现特长。

协同合作是团队精神的核心。可见团队的一大特色是：团队成员在才能上是互补的。共同完成目标任务的保证就在于发挥每个人的特长，并注重流程，使之产生协同效应。

资料链接

一次，联想运动队和惠普运动队进行攀岩比赛。惠普队强调的是齐心协力，注意安全，共同完成任务。联想队在一旁，没有做太多的士气鼓动，而是一直在合计着什么。比赛开始了，惠普队在全程中几处碰到险情，尽管大家齐心协力，排除险情，完成了任务，但因时间拉长最后输给了联想队。那么联想队在比赛前合计着什么呢？原来他们把队员个人的优势和劣势进行了精心组合：第一个是动作机灵的小个子队员，第二个是一位高个子队员，女士和身体庞大的队员放在中间，殿后的当然是具有独立攀岩实力的队员。于是，他们几乎没有险情地迅速完成了任务。

在一个团队里，如果成员没有团队意识，各行其是，那么，团队的目标将永远无法实现。创建和谐企业，必须增强团队意识。只有大家密切配合，团结协作，才能使企业焕发出生机和活力。其中，凝聚力是团队精神的最高境界。全体成员的向心力、凝聚力是从松散的个人集合走向团队最重要的标志。在这里，有着一个共同的目标并鼓励所有成员为之而奋斗固然是重要的，但是，向心力、凝聚力来自于团队成员自觉的内心动力，来自于共识的价值观，很难想象在没有展示自我机会的团队里能形成真正的向心力；同样也很难想象，在没有明了的协作意愿和协作方式下能形成真正的凝聚力。在这里，信任是问题的关键。

对于个人来说，要有一颗关爱之心，要宽容、善待别人。孔子说："仁者，爱人。"、"金无足赤，人无完人"。每个人都有缺点和不足，不能苛求别人都按你的标准去说话做事。听得进不同意见，甚至反对的意见，与反对你的人一道工作，说明你有容人的度量。对伤害自己的人，报之以宽恕和谅解，不但可以化解许多矛盾，而且很可能得到真诚的敬佩和感激。学会低调做人，谦卑处事；对别人多一份理解，多一份同情、多一份宽容，尤其要关爱处于弱势和困境中的人。具备同情心、关爱心的人，才会尊重每一个人。

正确处理利益关系。不团结大都因为利益之争，要维护一个团结统一的集体，必须坚持"群体利益至上，他人利益优先"的原则。俗话说"争着不足让着有余"，只有在利益面前相互尊重、相互关心，才能维护团队的紧密团结。

（二）学会互利共赢

团队内部要做到合作共赢，就要目标明确，分工具体，统一指挥；有荣辱与共的团队精神；充分发挥各自优势，扬长避短；加强沟通，随时调解；推功揽过，勇于负责。对于团体间的竞争与发展，要树立正确的竞争意识；虚心向竞争对手学习；竞争不排斥合作，帮助竞争对手提高。

名人名言

“不要竭尽全力和你的同事竞争，你应该在乎的是：你要比现在的你强。”—— 福克纳

资料链接

两头驴，被一根绳拴住了，它们的两边各有一堆草。它们反向走各去吃自己这边的草，可是绳子不够长，两头驴吃不到各自方向的那堆草。经过思考，它们共同协作先吃一边的草再吃另一堆草。它们能看到共同的利益而进行协作，如果它们互不相让只看到自己眼前的利益，谁也将吃不到草。

美国商界有句名言：“如果你不能战胜对手，就加入到他们中间去。”现代竞争，不再是“你死我活”，而是更高层次的竞争与合作，现代企业追求的不再是“单赢”，而是“双赢”或“多赢”。

下过跳棋的人都知道，6个人各霸一方，互相是竞争对手．大家彼此都想先人一步，将自己的6颗玻璃球尽快移到预定地点。如果你只讲求合作，放弃竞争．一味地为别人搭桥铺路，那别人会先到达目的地．而你则会落后于人，最终落得个失败的下场。相反，如果你只注意竞争，而忽视合作．一心只想拆别人的路，反而延误了你自己的正事．你也是不会获胜的。

助人为乐，无私奉献。只有履行“我为人人”付出的义务，才能获得“人人为我”的权利。

资料链接

有一个装扮像魔术师的人来到一个村庄，他向迎面而来的妇人说：“我有一颗汤石，如果将它放入烧开的水中，会立刻变出美味的汤来，我现在就煮给大家喝。”这时，有人就找了一个大锅，也有人提了一桶水，并且架上炉子和木材，就在广场煮了起来。这个陌生人很小心的把汤石放入滚烫的锅中，然后用汤匙尝了一口，很兴奋地说：“味道太美了，如果再加入一点洋葱就更好了。”立刻有人冲回家拿了一堆洋葱。陌生人又尝一口：“太棒了，如果再放些肉片就更香了。”又一个妇人快速回家端了一盘肉来。“再有一些蔬菜就完美无缺了。”陌生人又建议道。在陌生人的指挥下，有人拿了盐，有人拿了酱油，也有人捧了其它材料，当大家一人一碗蹲在那里享用时，他们发现这真是天底下最好喝的汤。

其实我们知道，这只不过是陌生人在路边随手捡到的一颗石头。只要我们愿意，每个人都可以煮出一锅如此美味的汤。当你贡献自己的一份力量时，众志成城，汤石就在每个人的心中。

牧师请教上帝：地狱和天堂有什么不同？上帝带着牧师来到一间房子里。一群人围着一锅肉汤，他们手里都拿着一把长长的汤勺，因为手柄太长，谁也无法把肉汤送到自己嘴里。每个人的脸上都充满绝望和悲苦。上帝说，这里就是地狱。上帝又带着牧师来到另一间房子里。这里的摆设与刚才那间没有什么两样，唯一不同的是，这里的人们都把汤舀给坐在对面的人喝。他们都吃得很香、很满足。上帝说，这里就是天堂。同样的待遇和条件，为什么地狱里的人痛苦，而天堂里的人快乐？原因很简单：地狱里的人只想着自己，而天堂里的人却想着喂别人。同样的条件，同样的设备，为什么一些人把它变成了天堂而另一些人却经营成了地狱？关键就在于你是选择共同幸福还是独霸利益。

资料链接

偷油的老鼠

三只老鼠同去一个很深的油缸偷油喝，够不到油的它们想了一个办法，就是一只老鼠咬着另一只老鼠的尾巴，吊下缸底去喝油，大家轮流喝，有福同享。第一只老鼠最先吊下去喝油，它想："油就这么多，大家轮流喝一点儿也不过瘾，今天算我运气好，干脆自己跳下去喝个饱。"夹在中间的老鼠想："下面的油没多少，万一让第一只老鼠喝光了，那我怎么办？我看还是把它放了，自己跳下去喝个痛快！"第三只老鼠也暗自嘀咕："油那么少，等它们两个吃饱喝足，哪里还有我的份儿？倒不如趁这个时候把它们放了，自己跳到缸底饱喝一顿。"于是，第二只老鼠狠心地放开第一只老鼠的尾巴，第三只老鼠也迅速放开第二只老鼠的尾巴，它们争先恐后地跳到缸里去了。最后，三只老鼠都淹死在油缸里。

团队成员之间只有真诚合作，才能顺利实现团队目标。我们每一位员工都应忠诚负责地对待自己的工作，不能因个人私利而置企业和他人利益不顾。这样，才能形成凝聚力，增强战斗力，最大化地挖掘企业发展的潜力。

善于沟通。沟通不畅不仅不能为企业创造效益，反而会造成管理混乱、效率低下。一个团队只有进行充分的沟通，在沟通的基础上明确各自的职责，才能更好协作，形成合力。

资料链接

短四寸的裤子。小宇明天要参加小学毕业典礼，他高高兴兴地上街买了条裤子，可惜裤子长了两寸。吃晚饭的时候，趁阿婆、妈妈和嫂子都在场，小宇把裤子长两寸的问题说了一下，饭桌上大家都没有反应，饭后这件事情也没有再被提起。

妈妈睡得比较晚，临睡前想起儿子第二天要穿的裤子长两寸，于是就悄悄地把裤子剪好缝好放回原处。半夜里，被狂风惊醒的嫂子突然想小叔子的裤子长两寸，于是披衣起床将裤子处理好后安然入睡。第二天一大早，阿婆醒来给孙子做早饭时，想起孙子的裤子长两寸，马上"快刀斩乱麻"。结果，小宇只好穿着短四寸的裤子去参加毕业典礼。

探究拓展

1. 一家公司招聘职员，最后要从甲、乙、丙 3 位中选出两位。给出题目是这样的：假如你们 3 个人一起去沙漠探险，在返回的半途中，车子抛锚，你们还有很多的路要走，可是你们 3 个人只能从 7 样东西中选择 4 样随身带着。这 7 样东西分别是：镜子、刀、帐篷、水、火柴、绳子、指南针。而其中帐篷只能住两个人，水也只有一瓶矿泉水。如果是你，你会选择什么？甲选的是：刀、帐篷、水、火柴。

负责面试的经理问他，为什么第一个就选刀？甲说：主动权是最重要的。害人之心不可有，防人之心不可无。这帐篷只够两个人睡，水只有一瓶，万一要争执起来，女孩子，我可以让着点，这男的，要是为了争夺生存机会想害死我呢？所以，我把刀拿到手，也就等于把所有生命的主动权控制在了手中。

乙和丙选的四样物品相同：水、帐篷、火柴、绳子。

他们的解释是：水是必须的，虽然只够两个人喝，但是可以省着点，相信也能够 3 个人坚持到最后；帐篷虽然只能容纳两个人，但是可以 3 个人轮流睡，一个人还可以看守；火柴也是路上不可缺的；而绳子可以用来把 3 个人绑在一起，这样在风沙吹的目不见物的时候就不会失散了队伍，如果遇到了沙崩，有同伴掉到沙堆底下，还可以用绳子把他拉回来。

想一想：甲乙丙3位谁被淘汰？为什么？

2. 小组凝聚力活动

（1）汪洋中的一条船（站报纸）：准备一张普通的报纸，展开放在地上。找4~5人同时站在上面（不能站在报纸之外，周围有人做好安全保护）约3秒钟，成员间可以相互用手协助。做完后再将报纸对折，重复上面的活动；以此类推，看在最小的面积上能够是否站下他们4~5人。这个活动可以增加小组的协作精神与凝聚力。

（2）“向后倒”：一人站在桌子上，背朝大家，双手交叉抱臂；另外6~8人面对面站好，双手交叉，形成保护网（和站立者的桌子一样高），站立者然后直立向后倒（注意保护：下面有软垫，活动者均不要戴手表、耳环等饰品），倒在下面人用手交叉形成的保护网上就成功。此游戏要组员之间充分的信任和配合，有一定的难度，需要在保护得当的情况下做。

（3）手拉手绕圈：小组成员站成一圈，每位成员左右臂交叉（将左臂放在右臂上，每位成员均这样）用手拉住相邻两个组员的右手和左手，这样就拉成一个圈。然后小组成员要想办法打开交叉的手，最终手拉手，而手臂不交叉。整个活动中组员的手都不能松开。这个活动可以充分发挥成员之间的智慧和协作精神。

（4）用身体写数字。每位组员轮流带头分别用手、头、肩、脚和臀部等身体部位写0~9这10个数字。活动虽简单，但可以加强小组的活跃气氛和战斗力。

第二部分

法律

第十一课　明确权利与义务
做国家好公民

公民基本权利和义务是作为一个国民所应明确的最基本的法律常识，在中华人民共和国宪法中居于核心地位，是国家、社会、团体(企业)三方对于一个人的最基本、最低层次的要求。做为一个基础成员，自身的基本权利和义务不明确，会造成所在团体利益的伤害和侵蚀。社会需要公民懂得依法保护自己的正当权利，才能抵制违法和犯罪行为，维护社会和谐;同样的也需要公民明确自身必须遵守和履行的义务，才能避免自身侵犯他人、集体和国家的利益。

＊**案例导引**

1.2010 年 11 月 23 日，宁夏吴忠市公安局利通分局民警赴甘肃省将在甘肃省,图书馆工作的图书馆助理馆员王鹏刑事拘留。王鹏此前多次发帖举报大学同学马晶晶在公务员招考中作弊，马晶晶父亲系宁夏回族自治区扶贫办副主任，母亲系宁夏吴忠市委常委、政协主席。

问:王鹏应该如何维护自身的合法权益?

2.1990 年，原告齐玉苓与被告之一陈晓琪都是山东省滕州市第八中学的初中学生，都参加了中等专科学校的预选考试。陈晓琪在预选考试中成绩不合格，失去继续参加统一招生考试的资格。而齐玉苓通过预选考试后，又在当年的统一招生考试中取得了超过委培生录取分数线的成绩。山东省济宁商业学校给齐玉苓发出录取通知书，由滕州八中转交。陈晓琪从滕州八中领取齐玉苓的录取通知书，并在其父亲陈克政的策划下，运用各种手段，以齐玉苓的名义到济宁商校就读直至毕业。毕业后，陈晓琪仍然使用齐玉苓的姓名，在中国银行滕州支行工作。

问:齐玉苓的什么权利受到了侵害?

一、宪法是国家的根本法

宪法是国家颁布的法律中的一种，它和普通法律在本质上是一样的。但是，宪法和普通法律又有所不同，它是国家的根本法。

名词点击

宪法一词来自英文 constitution ,英文由来源于拉丁文 constiutio 。古罗马时期用来表示皇帝的各种建制和皇帝所颁布的诏令、谕旨之类文件,以区别于市民会议通过的法律文件。中世纪英国建立代议制度，后来为欧美各国广泛采用时,人们把规定代议制度的法律称为 consititut.on，即宪法——确认立宪政体的法律。在我国,19 世纪 80 年代郑观应在其《盛世危言》中首次使用“宪法”一词 ,1908 年清政府颁布《钦定宪法大纲》。此后“宪法”成为特定法律术语。

1954 年中央人民政府委员会讨论我国第一部宪法草案时，毛泽东同志有一段话，他说:“一个团体要有一个章程，一个国家也要有一个章程，宪法就是一个总章程，是根本大法”。他还说:“用宪法这样一个根本大法的形式，把人民民主和社会主义原则固定下来，使全国人民有一条清楚的轨道，使全国人民感到有一条清楚的明确的和正确的道路可走，就可以提高全国人民的积极性。”

资料链接

建国以来的四部宪法

新中国建立以来，先后颁布了四部宪法。1949 年全国政协制定的《共同纲领》，虽然不是宪法，但它总结了人民革命的经验，确定了我们国家各方面的总政策，起到了临时宪法的作用。第一部宪法是 1954 年第一届全国人民代表大会第一次会议通过颁布的。这部宪法是一部很好的宪法，总结了我国长期革命的经验，特别是建国五年来的经验，把人民民主和社会主义原则，把党提出的过渡时期的总路线，用宪法的形式肯定下来。“文化大革命”期间，在 1975 年颁布了第二部宪法，这部宪法是在国家政治生活很不正常的情况下产生的，反映了“文化大革命”很多错误的观点，抛弃了 1954 年宪法中很多正确的东西。粉碎“四人帮”以后，在 1978 年又颁布了第三部宪法。1982 年颁布的宪法是第四部。

第一，宪法的内容是关于国家最根本、最重要的问题

宪法所规定的是一个国家政治生活中带有根本性的问题。它规定了国家的社会性质，政权的组织形式、经济制度、公民的权利和义务、国家机构体系及组织活动原则等国家和社会的根本制度。其它普通法律所涉及的内容仅是国家和社会中某一特定方面局部性的问题，如刑法解决犯罪与刑罚问题；继承法解决财产继承问题。宪法规定的是全局性的问题，是国家的总章程。

第二，宪法具有最高的法律效力

国家的一切法律、法规和规范性法律文件的制定都必须服从宪法，不得同宪法相抵触，否则就会无效。宪法是制定普通法的依据，任何普通法律、法规都不得与宪法的原则、精神相违背。宪法是一切组织和个人活动的最高准则。它在整个国家法律体系中居于根本法地位。被称为“母法”。

第三，宪法的制定和修改程序更为严格

首先，制定和修改宪法的机关，往往是依法特别成立的，而非普通立法机关。其次，通过或批准宪法程序或者其他修正案程序，往往严于普通法律。我国宪法规定，宪法的修改要由全国人民代表大会常务委员会或者 1/5 以上的全国人民代表大会代表提议，并由全国人民代表大会以全体代表的 2/3 以上的多数通过。

二、宪法的基本原则

宪法基本原则又被称为“立国精神”，是指人们在制定和实施宪法过程中必然遵循的最基本的准则，是贯穿于宪法始终的基本精神。

宪法是国家的根本大法，是国家的总章程。正如我们建楼房一样，一砖一瓦累积而成，工人们要先挖地基，再砌边角，再砌墙面，在现代化大厦建筑过程中，也要先浇灌钢筋水泥土的框架，然后再堆砌砖瓦。假如地基不深，框架不牢，结果可想而知。宪法作为国家法律制度的地基和框架，其基本原则就是整个宪法大厦的地基和框架。在基本原则的基础上，才会形成整个宪法制度。

宪法的基本原则是宪法本质特征的集中表现，是建立在一定经济基础之上的民主制度的法律化，反映国家的本质与发展方向。宪法的基本原则主要有人民主权原则、基本人权原则、权力制约原则和法治原则。

(一)人民主权原则

人民主权原则亦称主权在民原则，即权力属于人民的原则。核心是国家权力来源于人民，属于人民。西方国家采取三权分立制，我国为民主集中制。人民主权原则的主要内容为：

1. 在宪法中明确规定："中华人民共和国的一切权力属于人民"，以确认人民主权原则。

2. 明确规定人民行使国家权力的机关是全国人民代表大会和地方各级人民代表大会，以保障人民主权原则的实现。

3. 通过确认社会主义的经济制度，以奠定人民主权原则实现的经济基础。

4. 明确肯定人民可以依照法律规定，通过各种途径和形式，管理国家事务，管理经济和文化事业，管理社会事务，从而将人民主权原则贯彻于社会生活的各个领域。

5. 宪法确认了广泛的公民权利及其保障措施，保障和促进人民主权原则的实现。

资料链接

主权是指国家的最高权力。人民主权是指国家中绝大多数人拥有国家的最高权力。在法国启蒙思想家卢梭看来，主权是公意的具体表现，人民的公意表现为最高权力；人民是国家最高权力的来源，国家是自由的人民根据契约协议的产物，而政府的一切权力都是人民授予的。因此，国家的主人不是君主，而是人民，治理者只是受人民委托，因而主权只能属于人民。人民主权学说是资产阶级民主思想的核心。

从1776年美国《独立宣言》宣布人的天赋权利不可转让，1789年法国《人权宣言》宣布"整个主权的本原主要是寄托于国民"以来，西方国家在形式上一般都承认人民主权，并将其作为资产阶级民主的一项首要原则，而且在宪法中明确规定主权在民。如法国第五共和国宪法规定"国家主权属于人民"；日本1946年宪法规定，"兹宣布主权属于国民"；意大利现行宪法规定，"主权属于人民，由人民在宪法所规定的形式和范围内实现之"等等。

(二)基本人权原则

人权是指作为一个人所应该享有的权利。17、18世纪的西方资产阶级启蒙思想家提出了"天赋人权"学说，强调人人生而享有自由、平等、追求幸福和财产的权利。在启蒙思想家提出的天赋人权学说和人权口号的指导下，资产阶级开始进行了争取人权的斗争。在资产阶级革命过程中以及革命胜利后，人权口号逐渐被政治宣言和宪法确认为基本原则。

我国社会主义建立以后，同样也在宪法中确认了基本人权原则。虽然在措辞上，社会主义宪法并未直接用"人权"一词，但宪法中有关"公民基本权利"的规定，实质上就是对基本人权的确认。如我国宪法中规定的公民参与国家政治生活的权利和自由、公民的人身自由和信仰自由、公民社会经济文化方面的权利等等，就是基本人权的主要内容。社会主义国家政权的本质特征就是人民当家作主，而公民基本权利和自由则是人民当家作主最直接的表现。

资料链接

人权(human rights)观念的产生可以追溯到欧洲文艺复兴时代的人文主义传统。十七世纪，随着经济的发展，在国家生活中，有了两个方面的社会进步：一是宗教改革运动，新教的出现代表了宗教自由的要求；二是普遍人权的观念得到复兴，代表了世俗的自由要求。与"人民主权"相应的个人自由发展就是"天赋人权"(natural rights)，它主张人身的自由、平等和政治上的民主权利的要求。启蒙思想家提出了天赋人权说即自然权利说。十七、八世纪的北美和欧洲革命中，"自由、平等、博爱"就成了反封建斗争的口号和旗帜；在革命胜利后，人权作为普遍的社会个人权利就写入了一系列政治宣言和宪法中。例如，美国《独立宣言》、法国《人权宣言》可见，人权原则不仅仅是对个人权利的保护要求，更是一种政治权利，是民主政府的原则和基础。社会主义国家宪法普遍规定了广泛的公民权利和自由，特别是扩大了社会经济权利方面的内容。

（三）权力制约原则

权力制约原则是指国家权力的各个部分之间相互监督、相互牵制、相互制约，以保障公民权利的原则，它既包括公民权利对国家权力的制约，也包括国家权力对国家权力的制约。在资本主义国家的宪法中，权力制约原则主要表现为分权原则。在社会主义国家的宪法中，权力制约原则主要表现为监督原则。

资料链接

我国宪法第 3 条“中华人民共和国的国家机构实行民主集中制的原则。全国人民代表大会和地方各级人民代表大会都由民主选举产生，对人民负责，受人民监督。国家行政机关、审判机关、检察机关都由人民代表大会产生，对它负责，受它监督。中央和地方的国家机构职权的划分，遵循在中央的统一领导下，充分发挥地方的主动性、积极性的原则。”这些规定充分表明，民主集中制的原则，在整个国家机构体系中，人民代表机关居于最高，其他一切国家机关都 从属于人民代表机关，人民代表机关又从属于人民；国家机构内部实行民主集中制的原则，最终都必须对人民负责。从而体现了人民是国家一切权力的源泉，国家的一切权力属于人民。“中华人民共和国公民对于任何国家机关和国家工作人员，有提出批评和建议的权利”。“人民法院、人民检察院和公安机关办理刑事案件，应当分工负责，互相配合，互相制约，以保证准确有效地执行法律”。

（四）法治原则

法治是指统治阶级按民主原则把国家事务法律化、制度化，并严格依法进行管理的一种方式，是 17、18 世纪资产阶级启蒙思想家所倡导的重要的民主原则。如洛克认为，政府应该以正式公布的既定法律来进行统治，这些法律不论贫富、不论权贵和庄稼人都一视同仁，并不因特殊情况而有出入。潘恩也说，在专制政府中国王便是法律，同样地，在自由国家中法律便应该成为国王。其核心思想在于依法治理国家，法律面前人人平等，反对任何组织和个人享有法律之外的特权。这种主张对于反对封建专制特权，确立和维护资产阶级的民主制起了很大的作用。因而资产阶级革命胜利后，各资本主义国家一般都在其宪法规定和政治实践中贯彻了法治原则的精神。

社会主义国家政权的建立，使法治原则发展到了一个新的历史阶段。社会主义国家的宪法不仅宣布宪法是国家根本法，具有最高的法律效力，是一切国家机关和全体公民最高的行为准则，而且还规定国家的立法权属于最高的人民代表机关。这样，在社会主义国家中，不仅宪法和法律具有广泛深厚的民主基础，所有机关、组织和个人都必须严格依法办事，而且以生产资料的社会主义公有制作为坚强的后盾，从而使社会主义的法治原则有了真正实现的前提条件。

资料链接

法治是相对于人治而言的一个概念，最早可追溯到亚里士多德的法治理论。亚里士多德提出的法治包括两点：一是有优良的法律，二是优良的法律得到民众普遍遵守 。这个思想后来得到了发扬，构成了当代法治思想的核心与精髓。

资料链接

"依法治国"指的是一种治理国家的理论、原则和方法。我国现行宪法中具体规定：首先，序言中"发扬社会主义民主，健全社会主义法制。"总纲中"国家维护社会主义法制的统一和尊严"，"任何组织或个人不得有超越宪法和法律的特权。"其次，"公民的基本权利和义务"中"中华人民共和国公民在法律面前一律平等"，"公民的人身自由不受侵犯"，"公民的人格尊严不受侵犯"等。其三，在"国家机构"中：人民法院、人民检察院依法独立行使审判权、检察权，"不受行政机关、社会团体和个人的干涉"。另在1999年宪法修正案中正式将："中华人民共和国实行依法治国，建设社会主义法治国家"写入宪法 。

三、我国公民的基本权利

公民的基本权利也称宪法权利，是指由宪法规定的公民享有的主要的、必不可少的权利。

基本权利决定公民在国家中的法律地位；是公民在社会生活中最主要、最基本而又不可缺少的权利；基本权利具有母体性，它能派生出公民的一般权利；基本权利具有稳定性和排他性，与人的公民资格不可分，与人的法律平等地位不可分。

我国公民基本权利义务的主要特点：具有广泛性、平等性、现实性和一致性。

名词点击

公民和人民

公民是法律概念，公民是指具有一国国籍，并根据该国宪法和法律的规定，享有权利并承担义务的一切社会成员。在我国，凡是具有中华人民共和国国籍，并依据我国宪法和法律的规定，享有一定的权利，承担一定义务的人，就是中华人民共和国的公民，公民不仅包括人民，还包括被剥夺政治权利的敌人，公民比人民范围大。

人民是政治概念，人民是相对"敌人"而言。人民不包括全体社会成员，依法被剥夺政治权利的人和敌对分子不属于人民。在各个国家的不同历史时期，人民有不同的内容。当前，在我国，作为阶级的剥削阶级已经被消灭，工人、农民、知识分子以及其他一切拥护社会主义和拥护祖国统一的社会力量和爱国者都包括在人民的范围内，人民是我国人民民主专政的主体。

人权与公民权

人权就是在一定的社会历史条件下，作为一个人按其本质和尊严享有或应该享有的权利。人权不是抽象的，不是天赋的，是在社会生产力发展到一定阶段以后，通过斗争取得的。因此在阶级社会里，人权具有阶级性。人权实践总要受到一国历史、社会、经济、文化等条件的制约。对于一个国家和民族来说，生存权是首要人权；而国家的独立权和发展权是生存权的保障。公民权是宪法和法律所规定的本国公民所享有的权利。人权是公民权的基础和源泉；公民权是人权的体现和保障。

1. 平等权

我国现行《宪法》第33条规定："中华人民共和国公民在法律面前一律平等"。法律面前的平等是一切其他权利实现的基本要求，它不仅是我国公民的一项基本权利，也是社会主义法制的一个基本原则。公民在法律面前一律平等的含义是指：(1)公民不分民族、种族、性别、职业、家庭出身、宗教信仰、教育程度、财产状况、居住期限，都一律平等地享有宪法和法律规定的在政治上、社会上、经济上和文化上等一切领域内的权利，也都平等地履行宪法和法律规定的义务，即守法上的平等；(2)任何人的合法权益都一律平等地受到保护，对违法行为一律依法予以追究，不允许任何违法犯罪分子逍遥法外，即司法上的平等；(3)在法律面前，不允许任何公民享有法律以外的特权，任何人不得强迫任何公民承担法律以外的义务，不得使公民受到法律以外的处罚，即反对特权。

2. 政治权利和自由

政治权利和自由是公民作为国家政权主体而享有的参与政治生活的权利和自由。

(1)选举权和被选举权

选举权是公民选举法定代表机关代表和国家公职人员的权利；被选举权是公民被推举为代表机关代表或国家公职人员的权利。二者通常合称为选举权。我国《宪法》第34条规定："中华人民共和国年满十八周岁的公民，不分民族、种族、性别、职业、家庭出身、宗教信仰、教育程度、财产状况、居住期限，都有选举权和被选举权；但是依照法律被剥夺政治权利的人除外"。

资料链接

我国公民享有选举权的条件：(1)具有中华人民共和国国籍；(2)年满18周岁；(3)未被剥夺政治权利。据此，那些虽被判处刑罚，但未被剥夺政治权利的罪犯仍享有选举权。

资料链接

学校的成人仪式：十八岁成人仪式教育活动是共青团组织积极贯彻中央《爱国主义教育实施纲要》的精神，根据青少年自身成长的规律，抓住18岁成人标志这一有利时机，开展的以爱国主义教育为主要内容的公民素质教育活动。1994年，上海、广州等地的团组织率先开展了具有一定规模和良好影响的成人宣誓仪式，拉开了成人仪式活动的序幕。1995年5月4日，团中央在北京人民大会堂举行了隆重、庄严的成人宣誓仪式，团中央领导亲自担任领誓人，5000名18岁青年向祖国做出庄严承诺：以我火红青春，建设锦绣中华。国务院副总理李岚清同志出席仪式并讲话，给活动以很高的评价，有力地促进了成人仪式活动在全国的全面推开。1995年10月在广州天河体育中心举行大规模宣誓仪式，参加的18岁青年达6.8万人。青少年反映，参加这一活动在心灵上产生了很大的触动，真正体会到了长大成人，感受到了肩上的责任。

实案思考

某村开始了三年一次的村委会选举，推选以下四位村民为村委会主任候选人。李小波，刚过完17岁生日，初中毕业后成为家里的主要劳力，家里地里都是一把好手。可其父亲素有小偷小摸的毛病，去年偷了吕家的一条黄牛被处罚。刘光华，23岁，为人忠厚，写得一手好字。但跟着他爷爷学了一些占卜、算卦之类的"本事"。周秋兰，现任村妇女主任，热情大方，精明能干。只是经常与那些年轻后生嘻嘻哈哈，其丈夫死后，她与比自己小好几岁的小伙子周小满谈恋爱，被老辈人说成是有伤风化。丁长生，原为村里的民办教师，因犯罪被判有期徒刑3年。在服刑期间，他学会了多种果树栽培技术和特种养殖技术。提前释放回来后便搞起特种养殖和果园开发。

问：上述四位候选人中，谁有被选举的资格？谁没有被选举的资格？

(2)政治自由

《宪法》第35条规定："中华人民共和国公民有言论、出版、集会、结社、游行、示威的自由。"政治自由是公民表达自己政治意愿的自由，包括言论、出版、集会、结社、游行、示威等方面的自由。

①言论自由。言论自由是公民对于政治和社会的各种问题有通过语言方式表达其思想和见解的自由。言论自由在公民的各项政治自由中居于首要地位。

②出版自由。出版自由是公民以出版物形式表达思想和见解的自由。出版是言论的自然延伸，是固定化的言论；出版自由也就是言论自由的自然延伸，两者具有同质性。

③集会、游行、示威自由。集会自由是公民有为共同目的，临时集合在一定露天场所，讨论问题或表达意愿的自由。它也是言论自由的自然延伸，是扩大了的言论自由。游行自由是公民在公共道路或露天场所以和平的方式聚会、行进、静坐，以表达其强烈意愿的自由。示威自由是公民在公共道路或露天场所以和平的方式聚集在一起，以显示决心和力量的自由。

④结社自由。结社自由是有着共同意愿或利益的公民，为长久分享共同观点或利益而组成具有持续性的社会团体的自由。结社是一定数量的公民长久保有共同观点和维护共同利益的行为，故而结社自由也是言论自由的进一步发展；同时它也是若干公民集合起来方能实现的自由权。

3. 宗教信仰自由

《宪法》第36条第1款规定："中华人民共和国公民有宗教信仰自由"。这一自由在我国法律上的含义是指：①每个公民都有按照自己的意愿信仰宗教的自由，也有不信仰宗教的自由；②有信仰这种宗教的自由，也有信仰那种宗教的自由；③有在同一宗教里信仰这个教派的自由，也有信仰那个教派的自由；④有过去信教而现在不信教的自由，也有过去不信教而现在信教的自由；⑤有按宗教信仰参加宗教仪式的自由，也有不参加宗教仪式的自由。

资料链接

《宪法》第36条第2款规定："任何国家机关、社会团体和个人不得强制公民信仰宗教或者不信仰宗教，不得歧视信仰宗教的公民和不信仰宗教的公民"。也就是说，就信仰而言，我国公民的宗教信仰问题是公民个人的私事，不能以任何理由——国家权力、组织需要或个人力量——强制信仰。宗教信仰是不能干涉的，但公民作为特定国家中的一分子，必须遵守国家法律，尊重他人的权利和利益，服从社会整体要求。因而，《宪法》第36条第3款规定："国家保护正常的宗教活动"，但"任何人不得利用宗教进行破坏社会秩序、损害公民身体健康、妨碍国家教育制度的活动"。

许多国家宪法都规定了宗教与国家、政治、公共教育相分离的原则。我国《宪法》第36条第4款更规定了另一原则："宗教团体和宗教事务不受外国势力的支配"，即宗教团体自主、自办、自传的"三自"原则。

4. 人身自由

人身自由是公民最重要的基本权利之一。人身自由权是指公民在法律范围内有独立行为而不受他人干涉，公民按照自己的意志和利益行动和思维不受约束、控制或妨碍的人格权。人身自由不受侵犯，是公民最起码、最基本的权利，是公民参加各种社会活动和享受其他权利的先决条件。

人身自由内容包括：

(1)人身自由不受侵犯的权利：指公民享有人身不受任何非法搜查、拘禁、逮捕、剥夺、限制的权利。

(2)人格尊严不受侵犯的权利:指与人身有密切联系的名誉、姓名、肖像等不容侵犯的权利,具体体现为人格权,如姓名权、肖像权、名誉权、荣誉权、隐私权等。禁止侮辱、诽谤和诬告陷害。

(3)公民住宅不受侵犯的权利:即住宅安全权,指公民居住、生活的场所不受非法侵入和搜查。

(4)通信自由和通信秘密受法律保护:指公民通过书信、电话、电信及其它通讯手段,根据自己的意愿进行通信,不受他人干涉的自由。具体指通信秘密受法律保护,属私生活秘密与表现行为的自由。包括公民的通信他人不得扣押、隐匿、毁弃,公民通信、通话的内容他人不得私阅或窃听。

资料链接

我国现行宪法第三十七条规定:中华人民共和国公民的人身自由不受侵犯。任何公民,非经人民检察院批准或者人民法院决定,并由公安机关执行,不受逮捕。禁止非法拘禁和以其他方法非法剥夺或者限制公民的人身自由,禁止非法搜查公民的身体。

第三十八条规定:中华人民共和国公民的人格尊严不受侵犯。禁止用任何方法对公民进行侮辱、诽谤和诬告陷害。

第三十九条规定:中华人民共和国公民的住宅不受侵犯。禁止非法搜查或者非法侵入公民的住宅。

第四十条规定:中华人民共和国公民的通信自由和通信秘密受法律的保护。除因国家安全或者追查刑事犯罪的需要,由公安机关或者检察机关依照法律规定的程序对通信进行检查外,任何组织或者个人不得以任何理由侵犯公民的通信自由和通信秘密。

5. 监督权和取得赔偿权

资料链接

第四十一条 中华人民共和国公民对于任何国家机关和国家工作人员,有提出批评和建议的权利;对于任何国家机关和国家工作人员的违法失职行为,有向有关国家机关提出申诉、控告或者检举的权利,但是不得捏造或者歪曲事实进行诬告陷害。对于公民的申诉、控告或者检举,有关国家机关必须查清事实,负责处理。任何人不得压制和打击报复。由于国家机关和国家工作人员侵犯公民权利而受到损失的人,有依照法律规定取得赔偿的权利。

6. 社会经济权利

社会经济权利是指公民依照宪法规定享有物质利益的权利,是公民实现其他权利的物质上的保障。我国宪法规定了以下内容:

(1)财产权:指公民个人通过劳动或其他合法方式取得财产和占有、使用、收益、处分财产的权利。范围包括合法收入、储蓄、房屋、其他合法财产的所有权。

(2)劳动权:指一切有劳动能力的公民有从事劳动并取得劳动报酬的权利。具有双重性,也是一种义务。包括劳动就业权、取得报酬权。

(3)继承权:继承权是指继承人依法取得被继承人遗产的权利。

(4)休息权:指劳动者休息和休养的权利。是劳动力延续的条件,也是劳动者享受文化生活、自我提高的权利。一周五天工作制,每日工作 8 小时,享受公休假、法定休假、年休假、探亲假等。

(5)社会保障权:指因社会危险处于保护状态的个人,为了维持人的有尊严的生活而向国家要求给付的请求权。是宪政国家必须履行的义务,是现代社会的安全阀。作为一种权利体系,包括生育保障权、疾病保障权、残疾保障权、死亡保障权与退休保障权等具体权利。

7. 公民的教育、科学、文化权利和自由

这是一种综合的权利体系,在基本权利体系中处于基础地位。教育方面体现为受教育权,文化方面体现为科学研究自由、文艺创作自由和其他文化活动自由。

(1)受教育权:公民接受文化科学知识等方面训练的权利。是自由权和社会权的统一,是权利和义务的统一。按照能力受教育,享受教育机会平等。

(2)科学研究自由:公民有自由地对科学领域的问题进行探讨的权利,不允许非法干涉;公民有权通过各种形式发表自己的研究成果,国家有义务提供必要条件;国家应奖励和鼓励科研人员,保护科研成果。

(3)文艺创作自由:公民有权自由地从事文艺创作并发表成果。允许不同风格、不同流派存在,国家权力不得非法干涉文艺创作,做限制时应注意合理界限。

(4)其他文化活动自由:指观赏、欣赏、享用文化作品和从事各种娱乐活动。

实案思考

某省一名高中学生,学习成绩优异,并且在高考中取得了很好的成绩,但是,该生相貌丑陋,左右两边的面孔不对称,因此,很多学校都拒绝接受该名考生。

问:该学生的什么权利受到侵害?

8. 特定主体的权利保护

(1)妇女权利的保护:男女平等,同工同酬,培养妇女干部。1992 年通过《妇女权益保障法》对其家庭生活平等权、同工同酬权、受教育权、平等就业权、劳动保护权、生育权作特殊保护。

(2)儿童权利的保护:通过《青少年权益保护法》,对儿童的抚养、受教育、社会安全、人格、收养、残疾儿童成长作特定保护。

(3)老年人权利的保护:通过《老年人权益保护法》,对老年人的退休、赡养、生活保障作特定保护。

(4)残疾人权利保护:通过《残疾人权益保障法》和其他相关法律,对残疾人的生活保障权、劳动就业权、受教育权、政治权利、人格权利做出特定保护。

(5)华侨、归侨和侨眷权利保护:对华侨的保护适用国内法和外交保护两种方式,对归侨、侨眷的保护通过《归侨、侨眷权益保护法》实施。

四、我国公民的基本义务

公民基本义务,也称宪法义务,是指由宪法规定的公民必须遵守和应尽的根本责任。公民基本义务,是公民对国家具有首要意义的义务;公民基本权利与基本义务共同反映并决定公民在国家中的地位,构成普通权利义务的基础和原则。

我国现行宪法第 33 条规定:“任何公民享有宪法和法律规定的权利,同时必须履行宪法和法律规定的义务。”宪法规定的公民的基本义务主要有下述一些内容:

1. 维护国家统一和民族团结

维护国家统一是要求公民负有维护国家主权独立和领土完整的义务,是我国公民的最高法律义务。任何人都不得以任何方式分裂国家、接受外国势力支配、割让领土、服从外国势力或要求外国干涉中国内政，坚持台湾是中国领土不可分割的一部分的原则，反对外来侵略或危害国家政权统一管辖权的行为。

维护民族团结的义务是指每个公民都有责任维护各民族间的平等、团结和互助关系，同一切破坏民族团结和制造民族分裂的言行作斗争，它与我国多民族的国家结构密切相关。全国各族人民都要把维护民族团结作为自己的崇高责任，任何人都不得以任何形式制造民族矛盾和民族冲突。

2. 遵守宪法和法律

《宪法》第 53 条规定："中华人民共和国公民必须遵守宪法和法律，保守国家秘密，爱护公共财产，遵守劳动纪律，遵守公共秩序，尊重社会公德"。遵守宪法和法律是公民应履行的最根本的义务。在法律完备的法治国家，只要公民守法，也就等于公民履行了其他的宪法和法律的义务。保守国家秘密、爱护公共财产、遵守劳动纪律、遵守公共秩序、尊重社会公德也是本项基本义务的要求。

3. 维护祖国的安全、荣誉和利益

《宪法》第 54 条规定："中华人民共和国公民有维护祖国的安全、荣誉和利益的义务，不得有危害祖国的安全、荣誉和利益的行为"。国家的安全是每一个中国公民生产生活、安居乐业的必要条件，反过来每个公民也就有义务维护祖国的安全。国家的荣誉也就是国家和民族的尊严，作为我国的公民，任何人都有义务维护国家的荣誉。维护国家的荣誉，也就是维护中国人自己的荣誉。不热爱祖国的人，就是有辱中国公民的人格的人，情节严重的不仅应受到谴责，也应当受到法律的制裁。对于国家利益，每个公民都有维护的责任。任何公民都不能以牺牲国家利益来换取个人好处，否则就要受到法律的制裁。

资料链接

上海的残疾姑娘、火炬手金晶用她残疾、柔弱的身体保护火炬，以一颗真诚的爱国之心和一种正义之举感动了世界人民。

4. 依法服兵役和参加民兵组织

按照《宪法》第 55 条的规定，公民有保卫祖国、抵抗侵略、服兵役和参加民兵组织的义务，保卫祖国、抵抗侵略是公民的神圣职责。民兵是不脱离生产的群众性武装组织，是中国人民解放军的助手和后备力量，其任务是参加国家建设、担负战备勤务、协助维持社会治安和随时准备参军参战，保家卫国。

5. 依法纳税

《宪法》第 56 条规定："中华人民共和国公民有依照法律纳税的义务"。税收也是我国社会主义建设资金积累的重要来源，是国家调节国民经济的重要杠杆。所以，为了国家的繁荣昌盛，公民都应当依法纳税。纳税以公民的自觉性为基础，辅以国家的强制手段，所有单位和个人，都必须自觉履行纳税义务。任何偷税、漏税的行为都是违法的，都应承担一定的法律责任。

6. 其他基本义务

除了上述所列义务外，宪法第 49 条第 2 款规定了"夫妻双方有实行计划生育的义务"；第 3 款规定了"父母有抚养教育未成年子女的义务，成年子女有赡养扶助父母的义务"。计划生育、控制人口增长，是我国的一项基本国策，是保证国家繁荣富强、子孙万代永享幸福的千秋大计。公民有责任作出一定牺牲，以保证国家发展的利益。父母抚养教育未成年子女和成年子女赡养扶助父母是我国公民家庭关系的基本准则，所谓“百事孝为先”、“父慈子孝”，说的就是这种关系。父母遗弃和虐待未成年子女、成年子女虐待和不赡养父母的行为，不仅要受到舆论的谴责，严重的还要依法受到惩处。此外，公民还有上面谈到的劳动的义务和受教育的义务。

五、正确行使权利、履行义务，做国家好公民

权利简单地讲就是指公民依法应享有的权力和利益。法律赋予主体享有某种利益的范围或者实施该行为而获得利益的可能性。义务与权利相对，指法律上应尽的责任。是指应别人的要求，来实施某种行为或者不实施某种行为的一种必要性。权利和义务是对立统一的关系，没有无义务的权利，也没有无权利的义务。既然享有权利，那么就要承担相应的义务。在我国，公民的权利和义务具有一致性。我们每个人既是享受权利的主体，又是履行义务的主体。我们不仅要增强权利观念，依法行使权力，维护权利，而且要增强义务观念，依法履行义务。权利可以放弃，但义务必须履行。

公民在行使权利时，要自觉维护国家利益。首先，国家利益代表了公民的整体利益、长远利益，维护了国家利益，公民个人利益、权利才能得到保障。其次，国家利益要靠法制来维护，公民要自觉地维护国家利益，就必须用法律来规范自己的行为，模范地遵守国家法律，才能维护国家利益。违反法律，不仅会损害国家利益，同时也会失去自己的权利。

公民在履行义务时，要以国家利益为重。在社会主义条件下，公民利益与国家利益在根本上是一致的，但在某些具体问题上，也会产生矛盾。国家利益代表了公民的整体利益，长远利益，公民个人利益往往又表现为局部利益，眼前利益。作为公民要坚持以国家利益为重，个人利益服从国家利益。必要时，还应牺牲个人利益来保证国家利益。

不容许滥用权利。《宪法》第51条明确规定：“中华人民共和国公民在行使权利和自由的时候，不得损害国家的、社会的、集体的利益和其他公民的合法的自由和权利。”我的权利和自由的界限就是别人的权利和自由。同时，权利是不能超出社会经济和由经济所制约的社会文化的发展的。

要自觉履行义务。由于在我国作为社会基本制度的社会主义制度的建立和发展，确立了人民是国家和社会的主人地位，保证了公民权利和义务的一致和统一，从而就决定了权利和义务的不可分离。公民在行使权利的同时，自觉履行义务，体现了社会主义制度下法律面前人人平等的原则。

作为中职生要积极学习法律知识，培养自己的法治观念，了解法律的诸项规定，并在实际行动中坚决不做法律所禁止的事。知法、懂法，以法作为行为选择的首要标准；守法、用法、护法，做有高度法制观念的好公民。

树立正确的权利义务观，记住在行使权利时要尊重他人的权利，不损害国家、集体、他人的权益，同时履行义务时做到尽心尽力，把认真行使公民权利和自觉履行公民义务结合起来。树立法律面前人人平等的理念，正确地认识自身的权利，捍卫法律的尊严。学会正确地行使权利和履行义务，做一名优秀的国家公民。

探究拓展

1. 某青年工人朱某，经常在深夜放音乐，吵得邻居刘华等无法休息。有天夜里，刘华向朱某提出意见，而朱某认为听音乐是他的权利，不但不听劝阻，在争执中反而把刘华打伤。此后，刘华只好忍气吞声。刘华的弟弟刘刚得知此事后，十分气愤，伙同两位朋友闯进朱家将朱某狠狠揍了一顿。

问：此案如何处理？

第十二课　防微杜渐，避免违法犯罪

随着改革开放的深入，市场经济大潮的冲击，加上西方以“个人主义、金钱至上”为核心的价值观念的冲击和封建主义“不劳而获、贪图享受”残余思想的影响，致使权钱交易、贪污腐败、索贿受贿、吸毒贩毒等社会丑恶现象有所蔓延。这些不良社会风气和社会现象无疑会给世界观、人生观正在形成的青少年以巨大的影响和冲击，使意志薄弱者走上犯罪道路。青少年违法犯罪不仅给人民的生命、财产造成巨大损失，而且影响经济的发展和社会的进步，影响国家的繁荣，民族的振兴。青少年学生又是祖国未来的建设者和接班人，对他们的法制教育意义十分重大，我们需要用正确的法制观念来引导学生的价值观念和行为习惯，社会各项事业都需要有正确的价值观念和正确的法制观念的年轻人来建设。因此要求青少年学生防微杜渐，从细节小事做起，警惕违法犯罪行为。

案例导引

1. 丁某是某校学生。一天，丁某与刘某因争占图书馆座位，刘某打了丁某两记耳光。丁某对此怀恨在心，伺机报复。事隔不久的一天晚上，丁某见刘某从自习教室出来，便手拿事先打掉瓶底的汽水瓶，上前猛的朝刘某的面部划了一下，然后逃去。刘某脸部被划伤，缝合9针。

问：刘某、丁某的行为是否已构成犯罪？

2. 体育场将举办一场演唱会，人声鼎沸，有的人正往里走，有的人好像在等人，有的人东张西望，技校学生宋某这时也在门口，看样子，她不准备进去，她在干什么？在卖票，可是她卖的门票价格要比原本的价格高出了许多，其实她在贩票。

问：她的行为应该受到什么样的处罚？

一、预防一般违法行为

(一)违反治安管理的行为

治安管理是治安行政管理的简称，是指公安机关依照国家法律法规，依靠群众，运用行政手段，维护社会治安秩序，保障社会生活正常进行的行政管理活动。它包括：户籍管理工作、公共秩序管理工作、特种行业管理工作、民用危险物品管理工作、交通安全管理工作、消防工作、边防工作、外国人管理和中国公民出入境管理工作。

资料链接

《中华人民共和国治安管理处罚法》由中华人民共和国第十届全国人民代表大会常务委员会第十七次会议于2005年8月28日通过，自2006年3月1日起施行。该法为维护社会治安秩序，保障公共安全，保护公民、法人和其他组织的合法权益，规范和保障公安机关及其人民警察依法履行治安管理职责而制定。该法分为总则、处罚的种类和适用、违反治安管理的行为和处罚、处罚程序、执法监督和附则共6章，共119条。

《中华人民共和国治安管理处罚法》既是公安机关维护社会治安秩序，保障公共安全，保护公民合法权益的重要法律，又是规范公安机关、公安民警依法履行治安管理职责的重要法律，同时也是公民约束自身行为、保护自身合法权益的一部重要法律。该法符合中国国情，能够适应公安机关加强治安管理的需要，也符合宪法关于尊重和保障人权的原则，有利于防止侵犯公民权利，是一部与百姓生活息息相关的法律，体现了法治的精髓和实质，它的颁布实施，是我国民主法制建设成就的又一重要标志。

(二)违反治安管理的行为种类

根据《治安管理处罚条例》的规定，违反治安管理的行为是指扰乱公共秩序，妨害公共安全，侵犯他人人身权利，妨害社会管理秩序，侵犯公私财物，违反消防、交通和户口或者居民身份证管理，情节轻微，尚不够刑罚处罚，依照《治安管理处罚管理条例》应该受到处罚的行为。

违反治安管理行为的种类

种类	概念	具体情形
扰乱公共秩序的行为	指行为人故意扰乱法律、法规和其他规章制度确定的以及人们在长期的共同生活中形成的公共生活准则，依法应受到治安管理处罚的行为	1. 扰乱机关、团体、事业单位的秩序，致使工作、生产、营业、医疗、教学、科研不能正常进行，尚未造成严重后果的 2. 扰乱车站、码头、民用航空站、市场、商场、公园、影剧院、娱乐场、运动场、展览馆或其他公共场所秩序的 3. 扰乱公共汽车、电车、火车、船只等公共交通工具上的秩序的 4. 结伙斗殴，寻衅滋事，侮辱妇女或进行其他流氓活动的 5. 捏造或歪曲事实，故意散布谣言或以其他方法煽动扰乱秩序的 6. 谎报险情，制造混乱的 7. 拒绝、阻碍国家工作人员依法执行职务，未使用暴力威胁的
妨碍公共安全的行为	指行为人故意或过失妨害或可能妨害不特定多数人的生命、健康或公共财产安全，尚不够刑事处罚，依法应受到治安管理处罚的行为	1. 非法携带、存放枪支弹药或其他违反枪支管理规定的行为尚不够刑事处罚的 2. 违反爆炸、剧毒、易燃、放射性等危险物品管理规定，生产、销售、储存、运输、携带或使用危险物品，尚未造成严重后果的 3. 非法制造、贩卖、携带匕首、三棱刀或其他管制刀具的 4. 经营旅馆、饭店、影剧院、娱乐场、运动场、展览馆或其他供群众聚集的场所，违反安全规定，经公安机关通知不加改正的 5. 组织群众集会或文化、娱乐、体育、展览展销等群众性活动，不采取相应的安全措施，经公安机关通知不加改正的 6. 违反渡船、渡口安全规定，经公安机关通如不加改正的 7. 不听劝阻抢登渡船，造成渡船超载或强迫渡船驾驶员违反安全规定，冒险航行，尚不够刑事处罚的 8. 在铁路、公路、水域航道、堤坝上挖掘坑穴，放置障碍物，毁损、移动指示标志，可能影响交通安全，尚不够刑事处罚的

续表

侵犯他人人身权利的行为	指故意侵犯公民身体健康、人身自由、人格和名誉，尚不够刑事处罚，依法应当给予治安管理处罚的行为	1. 殴打他人，造成轻微伤害的 2. 非法限制他人人身自由或非法侵入他人住宅的 3. 公然侮辱他人或捏造事实诽谤他人的 4. 虐待家庭成员，受虐待人要求处理的 5. 写恐吓信或用其他方法威胁他人安全或干扰他人正常生活的 6. 威胁或诱骗不满18周岁的人表演恐吓、残忍节目，摧残其身心健康的 7. 隐匿、毁弃或私自开拆他人信件、电报的
侵犯公私财物的行为	指行为人侵犯了所有人依法对自己的财产享有占有、使用、收益和处分权利的行为	1. 偷窃、骗取、抢夺少量公私财物的行为 2. 哄抢国家、集体、个人财物的 3. 敲诈勒索公私财物的 4. 故意损坏公私财物的
妨害社会管理秩序的行为	指妨害国家社会管理活动，破坏社会秩序，尚不构成刑事处罚，依法应给予治安管理处罚的行为	1. 明知是赃物而窝藏、销售、转移，尚不够刑事处罚的，或明知是赃物而购买的 2. 倒卖车票、船票、文艺演出或体育比赛入场券及其他票证，尚不够刑事处罚的 3. 违反政府禁令，吸食鸦片、注射吗啡等毒品的 4. 利用会道门、封建迷信活动，扰乱社会秩序、危害公共利益、损害他人身体健康或骗取财物，尚不够刑事处罚的 5. 偷开他人机动车辆的 6. 违反《社会团体登记管理条例》规定，未经注册登记，以社会团体名义进行活动，或者被撤销登记、明令解散、取缔后，仍以社会团体名义进行活动，尚不够刑事处罚的 7. 被依法执行管制、剥夺政治权利或在缓刑、假释、保外就医和其他监外执行中的罪犯，或被依法采取刑事强制措施的人，有违反法律、行政法规和国务院公安部门有关监督管理规定的行为，尚不构成新的犯罪的 8. 冒充国家工作人员进行招摇撞骗，尚不构成刑事犯罪的

实案思考

何某等人乘公共汽车，到站下车拒不出示票证，还仗着人多，故意捣乱。当售票员要求他们补票时，何某竟对售票员头部猛击两拳，其余几人蜂拥而上，殴打售票员，有的乘客上前劝阻，也被他们打伤。后来在广大的群众协助下，公安机关将他们抓获。

问：公安机关对何某应如何处罚？

（三）治安管理处罚

治安管理处罚是指对扰乱公共秩序，妨害公共安全，侵犯人身权利、财产权利，妨害社会管理，具有社会危害性，尚不够刑事处罚的，由公安机关给予的处理惩罚。

1. 治安管理处罚种类(如下表)

治安管理处罚种类

处罚种类	概 念	性 质
警告	警告是公安机关对违反治安管理行为人的一种否定性评价，对其进行谴责，训诫其不得再行实施违反治安管理行为	警告属于最轻微的一种治安管理处罚，只适用于违反治安管理情节轻微的情形，或者违反治安管理行为人具有法定从轻、减轻处罚的情节的情况
罚款	罚款是给违反治安管理行为人处以支付一定金钱义务的处罚	罚款处罚在治安管理处罚法中规定得比较多。罚款的作用在于通过使违反治安管理行为人在经济上受到损失，起到惩戒和教育作用
行政拘留	行政拘留是短期内剥夺违反治安管理行为人的人身自由的一种处罚	拘留是对自然人最严厉的一种治安管理处罚
吊销公安机关发放的许可证	吊销公安机关发放的许可证是剥夺违反治安管理行为人已经取得的、由公安机关依法发放的从事某项与治安管理有关的行政许可事项的许可证，使其丧失继续从事该项行政许可事项的资格的一种处罚	属于一种资格处罚，剥夺了继续从事行政许可事项的资格

2. 治安管理处罚的基本程序(如下表)

治安管理处罚的基本程序

调 查	决 定	执 行
受理程序 调查程序 传唤、询问程序 检查、扣押程序 鉴定程序	告知 陈述和申辩 做出处理决定 制作处罚决定书 送达 听证 申请复议或诉讼	罚款的执行 行政拘留的执行

实案思考

某技校学生周某到公用电话亭打电话。该电话是磁卡电话，他没有磁卡，电话没打成。

他一时气恼，竟扯断了话筒，又用脚踹碎了电话亭的一块大玻璃，治安民警把周某带到派出所，给其警告和罚款的处罚。周某损毁公用电话设施，给国家造成财产损失，给群众生活带来不便。

问：他的行为属于妨害社会管理秩序的行为吗？

某火车站候车室里，民警见一人躲躲闪闪，行迹可疑。经检查，发现他的背包中带有导火索和5个雷管，两公斤炸药。经询问，此人姓陶，24岁，是辽宁省沈阳市建筑工人，所带爆炸物品是从石家庄亲戚家里要来的，准备带回山东老家炸鱼，无其他动机。

问：对陶某应如何处罚？

二、防微杜渐，避免犯罪

(一)刑法是惩治犯罪、保护人民的武器

刑法是规定什么行为是犯罪和对犯罪分子处以何种刑罚的法律。

1. 犯罪及特征

犯罪是指具有严重的社会危害性、触犯刑法，并依法应受刑罚处罚的行为。

资料链接

我国《刑法》第十三条规定，"一切危害国家主权、领土完整和安全，分裂国家、颠覆人民民主专政的政权和推翻社会主义制度，破坏社会秩序和经济秩序，侵犯国有财产或者劳动群众集体所有的财产，侵犯公民私人所有的财产，侵犯公民的人身权利、民主权利和其他权利，以及其他危害社会的行为，依照法律应当受到刑罚处罚的，都是犯罪，但是情节轻微危害不大的，不认为是犯罪。"

资料链接

违法与犯罪

凡是违反了国家的宪法、法律、行政法规和地方性法规的规定，做了法律所禁止做的事情或者拒绝做法律所要求做的事情，依法应承担法律责任的行为，统称为违法行为。社会危害性较小，尚未达到犯罪的程度，违反民事法律和行政管理法律的规定，要承担一定的法律责任的行为是一般违法。具有严重的社会危害性，违反刑法的规定，应受到刑罚处罚的行为是犯罪。

19世纪末美国科学家做著名"青蛙实验"。科学家将青蛙投入已经煮沸的开水中，青蛙因受不了突如其来的高温，立即奋力从开水中跳出来得以成功逃生。同样是水煮青蛙实验，当科研人员把青蛙先放入装着冷水的容器中，然后再加热。结果就不一样了。青蛙反倒因为开始时水温的舒适而在水中悠然戏游。直至发现无法忍耐高温时，已经心有余而力不足了，在热水中被活生生的烫死。从违法到犯罪，正如这个实验一样，是一个渐变的过程，没有不可逾越的鸿沟。

犯罪的基本特征

第一，社会危害性，即犯罪是危害社会的行为。所谓行为的社会危害性，是指行为对国家、集体和个人造成危害的属性。犯罪是具有社会危害性的行为，但并不意味着具有社会危害性的行为都是犯罪。只有当行为所具有的社会危害性达到法律规定的严重程度时，才是犯罪。如果行为虽具有一定的社会危害性，但尚未达到法定的程度，则为一般违法行为。

第二，刑事违法性，即犯罪是触犯刑法的行为。行为的社会危害性是其刑事违法性的基础，刑事违法性是社会危害性在刑法上的表现。犯罪行为必须是刑法明文禁止的行为，这是罪刑法定的体现。

第三，应受刑罚处罚性，即犯罪是应受刑罚处罚的行为。犯罪必须具有社会危害性和刑事违法性，但是具有社会危害性和刑事违法性的行为并不都是犯罪，只有法律规定应到刑事处罚的行为，才是犯罪。

犯罪的上述三个特征是相互联系、紧密结合的，是区分罪与非罪的根本标准。

2. 刑法的基本原则

刑法的基本原则，是指刑法本身具有的、贯穿全部刑法规范、体现我国刑事立法与刑事司法基本精神、指导和制约全部刑事立法和刑事司法过程的基本准则。

(1) 罪刑法定原则：基本涵义是“法无明文规定不为罪”，“法无明文规定不处罚”。我国刑法第 3 条明确规定了罪刑法定原则，即“法律明文规定为犯罪行为的，依照法律定罪处刑；法律没有明文规定为犯罪行为的，不得定罪处刑。”

这一规定的含义是指犯罪和刑罚必须事先由法律作出明文规定，不允许法官自由擅断；对于什么行为是犯罪以及犯罪所产生的具体法律后果，都必须作出实体性的规定；刑法条文必须用清晰的文字表述确切的意思，不得含糊其词或模棱两可。

实案思考

1. 某妇女甲于 1999 年 8 月将某男乙（1985 年 6 月出生）拐骗并卖给他人

问：甲是否构成犯罪？

2. 张老汉是河北省乐亭县新寨镇的一位普通农民，一天，镇上兽医站兽医来到张老汉家，给他家的两头奶牛注射疫苗。因为牛不老实，兽医把应该给动物打的防疫针，误打到了张老汉右手虎口上。随着时间的推移张老汉的病情也日益加重，经乐亭县中医院诊断，张老汉为双耳神经性耳聋，指腹肌肉萎缩，双下肢轻度浮肿。医院对张老汉的病情也只能是对症治疗却找不到根除的办法。这在全国也属罕见。因为畜用疫苗的精度与纯度都达不到人用疫苗的标准。再加上目前在医学界畜用疫苗会对人体造成什么样的危害尚不得而知。

问：兽医的行为是否构成犯罪？

(2) 刑法面前人人平等原则：我国刑法第 4 条规定：“对任何人犯罪，在适用法律上一律平等。不允许任何人有超越法律的特权。”这一规定的含义是指对任何人触犯我国刑律构成犯罪的，在适用法律上一律平等地被定罪判处刑罚、不允许任何人凌驾于刑事法律之上或逍遥于法律之外。这是宪法平等原则在民法中的体现。

(3) 罪责刑相适应原则，亦称罪刑相适应原则、罪刑相当原则。罪责刑相适应原则的基本含义是：罪行大小与刑事责任的大小、刑罚轻重应当相称，重罪重判，轻罪轻判。

实案思考

4 名男子偷葡萄 47 斤。经调查，这些葡萄是北京农林科学院林业果树研究所葡萄研究园投资 40 万元、历经 10 年培育研制的科研新品种。民工的馋嘴之举令其中的 20 余株试验链中断，损失无法估量。后北京市物价局价格认证中心对被偷的葡萄进行估价，被偷葡萄的直接经济损失为 11220 元。这一侦查结论上报检察院后，由于对“天价葡萄”该如何估价争议较大，科研用葡萄该如何估价在法律界还是从来没有遇见过的新问题。

问：对这 4 名男子的盗窃行为如何定罪量刑？

3. 刑法的目的是打击犯罪，保护人民

保卫国家安全，巩固国家政权，这是我国刑法的首要任务。国家安全和政权稳固是我国社会主义现代化建设的基本前提和保证。因此，作为同犯罪行为作斗争的刑法，其首要任务应当针对那些危害国家主权和安全、分裂国家、颠覆政府、武装叛乱、暴乱、间谍等严重危害国家安全和破坏社会主义制度的犯罪行为。在我国刑法分则中，第一章就规定了“危害国家安全罪”。该章总结了新中国成立以来同这类犯罪作斗争的经验，对各种危害国家安全的犯罪行为及其处罚，作了明确的规定。

保护国家、集体、公民的财产。国家所有的财产和劳动群众集体所有的财产，是社会主义的公共财产，是社会主义的物质基础，是进行现代化建设的物质保证。公民个人的财产，是公民生活、从事生产等活动所必须的物质条件。刑法根据宪法的规定将保护公共财产和公民个人所有的财产作为刑法的任务之一，这对于维护国家的经济基础，保护个人合法财产，具有重要的意义。

保护公民的人身权利、民主权利和其他权利。在我国人民是国家的主人。我国宪法规定了公民的各项基本权利，包括公民的生命、健康、人身自由等方面的权利，公民依照法律享有参加国家管理和政治生活等各项民主权利，以及劳动、学习、创作等相关权利。为了同各种侵犯公民人身权利、民主权利和其他权利的犯罪行为作斗争，我国刑法分则第四章专章规定了侵犯公民人身权利、民主权利罪。刑法对这一类犯罪及其处罚作了比较具体的规定，对于维护公民的合法权益具有重要作用。

维护社会秩序。刑法规定的各种犯罪，尽管所针对的对象、行为表现形式各不相同，但归根结底都是对社会秩序的破坏。有些犯罪，直接目的就是扰乱社会秩序。运用刑法打击犯罪、惩罚犯罪，最终目的是维护社会秩序，保持社会的稳定。这是对刑法任务的综合和概括。

（二）犯罪构成

犯罪构成是指依照我国刑法规定，决定某一行为构成犯罪所必需的一切客观和主观要件的总和，是行为人承担刑事责任的根据。任何一种犯罪的成立都必须具备四个方面的要件，即犯罪主体、犯罪主观方面、犯罪客体和犯罪客观方面。

犯罪主体一般指达到法定刑事责任年龄，具有刑事责任能力的自然人。每一种犯罪，都必须有犯罪主体，有的犯罪是一个人实施的，犯罪主体就是一人，有的犯罪是数人实施的，犯罪主体就是数人。根据1997年我国刑法规定，公司、企业、事业单位、机关、团体等法人或非法人单位实施犯罪的，构成单位犯罪，在法律有规定情况下，也应当负刑事责任。

资料链接

刑事责任年龄和刑事责任能力

刑事责任年龄是指刑法规定的应当对自己实施的危害社会行为负刑事责任的年龄。

我国刑法对刑事责任年龄作了具体规定：不满14周岁的人，这是完全不负刑事责任时期。已满14周岁不满16周岁，只对故意杀人、故意伤害致人重伤或死亡、强奸、抢劫、贩卖毒品、放火、爆炸、投毒罪承担刑事责任。这是相对负刑事责任时期。已满14周岁不满18周岁的人犯罪，应当从轻或者减轻处罚。这是减轻刑事责任时期。已满16周岁，对一切犯罪行为都应负刑事责任。这是完全负刑事责任时期。刑法虽然对因不满14周岁或不满16周岁的人不处罚，但在行为人实施危害社会的行为之后，并不是完全放任不管。刑法第17条第4款规定：“因不满十六周岁不予刑事处罚的，责令他的家长或者监护人加以管教；在必要的时候，也可以由政府收容教养。”这是一种社会保护措施。

刑事责任能力，是指一个人能够理解自己行为的性质、后果和社会政治意义，并且能够控制自己行为的能力。我国刑法将自然人按刑事责任能力分为：

完全刑事责任能力人。即已满16周岁，精神正常的自然人。

限制刑事责任能力人。包括已满14周岁不满16周岁精神正常的人；又聋又哑的人或者盲人；尚未完全丧失辨认或者控制自己行为能力的精神病人。与精神病人不同，醉酒的人不属于无责任能力的人。我国刑法第18条第4款规定：“醉酒的人犯罪，应当负刑事责任。”

减轻刑事责任能力人，即已满14周岁不满18周岁的人或尚未完全丧失辨认或者控制自己行为能力的精神病人犯罪，应当从轻或减轻处罚。

无刑事责任能力人，即不满14周岁的人或精神病人，对任何犯罪都不负刑事责任。

犯罪的主观方面是指犯罪主体对其实施的犯罪行为及其结果所具有的心理状态。犯罪主观方面的心理状态有两种，即故意和过失。比如犯盗窃罪，犯罪人希望将他人财物窃为己有；犯故意伤害罪，犯罪人希望造成他人身体受到损伤的结果。有的犯罪是过失性质的，如失火罪，犯罪人就具有疏忽大意的心理状态。在单位构成犯罪的情况下，该单位对犯罪行为负有责任的人员也同样具有主观心理状态。

犯罪的客观方面是指犯罪行为的具体表现。指行为人所实施的危害行为（作为或不作为），和由危害行为所造成的危害结果，以及它们之间的因果关系。有时还包括犯罪的方法、手段、时间、地点等因素。比如犯诈骗罪，犯罪人具有虚构事实、欺骗他人的行为，贩毒罪具有贩卖毒品的行为等等。

犯罪客体是指刑法所保护而被犯罪行为所侵害的社会关系。犯罪客体和犯罪对象是不同的，犯罪对象是犯罪行为所直接针对的对象，如杀人罪、伤害罪，犯罪对象是具体的被害人，而犯罪客体是指刑法所保护的公民人身权利不受非法侵害的这种权利和利益。

资料链接

我国《刑法》第263条的规定：“以暴力、胁迫或者其他方法抢劫公私财物的”，是抢劫罪。抢劫罪的犯罪构成，就是下列要件的有机结合：(1)抢劫罪侵犯的是公私财物所有权；(2)实施抢劫的行为人必须是达到刑事责任年龄，具有刑事责任能力的人实施；(3)实施犯罪的方法必须是以暴力、胁迫等手段劫取财物；(4)行为人主观上是故意犯罪，并且具有非法占有财物的故意。只有这些主客观要件具备，才能构成抢劫罪。

(三)犯罪的种类和常见的犯罪

在刑法中，根据不同的标准，可以对犯罪作不同的分类。

1. 危害国家安全罪

危害国家安全罪，是指故意危害中华人民共和国的国家利益和国家安全的行为。危害国家安全罪从第102条至第113条，共12个条文，总计12个罪名。

2. 危害公共安全罪

危害公共安全罪，是指故意或过失地实施危害不特定多数人的生命、健康、重大公私财产以及社会生产、工作、生活安全的行为。危害公共安全罪，从第114条至第139条共26个条文。根据《刑法》的规定，危害公共安全罪的具体犯罪可以划为六类：(1)用危险方法危害公共安全的犯罪；(2)危害交通运输安全的犯罪；(3)破坏重要公共设备危害公共安全的犯罪；(4)有关枪支、弹药、爆炸物及核材料的犯罪；(5)重大责任事故罪；(6)其他危害公共安全的犯罪。此类犯罪常见的有:放火罪是指故意以引起公私财物等对象燃烧的方法危害公共安全的行为。爆炸罪，是指故意引起爆炸物或者其他设备、装置爆炸，危害公共安全的行为。投毒罪是指故意投放毒物，危害公共安全的行为。

实案思考

范某是某郊区的学生。有一次，因小事与本村饲养员赵某发生口角，被赵某推倒在地。为泄私愤，图报复，范某先后三次到饲养棚放火，烧毁草房二间，烧死驴3头，损失达5500多元。

问:范某该当何罪?

3. 破坏社会主义市场经济秩序罪

破坏社会主义市场经济秩序罪，是指违反国家经济管理法规，在市场经济运行中或经济管理活动中进行非法经济活动，严重破坏社会主义市场经济秩序的行为。破坏社会主义市场经济秩序罪从第140条到第231条，共92个条文，98个罪名。可以分为八类:(1)生产、销售伪劣商品罪。(2)走私罪。(3)妨碍对公司、企业的管理秩序罪。(4)破坏金融管理秩序罪。(5)金融诈骗罪。(6)危害税收征管罪。(7)侵犯知识产权罪。(8)扰乱市场秩序罪。

4. 侵犯公民人身权利、民主权利罪

侵犯公民人身权利、民主权利罪，是指故意或过失地侵犯他人的人身和其他与人身直接有关的权利，以及他人依法享有的管理国家事务、参加社会政治活动和其他各项民主权利的行为。侵犯公民人身权利、民主权利罪，从第232条到第262条。此类犯罪常见的有:故意杀人罪，是指故意非法剥夺他人生命的行为;故意伤害罪，是指故意非法损害他人身体健康的行为;暴力干涉婚姻自由罪，是指以暴力干涉他人结婚自由和离婚自由的行为;虐待罪，是指对共同生活的家庭成员，经常以打骂、冻饿、禁闭、强迫过度劳动、有病不给治疗、限制自由、凌辱人格等手段，从肉体上和精神上进行摧残、折磨，情节恶劣的行为。

5. 侵犯财产罪

侵犯财产罪，是指以非法占有为目的，攫取公私财物或者故意毁坏公私财物的行为。

实案思考

一个洗车工，趁车主不注意时，将其车内用报纸包好的一万元钱拿走放入旁边的塑料箱中，后失主报警，警察在塑料箱中将现金找到，这个洗车工于是当即承认是他所为。

问:这种情况应该以什么罪论处?

6. 妨害社会管理秩序罪

妨害社会管理秩序罪，是指妨害国家机关对社会的管理活动，破坏社会秩序，情节严重的行为。

妨害社会管理秩序罪，内容庞杂，涉及面广，共91个条文，罪名121个。可以划分为九类:(1)扰乱公共秩序的犯罪;(2)妨害司法的犯罪;(3)妨害国(边)境管理的犯罪;(4)妨害文物管理的犯罪;(5)妨害公共卫生的犯罪;6)破坏环境资源保护的犯罪;(7)走私、贩卖、运输、制造毒品的犯罪;(8)组织、强迫、引诱、容留、介绍、卖淫的犯罪;(9)制作、贩卖、传播淫秽物品的犯罪。

7. 危害国防利益罪

危害国防利益罪，是指违反国防管理法规，危害国防利益，依照法律应当受刑罚处罚的行为。

8. 贪污贿赂罪

本罪是指国家工作人员利用职务之便，实施了玷污国家工作人员职务行为的廉洁性，侵犯社会主义经济关系的行为。此类犯罪常见的有：贪污罪，是指国家工作人员利用职务上的便利，侵吞、窃取、骗取或者以其他手段非法占有公共财物的行为；受贿罪，是指国家工作人员利用职务上的便利，索取他人财物，或者非法收受他人财物，为他人谋取利益的行为；渎职罪是指国家机关工作人员利用职务上的便利或者玩忽职守，滥用职权，徇私枉法，徇私舞弊，危害国家机关的正常职责活动，致使国家和人民利益遭受重大损失的行为。

三、自觉预防违法犯罪、见义勇为

(一)学习法律知识，增强法律意识

我们肩负着振兴中华和建设社会主义现代化的历史重任。学习法律知识，提高法律意识是我国法制建设的需要，更是时代对青年学生提出的历史要求。因此，我们要在学习和掌握科学文化知识的同时，结合我国法治现实，学习和掌握法律基础知识，不仅要知法、守法，而且养成对法律规范的理解和尊重，对法律规范的内在服从，是一种内化的、自觉的法律信仰。具备法律意识，就会做到不仅不犯法，而且能积极维护法律的尊严。我们应该了解社会主义法律的内涵，认识到市场经济需要每个公民具有较强的法律素质，因而增强法律意识，培育社会主义法治观念是加强社会主义法律修养的途径之一。

(二)自觉预防不良行为、见义勇为

不良行为严重危害学生健康成长，我们要自觉抵制这些不良行为的诱惑，健康的成长和成才。《预防未成年人犯罪法》规定，未成年人的父母或者其他监护人和学校应当教育未成年人不得有以下不良行为：(1)旷课、夜不归宿；(2)携带管制刀具；(3)打架斗殴、辱骂他人；(4)强行向他人索要财物；(5)偷窃、故意毁坏财物；(6)参与赌博或者变相赌博；(7)观看、收听色情、淫秽的音像制品、读物等；(9)其他严重违背社会公德的不良行为。

严重不良行为，是指下列严重危害社会，尚不够刑事处罚的违法行为：(1)纠集他人结伙滋事，扰乱治安；(2)携带管制刀具，屡教不改；(3)多次拦截殴打他人或者强行索要他人财物；(4)传播淫秽的读物或者音像制品等；(5)进行淫乱或者色情，卖淫活动；(6)多次偷窃；(7)参与赌博，屡教不改；(8)吸食、注射毒品；(9)其他严重危害社会的行为。

见义勇为是指为保护国家、集体利益或者他人的人身、财产安全，不顾个人安危，与正在发生的违法犯罪作斗争或者抢险救灾的行为。见义勇为主要分为两种类型：第一类是同违法犯罪分子做斗争的行为。第二类是抢险救灾的行为。中职生要学会见义智为、见义巧为。

当别人有急需时，采用某种方式方法，在不损害他人或自己的利益情况下对他人的一种帮助，就是力所能为。如救人，自己不会游泳，尽可能找长棍等或是找会游泳的路人，或者马上打电话等。碰到火情先打电话然后救火。碰到抢劫不要强硬对抗，要想办法让其他人发现。

对于中职学生而言，要从小培养明事理、懂是非的观念。对于违法犯罪行为，青少年应该量力而行，在自己的能力范围内与犯罪行为作斗争。青少年是社会的弱势群体，不提倡青少年莽撞行事，不仅帮不了别人的忙，反而让自己受到伤害。青少年应该在自己的能力范围内配合成年人同犯罪分子作斗争，见义“智为”、见义“巧为”。见义勇为除了要求当事人具备足够的勇气和道德潜质外，还需具备足够的经验、体力和专业素养，而后三者是未成年人所

不具备的。所以青少年在施救的同时不要冒然行事，要具备足够的心理素质，才能成功救人。

我们提倡“以人为本，尊重生命”的道德观。生命是至高无上的，首先要学会的是自我保护，然后才是机智救人，理智救人。危难时刻要学会保护自我，也要尽一切可能去挽救他人，要关爱他人的生命安全与健康，也要珍惜自己的生命安全与健康。

探究拓展

1. 网下载《中华人民共和国刑法》和《中华人民共和国治安管理处罚法》作为我们学习宪法的法律参考资料。

2. 帮帮他：

王某(男)与李某系夫妻，因李某曾被本案被害人孙某欺辱过，故夫妻二人找到孙某后遂发生抓扯。孙某被王某与李某二人打倒在地。李某此时便开始劝阻其丈夫王某继续伤害。王某不听李某的劝阻，从路边捡起一块砖头往孙某头上砸去。李某此后一直劝阻王某的行为，且并未对孙某再实施加害行为。被害人孙某被王某用砖头砸中头部后经抢救无效死亡。

事后李某特别害怕不知道应该怎么办，自己有没有法律责任？

请你就所学刑法知识，分析李某在此案例中的责任，给出李某如何处理此案的合法建议。

3. 社会调查：

(1)调查一下自己身边的亲人或同学有关于治安管理处罚和刑事犯罪的案例，整理成案例。

要求：

①有案例简单经过，案例分析，相关法律依据。

②总结一下对你的启示是什么。

③一定要是身边亲人和朋友的真实案例，这样对我们学习法律解决实际问题才有实际意义。

(2)去当地法院旁听一场公开审理案件，写出自己的启示和案例分析。

4. 对下述三个案例进行分析。

(1)网民柳某因非法改变计算机信息系统数据，致使某企业计算机系统不能正常运行，造成损失。

(2)顾女士带着6岁的女儿去莲花公园散步，女儿被一只小狗追吓，摔青小腿，事后还一直处在惊吓中。

(3)广州市的吴某、刘某、陈某三个十三四岁的少年，只读到初中或者小学就辍学了，三人通过网络认识后，从2004年10月起他们合伙手持仿真手枪、匕首等多次抢劫。其中抢劫价值百万元的宝马车，并将事主劫持到汕头后暴打、抢劫。

第十三课　依法从事民事活动 维护社会公平正义

社会主义法律体系要求民法能保障公民、法人的合法民事权益，要求公民能正确处理民事交往中的民事关系，保障民事活动顺利进行，尊重社会公德，不得损害社会公共利益，破坏国家经济计划，扰乱社会经济秩序，以适应社会主义现代化建设事业发展的需要。特别是对于构建社会和谐，推动社会进步具有重要意义。对于中职学生的意义更为重大，他们没有机会接受更深层次的法制教育，因此在德育课程中加强对中职学生有关财产关系方面的法制教育，对于他们日后工作和生活具有重要的指导意义。社会主义市场经济的显著特征就是法制性，在这种体制下的经济交往活动，要求我们的学生必须具有良好的法律意识和能正确处理民事交往活动的能力。

案例导引

中学生赵某，15 周岁，身高 175 厘米，但面貌成熟，像二十五六岁。某日，赵某偷拿家里的 1 万元买了一辆摩托车。赵某父亲发现此事后，要求商店将 1 万元退给自己，同时自己将摩托车退还商店，被商店拒绝。

问：1. 该摩托车买卖合同的效力状况如何？

2. 赵某父亲起诉到法院，赵某父亲的诉讼请求是否应当得到法院的支持？

一、民法基本知识

（一）民法的概念及调整对象

我国民法是调整平等主体的自然人、法人和其他组织之间的财产关系和人身关系的法律规范的总和。

民法是有国家强制力（区别于道德等）的社会生活规范；民法是调整社会生活中财产关系和人身关系（其他关系不调整）的法律规范。民法是调整平等民事主体之间的社会关系的法律规范。

民法的调整对象是指民法所调整的各种社会关系。民法调整平等主体之间的财产关系、人身关系。

民法中的平等主体是指在法律上无隶属关系，具有平等资格的法律主体。

民法上的“平等”是指法律地位的平等。也就是说，每一个民事主体都有按照自己的意愿做出对自己最有利的决定或选择的自由，任何人都不能把自己的想法强加于他人。被胁迫、欺诈而做出的决定，可以请求无效或撤销，而不必履行。就是法律对“平等地位”的保护。但若这些决定是依自己的意愿做出的，没有受他人的强迫，只是由于自己判断失误，使自己的利益受损，则必须履行自己的承诺。

人身关系，是指与人身不可分离而又不具有直接物质利益内容的社会关系。如姓名、肖像、名誉等等。包括人格权关系和身份权关系。人格权关系是指因民事主体本身所固有的权利而产生的关系，如生命健康权、姓名权、名誉权、肖像权，名称权等。身份权关系是指基于权利主体一定的身份而产生的关系，如因血缘、婚姻等身份而产生的抚养权、赡养权、监护权；因作者、发明者的身份而产生的署名权、发表权等。

实案思考

2004 年 1 月，香港艺人刘德华在内地的维权公司发现，广州某化妆品公司销售印有刘德华头像的化妆洗涤用品，事实上该公司并没有得到使用刘德华肖像的授权。刘德华的内地维权代理人将广州某化妆品公司和生产厂家告上了法庭，要求侵权人立即停止侵权行为，销毁已经生产的印有刘德华肖像的所有产品，同时要求侵权人在人民日报、南方日报上登载公开道歉函，并索赔 100 万元人民币。

问：1. 该公司侵犯的是刘德华的什么权利？

2. 该公司应该承当什么责任？

财产关系是指人们在产品的生产、分配、交换和消费过程中形成的具有经济内容的关系。

财产关系是以社会生产关系为基础的，涉及生产和再生产的各个环节，包括各类性质不同的关系。我国民法只是调整一定范围的财产关系，即发生在平等的民事主体之间的关系，这种关系以财产所有和交换为内容。包括财产所有关系和财产流转关系。财产所有关系是指占有、使用、收益、处分财产而发生的社会关系。财产流转关系是指因转移财产而发生的社会关系。

（二）民法的基本原则

民法的基本原则是贯穿于整个民事立法、司法工作以及民事活动中必须遵循的准则。它主要包括以下四个原则：

当事人在民事活动中法律地位平等的原则。当事人地位平等是由民法调整的社会关系的范围和性质决定的。这一原则的具体内容包括：自然人的民事权利能力一律平等；民事主体在民事法律关系中法律地位平等；民事主体在民事活动中平等地享有民事权利和承担民事义务；民事主体平等地受法律保护，在适用法律上一律平等。

自愿、公平、等价有偿和诚实信用的原则。这条原则是社会主义道德规范在民事法律规范中的体现，反映了社会主义民事法律规范和社会主义道德规范的统一。

名人名言

法律的基本原则是：为人诚实，不损害他人，给予每个人他应得的部分。——查士丁尼。

保护自然人，法人合法权益的原则。保护自然人（公民）、法人和其他组织的民事权利不受侵犯，是我国社会主义法律的基本任务，也是我国民法的宗旨和基本原则。任何公民和法人的合法民事权益均受法律的保护。当公民和法人的合法民事权益受到非法侵害时，都有权向人民法院提起诉讼，请求法律保护。

禁止民事权利滥用的原则。依据民法通则规定，公民、法人和其他组织享有的民事权利受法律保护。但是，行为人在行使自我的权利时，不得损害国家的、集体的、社会的利益和其他公民的合法权益。

（三）民事法律关系、民事主体资格和民事法律行为

民事法律关系，指根据民事法律规范确立的以民事权利义务为内容的社会关系，是由民事法律规范调整而形成的社会关系。

民事法律关系是由民事法律关系主体、民事法律客体和民事法律的内容三个要素构成。

资料链接

民事法律关系构成要素

民事法律关系要素	概念	具体内容
民事法律关系主体	在民事法律关系中独立享有民事权利和承担民事义务的公民(自然人)和法人和其他组织。国家也可以成为民事主体，例如，国家是国家财产的所有人，是国债的债务人。	民法中的自然人是指依自然规律出生，在民法上享有权利和承担义务的个人。它包括中国人、外国人和无国籍的人。
		法人是具有民事权利能力和民事行为能力，依法独立享有民事权利和承担民事义务的组织。是社会组织在法律上的人格化。
民事法律关系客体	民事主体的权利和义务共同指向的对象，即各种物质利益和非物质利益，一般包括物、行为、智力成果等	物是指在法律关系中可以作为财产权利对象的物品或其他物质财富
		行为是指民事法律关系的主体为了行使民事权利或履行民事义务而进行的活动
		智力成果是指人的脑力劳动的成果，如文艺作品和科学发明，便是著作权关系和发明权关系的客体
民事法律关系的内容	民事主体享有的民事权利和承担的民事义务	民事权利是指法律赋予民事主体为一定行为或者要求他方为一定行为、不为一定行为的能力
		民事义务是指民事法律关系中的义务主体依照法律规定或合同的约定，实施一定行为或不实施一定行为，以满足权利主体的利益和要求。

资料链接

法人具备四个条件：依法成立；有必要的财产和经费；有自己的名称、组织机构和场所；能够独立承担民事责任。法人的民事权利能力和民事行为能力开始于成立，终止于结束。

民事主体资格也可以称为民事主体能力。是指民事主体享有民事权利和承担民事义务的能力。民事主体资格分为民事权利能力和民事行为能力。民事权利能力，是指法律赋予的民事主体享有权利和承担义务的地位和资格。我国现行民法规定自然人的民事权利能力开始于出生，终止于死亡。

民事行为能力，指民事主体能够以自己的行为参加民事活动，享有民事权利，承担民事义务的地位和资格。我国现行民法规定自然人的民事行为能力开始于法定年龄，终止于死亡。

资料链接

公民民事行为能力分类

民事行为种类	概念	具体规定
完全民事行为能力	公民完全独立地通过自己的活动取得民事权利和承担民事义务的资格	18 周岁以上的公民是成年人，具有完全民事行为能力，可以独立进行民事活动，是完全民事行为能力人；16 周岁以上不满 18 周岁的公民，以自己的劳动收入为主要生活来源的视为完全民事行为能力人。
限制民事行为能力	公民具有可以独立进行一些民事活动，但不能独立进行全部民事活动的资格	10 周岁以上的未成年人、不能完全辨认自己行为的精神病人是限制民事行为能力人，可以进行与他的年龄、智力相适应的民事活动；其他民事活动由他的法定代理人代理，或者征得他的法定代理人的同意。
无民事行为能力	公民不具有以自己的行为取得权利和承担义务的能力或资格	不满 10 周岁的未成年人、不能辨认自己行为的精神病人是无民事行为能力人，由他的法定代理人代理民事活动。

民事法律行为是指自然人或法人以设立、变更、终止民事权利和民事义务为目的的具有法律约束力的合法民事行为。也就是民事主体所从事的具体民事活动。

民事法律行为的有效条件是：

1. 行为人具有相应的民事行为能力。

2. 意思表示真实。

3. 不违反法律或者社会公共利益。

对于无民事行为能力人和限制民事行为能力人的民事活动。我国民法规定了监护制度。

资料链接

监护制度就是指民法上所规定的对于无民事行为能力人和限制民事行为能力人的人身、财产及其他合法权益进行监督、保护的一项制度。

对无民事行为能力人或限制民事行为能力人的人身与财产及其他合法权益履行监督和保护职责的人是监护人；被监督、被保护的人是被监护人。

监护的特征：1. 监护是一种法定义务。2. 监护人必须有监护能力。3. 监护主体与内容具有特定性。监护人对被监护人进行监督、保护的责任来自法律直接规定。

设立监护制度旨在当未成年人及精神病者的权利受到侵犯时，可以更充分地寻求法律保护，同时有助于加强社会秩序的稳定。

实案思考

吴某，11岁，小学五年级。一年前，吴某的父母离婚，双方协议吴某随母亲生活。父亲每月给吴某生活费与教育费200元。父母离婚后，吴某的父母各自组成了新的家庭。吴某的父亲指定吴某只能在学校附近的一家商店购买学习用品及日常消费品。并与店主刘某约定，吴某可以在该店记账消费。其父每半年结一次账。后刘某的经营增加了电脑游戏等经营项目。半年后，吴某的父亲到商店结账时发现，吴某的消费达3000元。除一千元与学习及日常生活消费有关外，其他纯属电脑游戏消费。吴某的父亲拒绝承担学习与日常生活用品之外的费用。

问：吴某的父亲是否应承担吴某电脑游戏消费的费用？为什么？

代理。根据《民法通则》第63条规定，代理是指代理人以被代理人（又称本人）的名义，在代理权限内与第三人（又称相对人）实施民事行为，其法律后果直接由被代理人承受的民事法律制度。

①委托代理，即代理人依照被代理人的授权进行的代理。

②法定代理，是根据法律的规定而直接产生的代理关系，主要是为保护无民事行为能力人和限制民事行为能力人的合法权益而设定，如父母对未成年子女的代理。

③指定代理，即代理人依照有关机关的指定而进行的代理。

实案思考

某中职学生小王被学校安排在某酒店实习，在实习期间，因其违规操作，导致右手被机器轧伤，为此支出各种费用数万元。

问：该损失到底应该由谁来赔付？

（日前，法院对该案作出最终判决：判令酒店承担损失的60%，学校承担损失的30%，小王自己负担10%。）

二、明确民事权利

民事权利是民事主体依据民事法律取得的可以实施一定行为或获取一定利益的法律资格。民事权利是公民在社会上存在和生活的最基本的权利，也是与自然人日常生活联系最为密切的一项权利。

从权利的具体内容来看，民事权利主要包括财产权和人身权。

财产权，是指以财产利益为内容，直接体现财产利益的民事权利。财产权既包括物权、债权、继承权，也包括知识产权中的财产权利。

物权是直接支配物的权利。物权具有排他的效力、优先的效力与追及的效力。

债权是指请求他人为一定行为（作为或不作为）的权利。相对于债权者为债务，即必须为一定行为（作为或不作为）的民法上义务。债权和债务不能单独存在，在债的关系中，有要求他的债务人实施一定行为或者不实施一定行为权利的人，称为债权人。与“债权人”相对，有义务按约定的条件向另一方(债权人)承担或不为一定行为的当事人,称为债务人。

依据债发生的原因,在民法中债主要可分为合同之债、无因管理之债、不当得利之债和侵权行为之债。

合同之债。即因订立合同而产生的债。

侵权行为,可分为一般侵权行为和特殊侵权行为。在一般侵权行为中,当事人一方只有因自己的过错而给他人造成人身和财产损失时,才负赔偿的责任,如果没有过错,就不需负赔偿责任。而在特殊侵权行为中,只要造成了他人的损失,就算你自己不存在过错,你仍要负赔偿责任。

不当得利,是指既没有法律上的原因,也没有合同上的原因,取得了不当利益,而使他人受到损失的行为。在不当得利的情况下,受到损失的当事人有权要求另一方返还不当利益。

实案思考

李某到某乡农村信用社提前支取自己的定期存单1000元,就在她取走款项的当日,值班营业人员发现营业短款9000元,经过仔细回忆和排查当日视频资料,发现是在李某取款时,营业员不慎将10000元误当成1000元支取给了她,后通过村干部与李某协商,李某不承认多取了款项,认为是信用社冤枉自己。某信用社遂向人民法院提起诉讼,并提供了当日的对账情况、证人证言以及取款的视频资料,要求返还不当得利9000元,被告口头辩称没有多得款项,请求法院公正裁判。

无因管理,是指没有法定或者约定义务,为避免造成损失(损失即包括自己也包括他人,或者仅为他人),主动管理他人事务或为他人提供服务的行为。管理他人事务的人,为管理人;事务被管理的人,为本人。无因管理之债发生后,管理人享有请求本人偿还因管理事务而支出的必要费用的债权,本人负有偿还该项费用的债务。无因管理是一种法律事实,无因管理之债的产生是基于法律规定,而非当事人意思。

实案思考

王某在路边发现了一头牛,无人看管,他叫了几声没人答应,左右寻找,也没发现主人,就把牛带回家 ,王某四处打听,没发现有人丢牛,于是就将这头和自己的牛放在一起饲养 。后来,邻村张某找到他,说牛是自己的,要求牵回牛 。

思考一下:

1. 王某是否应该归还牛?

2. 如果王某不归还,张某应以什么诉由向法院提出请求?

名词解释

中华人民共和国物权法是为了维护国家基本经济制度,维护社会主义市场经济秩序,明确物的归属,发挥物的效用,保护权利人的物权,根据宪法而制定的法规。由第十届全国人民代表大会第五次会议于2007年3月16日通过,自2007年10月1日起施行。

人身权指与人身相联系或不可分离的没有直接财产内容的权利。包括人格权和身份权两大类。

资料链接

人身权的分类

		概 念	具体内容
人身权	人格权	民事主体所享有的人格尊严不受侵犯的一种民事权利。这种权利为民事主体人身所固有并为法律所承认	生命权、健康权、姓名权、名称权、肖像权、名誉权、隐私权等
	身份权	民事主体因某一特定的身份而产生的权利	荣誉权、署名权、婚姻自主权、监护权以及公民在家庭中的身份权等

实案思考

周某与王某原不相识。2004 年以来，王某开始用手机向周某的手机发送短信，其中有的短信含色情内容。今年 3 月，周某到王某所在的单位找到王某要求给个“说法”。

问：王某应承担什么责任？

有些民事权利既有财产权性质，又有人身权性质，如知识产权、继承权等。

三、了解民事责任

(一) 民事责任的概念及构成要件

民事责任是指民事主体在民事活动中，因违反法律或合同规定的民事义务，从而侵害他人的财产或人身权利时，依法应当承担的法律后果。

民事责任是保障民事权利和民事义务实现的重要措施。它主要是一种民事救济手段，旨在使受害人被侵犯的权益得以恢复。民事责任具有强制性、财产性和补偿性等特点。承担民事责任一般必须同时具备四个条件：

1. 要有民事违法行为的存在；
2. 造成危害结果；
3. 违法行为人要有过错，包括故意与过失；
4. 违法行为和损害结果之间有因果关系。

实案思考

黑龙江首例“气死人”案，周、刘二人吵架，张将其劝开，之后刘对张辱骂，张死亡，因张生前患有冠状动脉硬化性心脏病，刘的过激行为是导致张综合性发病的诱因，法院判决，刘赔偿 1.5 万元。

（该案的判决说理和法官答疑就是从因果关系角度考虑的，系“诱因”导致死亡，刘某的辱骂与张某的死亡之间有间接的因果关系。）

(二) 民事责任的归责原则

(1) 过错责任原则

过错责任，是指行为人违反民事义务并致他人受损害，应以过错作为责任的要件和确定责任范围的依据的责任。若行为人没有过错，如加害行为是因不可抗力而致，则虽有损害发生，行为人也不负责任。此外，在确定责任范围时应当确定受害人是否具有过错，受害人具有过错的事实可能导致加害人责任的减轻和免除。我国一般侵权行为责任即采用过错责任的归责原则。

资料链接

民法上的过错，就是违法行为人对自己的行为及其后果的一种心理状态，它分为故意和过失两种。故意是指行为人明知自己行为的不良后果，而希望或放任其发生的心理，分为直接故意和间接故意。如一位老猎手打兔子，不远处有人，兔子未打中，却将人打伤，因其是位老猎手，具有多年打猎经验，枪法一直很好。据此分析其开枪时的心态为相信自己不会伤到人，主观过错应为过失，是过于自信的过失。但如果是一位新猎手，自知枪法不是很准却开枪，放任致人受伤的可能，其主观过错应为故意，是间接故意。

过失是指行为人应当预见自己的行为可能发生不良后果，由于疏忽大意没有预见，或者已经预见而轻信不会发生或自信可以避免的心理，即疏忽大意的过失和过于自信的过失。

(2)无过错责任原则

无过错责任原则，是指不问行为人主观上是否有过错，只要行为与损害后果间存在因果关系，就应承担民事责任的归责原则，也叫严格责任原则。一般认为，我国合同法上的违约责任与侵权法上的特别侵权责任的归责原则即是无过错责任原则。适用无过错责任原则，受害人不必证明行为人主观上有过错来支持自己的主张，行为人也不能以自己主观上没有过错来抗辩。

实案思考

2005 年端午节那天，黄丽带其女儿到蔡玲玲家串门，后经蔡玲玲同意，黄丽带着她的儿子赵军(6 岁)和自己的女儿到周金花家看打麻将。黄丽的女儿与赵军及周金花的儿子三人在院子里玩耍小皮球，当赵军蹲地捡皮球时，一只大公鸡猛扑过去啄赵军，致赵军的右眼受伤，最终因此而右眼失明。为此，蔡玲玲找到周金花要求赔偿。周金花辩解，称赵军右眼失明是由于黄丽没有看好孩子所致，与其没有任何责任。后三方协商未果，蔡玲玲走上法庭讨说法。

问：此案如何处理？

公平责任原则，又称平衡责任原则，在当事人双方对损害的发生均无过错，法律又无特别规定适用无过错责任原则的情况下，由法院根据公平观念，责令行为人对受害人的损害给予适当的补偿，由当事人合理地分担损失的一种归责原则。公平责任原则是道德观念与法律意识结合的产物，它的确立体现了社会的公正合理性和在更高的水准上要求人们承担互济互助的社会责任。

实案思考

张某早晨到早市买菜。在买菜过程中，在早市卖衣服的王某与买衣服的李某发生争吵。张某喜欢看热闹，就在一旁围观。在王与李争吵过程中，人群发生拥挤，导致张摔倒。经过住院治疗，张鉴定为九级伤残。张出院以后，将王与李告到法院，要求二被告承担民事赔偿责任。王与李找到多名在场的围观人员作证，证明事发时张距离王与李争吵地点较远，张摔倒与王与李无关。

问：法院应如何判决？

(三)民事责任的承担方式

民事责任的承担方式，又称为民事责任的形式，是指民事主体承担民事责仁的具体措施。

根据《民法通则》第一百三十四条的规定，承担民事责任的方式主要有以下十种：

1. 停止侵害:这种责任方式主要适用于正在进行中的侵害他人合法权利的行为。

2. 排除妨碍:这种责任方式适用于妨碍他人行使权利的场合,不需要权利人的权利受到实际的侵害。

3. 消除危险:行为人的侵害行为虽未造成他人财产、人身的实际损害,但是有造成损害的现实危险时,权利人可以要求行为人采取措施排除危险。

4. 返还财产:当行为人非法占有他人的财产,他人可以要求行为人返还财产。但是这时要求该财产尚存在,如果该财产已经灭失,则行为人应当依法承担损害赔偿的责任。

5. 恢复原状:这种民事责任适用于财产遭到他人的损害,但是尚有恢复到原来状况可能的情况。一般而言,造成他人财产损害的,应尽量恢复原状,只有难以恢复原状的,才对损失进行赔偿。

6. 修理、重作、更换:这种责任形式一般适用于一些合同关系。如一方根据买卖合同交付的标的物不符合合同的约定,则对方当事人可以要求修理、重作、更换。

7. 赔偿损失:是适用范围最广的一种责任形式。它不仅适用于侵犯财产权的场合,也适用于侵犯人身权的场合,如精神损害的赔偿。

名词解释

精神损害赔偿是权利主体因其人身权益受到不法侵害而使其遭受精神痛苦或精神受到损害而要求侵害人给予赔偿的一种民事责任,是现代民法损害赔偿制度的重要组织部分。

8. 支付违约金:这种责任形式仅适用于合同。如果合同约定或法律规定了违约应当支付的违约金,如一方违约,就应当向另一方支付约定或法定的违约金。

9. 消除影响、恢复名誉:这种责任形式仅适用于《民法通则》第一百二十条规定的姓名权、肖像权、名誉权、荣誉权等人身权遭受侵害的情形。

10. 赔礼道歉:这种责任形式只适用于《民法通则》第一百二十条规定的姓名权、肖像权、名誉权、荣誉权等人身权遭受侵害的情形。

这十种民事责任形式,既可以单独适用,也可以合并适用。在适用时应当注意区分不同性质的违法行为,根据责任形式的不同适用范围,正确选择责任承担的形式。

(四)诉讼时效

诉讼时效是指民事权利受到侵害的权利人在法定的时效期间内不行使权利,当时效期届满时,人民法院对权利人的权利不再进行保护的制度。

在法律规定的诉讼时效期间内,权利人提出请求的,人民法院就强制义务人履行所承担的义务。而在法定的诉讼时效期届满之后,权利人行使请求权,人民法院就不再予以保护。

值得注意的是,诉讼时效届满后,义务人虽可拒绝履行其义务,权利人请求权的行使仅发生障碍,权利本身及请求权并不消灭,权利人失去了胜诉权,但并没有失去诉权。当事人超过诉讼时效后起诉的,人民法院应当受理。受理后查明无中止、中断、延长事由的,判决驳回其诉讼请求。

实案思考

1986 年 5 月 1 日,某厂工程师李文清在家整理书籍时,偶尔从家传藏书中发现借款字据一张,上写:“今因买房需要,向李书荣借人民币 3000 元,利息按还款时银行规定利率计算,于 1967 年 10 月 31 日连同本息一次付清。空口无凭,特立此据为证。借款人金一鸣。1950 年 12 月 31 日。”李书荣是李文清的父亲,1958 年被打成右派并于同年死于狱中。金一鸣是李书荣的妹夫，也已死亡，留下一笔遗产全部由其独子金华所继承。李文清持该借据要求金华偿还债务。金华见此借据，承认是其父亲亲笔所写，但认为这笔钱是在1950年12月31日借的，距今已30余年，便托词不还。1986年7月6日，李文清一纸诉状将金华告上法庭，要求法院依法裁判，保护其合法权益。

问：1. 原告的诉讼时效是否已届满？

2. 被告是否应返还借款及其利息？

（五）依法维护合法权益

我们中职学生要学会维护自身的合法权利，当我们的合法权益受到侵害时，既不能忍气吞声，任其侵害，也不能采用非法手段进行报复。应采取正确方法积极维护自身的合法权益，即运用法律武器维护自身的合法权益，如到司法机关控告、起诉等。

公民的权利和义务是相统一的，我们中职学生既要学会积极维护自己的权利，又要在生活中尊重他人的权利，不做侵犯他人权利的事，这样才能形成良好的社会氛围以促进社会的和谐。

探究拓展

1. 杨某（男），20周岁，高考失利后在家里待业。某日，杨某约同学一起看电影。在路上杨某违章骑车，将于老太太撞伤。致使于老太太腿部受伤并住院治疗。于老太太住院期间医疗费、交通费、护理费等花费5000元。于老太太认为杨某没有工作，没有独立的生活来源，便向杨某的父母提出赔偿请求。理由是杨某没有独立的生活能力，没有收入，其父母作为杨某的监护人，理当承担赔偿责任。而杨某的父母认为杨某已成人，父母不再是杨其的监护人。杨某已成年，应对自己的行为承担相应的责任。

试分析：（1）杨某的父母是否承担杨某给老太太造成损失的法律责任？

（2）如何处理本案，其法律依据是什么？

2. 上网下载《中华人民共和国民法通则》、《中华人民共和国物权法》、《中华人民共和国民法通则司法解释》作为我们学习民法的法条资料。

3. 社会调查：

调查一下自己身边的亲人或同学有关财产权纠纷的案例，整理成案例（要求：有案例简单经过，案例分析，相关法律依据，对你的启示是什么）。

第十四课 明确婚姻、继承权利义务 自觉维护家庭和睦

家庭是社会维系稳定的最基本组成单位，家庭稳定对社会安定和谐具有重要意义，为了更好地保护公民的婚姻家庭，使公民特别是妇女、儿童和老人的婚姻家庭权利得到保障，需要作为组成家庭的个人懂得婚姻与法律法规来维系家庭的和谐。婚姻家庭中，子女抚养和收养，老人赡养，监护责任，财产继承，夫妻相互权利义务等问题都需要用法律来加以规范和调整。

据数据分析北京和上海这样的大城市离婚率高达39%和38%，在离婚过程中如何对共同财产分割；子女归属和抚养义务问题；如何保护妇女和儿童权益问题；过错方如何处理问题等等，都需要我们懂得用法律手段来依法正确处理和解决纠纷。新婚姻法维护了平等、和睦、文明的婚姻家庭关系，对于破坏婚姻家庭关系的行为加大了制裁力度。婚姻家庭中的无过错方或家庭暴力的受害方，都是处于弱势群体地位，需要我们懂得用完善法律制度来保障权利。

案例导引

朱武1985年5岁时被李涛夫妇收养，改名李大。4年后，李涛夫妇生一子，取名李二。李大得知李涛夫妇非自己的亲生父母后，对养父母逐渐疏远。2001年，李涛夫妇相继瘫痪，其收入勉强还能维持自家的生活。但无力抚养正在上学的李二。此时，李大的生父母也因年迈，生活陷入困境。因李大生意兴旺，收入多，李二要求李大抚养，李大的生父母也要求李大赡养。

问：1. 李大对生父母有没有赡养义务？

2. 李大对李二有没有抚养义务？

一、婚姻法、继承法基本知识

（一）婚姻法、继承法基本概念

婚姻是为当时社会制度所确认的男女两性的结合。这种结合形成了一种特定的社会关系，即夫妻。

家庭是由一定范围的亲属所构成的生活单位。婚姻家庭关系是以两性结合为前提，以血缘联系为纽带的社会关系。

婚姻法是调整一定社会的婚姻关系的法律规范的总称。婚姻法调整既包括因婚姻而引起的人身关系，又包括由此而产生的夫妻财产关系。

资料链接

广义的婚姻法的调整对象除婚姻外，还包括家庭关系。狭义的婚姻法的调整对象仅限于婚姻关系。我国的婚姻法属于广义上的婚姻法。1950年5月1日公布施行的《中华人民共和国婚姻法》是新中国颁布的第一部法律。1980年9月10日，第五届全国人大三次会议通过新的《中华人民共和国婚姻法》；自1981年1月1日起施行，原婚姻法自新法施行之日起废止。

2001 年 4 月 28 日九届全国人大常委会第 21 次会议通过对《中华人民共和国婚姻法》的修订，新修订的婚姻法同日起施行。2011 年 8 月 12 日，最高人民法院发布婚姻法最新司法解释。

继承从法律上讲是指财产继承，即公民死亡后依法或依其生前所立的合法遗嘱，将其遗留的个人合法财产和其他合法权益转移给他人所有的一种法律制度。

（二）婚姻法的基本原则

婚姻法的基本原则是贯穿婚姻家庭法始终的立法指导思想，又是婚姻家庭法规的基本精神，也是婚姻家庭法操作适用的基本准则。我国婚姻家庭法的基本原则共有五项：婚姻自由；一夫一妻；男女平等；保护妇女、儿童和老人的合法权益；实行计划生育。

1. 婚姻自由，是指婚姻当事人按照法律的规定在婚姻问题上所享有的充分自主的权利，任何人不得强制或干涉。

2. 一夫一妻制，是指一男一女结为夫妻的婚姻制度。在一夫一妻制度下，任何人，无论地位高低，财产多少，都不得同时有两个或两个以上的配偶；已婚者在配偶死亡（包括宣告死亡）或离婚之前，不得再行结婚；一切公开或隐蔽的一夫多妻制或一妻多夫的两性关系都是违法的。

3. 男女平等是指男女两性在婚姻家庭关系中，享有同等的权利，负担同等的义务。

4. 保护妇女、儿童和老人的合法权益。

5. 计划生育，是指通过生育机制有计划地调节人口再生产。就我国的实际情况而言，实行计划生育是为了有计划地控制人口增长，提高人口素质。

资料链接

为保障这些基本原则及《婚姻法》的贯彻实施，《婚姻法》又做了六项禁止性规定：禁止包办、买卖婚姻和其他干涉婚姻自由的行为；禁止借婚姻索取财物；禁止重婚；禁止有配偶者与他人同居；禁止家庭暴力；禁止家庭成员间的虐待和遗弃。

《婚姻法》还从社会主义法律和道德的一致性、法律的宣言性与导向性作用出发，明确规定夫妻应当互相忠实，互相尊重；家庭成员间应当敬老爱幼，互相帮助，维护平等、和睦、文明的婚姻家庭关系。这不仅仅是婚姻家庭关系的主体相互之间的权利义务，而且是个人对国家、对社会、对家庭的共同责任，具有丰富的法律内涵和道德底蕴。

（三）继承法的基本原则

继承法的基本原则是指贯穿、渗透于继承法体系之中，对整个继承法律制度起指导作用的法律准则。它是制定、实施、解释以及研究继承法的出发点和依据。继承法的基本原则主要有以下五个：

1. 保护自然人私有财产继承权原则

我国宪法规定，法律保护公民的私有财产继承权，这是我国继承法的立法依据，也是我国继承法的立法宗旨和首要任务。

2. 继承权男女平等原则

自然人无论男女都是平等的民事主体，继承法第 9 条明确规定：继承权男女平等，这是宪法中男女平等原则在继承法中的体现。

3. 权利义务相一致原则

该原则是指将继承人对被继承人生前所尽义务的情况以及继承人对被继承人所遗留债务的清偿情况与继承人是否享有继承权以及如何行使继承权相结合，使继承人的继承权与其承担的义务相一致。

资料链接

权利义务相一致原则在我国继承法中主要体现在以下几个方面:.继承法赋予了那些对公、婆、岳父母尽了主要赡养义务的丧偶儿媳或丧偶女婿第一顺序法定继承人的法律地位;继承法根据继父母子女间、继兄弟姐妹之间是否有共同生活的基础,相互之间是否存在抚养关系来确定彼此之间是否享有继承权;在分割遗产时,与被继承人共同生活或者尽了主要义务的继承人可以多分遗产,而那些有抚养能力和抚养条件但不尽抚养义务的继承人则应当不分或少分遗产,法定继承人以外的其他人,对死者生前抚养较多的,可适当分得遗产;接受遗产的继承人,在接受遗产的范围内负有清偿被继承人生前所负税款和其他债务的义务,放弃继承的可不负清偿责任。

4. 养老育幼原则

养老育幼是人类文明的体现,也是家庭的一项重要职能。它既是一项道德的要求,也是我国继承法确立的一项基本原则。继承法中的"特留份"制度、对缺乏劳动能力又没有生活来源的继承人的照顾都是这一原则的体现。

5. 互谅互让、协商处理遗产的原则

继承法第15条对此作了规定。这一原则要求继承人在遗产处理的过程中能相互体谅、谦让,在平等协商的基础上公平合理地分割遗产,实现物尽其用与家庭和睦的目标。

二、明确结婚、离婚的条件和程序

(一)结婚

结婚在法律上称为婚姻成立。是指男女双方依照法律规定的条件和程序确立夫妻关系的民事法律行为,并承担由此而产生的权利、义务及其他责任。

1. 结婚要符合法定条件

根据我国婚姻法规定,男女双方只有符合法定条件,婚姻关系才合法成立。我国婚姻法关于结婚的法定条件,有必备条件和禁止条件两个方面:

结婚的必备条件有:

(1)男女双方完全自愿。新婚姻法规定,"结婚必须男女双方完全自愿,不许任何一方对他方加以强迫 或任何第三者加以干涉。"这是婚姻自由原则在结婚问题上的具体表现。

资料链接

男女双方完全自愿的要求是指:男女双方自愿,而不是一厢情愿;男女本人自愿,而不是经父母或第三人的同意;男女双方完全自愿,而不是勉强同意。

(2)达到法定婚龄。法定婚龄是指法律 规定的允许结婚的最低年龄,新婚姻法规定,"结婚年龄,男不得早于二十二周岁,女不得早于二十周岁。"男女 双方当事人达到法定婚龄后,有决定自己是否结婚和何时结婚的权利。

(3)符合一夫一妻制原则。根据一夫一妻制原则,申请结婚的双方当事人无配偶,只能是未婚者,或者丧偶、离婚者。违反一夫一妻制的男女结合,不具有婚姻的法律效力。

2. 结婚的禁止条件

新婚姻法规定,有下列情形之一的,禁止结婚:

①直系血亲和三代以内的旁系血亲。

②患有医学上认为不应当结婚的疾病。

3. 结婚程序

结婚程序又称结婚的形式要件，是指法律规定的缔结婚姻所必经的方式。要求结婚的男女双方必须亲自到婚姻登记机关进行结婚登记。符合婚姻法规定的，予以登记，发给结婚证。取得结婚证，即确立夫妻关系。未办理结婚登记的，应当补办登记。

结婚登记是国家对婚姻关系的建立进行监督和管理的制度。登记制度，可以保障婚姻自由、一夫一妻原则的贯彻实施，保证婚姻当事人及其子女的身体健康，避免不合法婚姻，预防婚姻家庭纠纷的发生。

结婚登记大致可分为申请、审查和登记三个环节。

申请人有下列情形之一的，婚姻登记机关不予登记：未到法定结婚年龄的；非自愿的；已有配偶的；属于直系血亲或者三代以内旁系血亲的；患有医学上认为不应当结婚的疾病的。

（二）离婚

离婚，又称婚姻的解除。是指夫妻一方或者双方依照法律规定解除婚姻关系的法律行为。

1. 离婚的法定条件

重婚或有配偶者与他人同居的；实施家庭暴力或虐待、遗弃家庭成员的；有赌博、吸毒等恶习屡教不改的；因感情不和分居满二年的；其他导致夫妻感情破裂的情形。

资料链接

①离婚的主体必须是夫妻双方的本人。离婚涉及身份关系的消灭，体现的是夫妻双方本人的意志，因此，必须由夫妻双方本人提出，协议离婚的，必须夫妻双方亲自去民政部门办理离婚手续，诉讼离婚的，提出的一方必须亲自向法官表达自愿离婚的意思。

②离婚必须以有效的婚姻关系存在为前提。

③离婚必须符合法律规定的条件。

2. 离婚的程序

离婚有两种程序，一是登记离婚，即通常所说的协议离婚；一是诉讼离婚。

（1）登记离婚

我国《婚姻法》第三十一条规定：“男女双方自愿离婚的，准予离婚。双方必须到婚姻登记机关申请离婚。婚姻登记机关查明双方确实是自愿并对子女和财产问题已有适当处理，才发给离婚证。”

（2）办理登记离婚的前提条件

第一，当事人自愿离婚，达成一致的离婚协议是真实的，其目的是为了真正解除合法的婚姻关系。

第二，双方当事人对子女和财产问题，已有适当的处理。

根据《婚姻登记管理条例》第十四条的规定，当事人离婚的，必须双方亲自到一方户口所在地的婚姻登记管理机关申请离婚登记。

办理离婚登记，必须经过以下程序：申请、审查和登记。

3. 离婚的法律后果

离婚的法律后果，是指由于婚姻关系的解除所引起的有关权利义务的变化。根据《婚姻法》的规定，离婚的法律后果表现在以下三个方面：

(1)夫妻身份关系的解除，基于夫妻所发生的一切权利和义务，都随着婚姻关系的解除而消失，如双方的亲属关系解除，双方都取得再婚的权利，相互抚养的义务解除，相互继承对方遗产的资格丧失等。

(2)夫妻财产关系的变更，共同财产要依法分割，共同债务要依法清偿，对一方生活困难给予适当帮助以及在特定情况下对付出较多家庭义务一方的补偿等。

(3)子女的抚养和教育、探望等，离婚后不直接抚养子女的一方应当负担必要的生活费和教育费的一部分或全部，在必要时子女可向父母任何一方提出超过协议或判决时确定的费用的数额，不直接抚养子女的一方有探望子女的权利，另一方有协助的义务等。

4. 离婚财产分割

离婚财产分割即夫妻共同财产的分割，是指离婚时依法将夫妻共同财产划分为个人财产。

资料链接

现行《婚姻法》第 17 条到第 19 条明确了夫妻共同财产是在夫妻关系存续期间取得的财产，以列举式和概括式的方式规定了夫妻共同财产的内容，该法也规定了夫妻共同财产的分割有协议分割和判决分割两种做法。离婚时，双方应有合法婚姻财产约定，依约定。一方的特有财产归本人所有。夫妻共有财产一般应当均等分割，必要时亦可不均等，有争议的，人民法院应依法判决。

根据《婚姻法》及最高人民法院《关于人民法院审理离婚案件处理财产分割问题的若干具体意见》(以下简称《财产分割意见》)的规定，结合司法实践，人民法院在审理离婚案件分割夫妻共同财产时，应当遵循以下原则：

(1)男女平等原则。男女平等原则既反映在《婚姻法》的各条法律规范中，又是人民法院处理婚姻家庭案件的办案指南。该原则体现在离婚财产分割上，就是夫妻双方有平等地分割共同财产的权利，平等地承担共同债务的义务。

(2)照顾子女和女方利益原则。这里的“照顾”，既可以在财产份额上给予女方适当多分，也可以在财产种类上将某项生活特别需要的财产，比如住房，分配给女方。毕竟从习惯势力上、从传统因素的影响所造成的障碍上、从妇女的家务负担、生理特点上讲，离婚后一般妇女在寻找工作和谋生能力上也较男子要弱，更需要社会给予更多的帮助。同时，在分割夫妻共同财产时，要特别注意保护未成年人的合法财产权益。未成年人的合法财产不能列入夫妻共同财产进行分割。

(3)有利生活，方便生活原则。在离婚分割共同财产时，不应损害财产效用、性能和经济价值。在对共同财产中的生产资料进行分割时，应尽可能分给需要该生产资料、能更好发挥该生产资料效用的一方；在对共同财产中的生活资料进行分割时，要尽量满足个人从事专业或职业需要，以发挥物的使用价值。不可分物按实际需要和有利发挥效用原则归一方所有，分得方应依公平原则，按离婚时的实际价值给另一方相应的补偿。

(4)权利不得滥用原则。离婚分割夫妻共同财产时不得把属于国家、集体和他人所有的财产当作夫妻共同财产进行分割，不得借分割夫妻共同财产的名义损害他人合法利益。

(5)夫妻一方所有的财产，在共同生活中消耗、毁损、灭失的，另一方不予补偿。这是司法实践经验的总结，符合夫妻关系和婚姻生活本质的要求，有利于避免不必要的纠纷。

三、继承法的种类和顺序

1. 继承法的种类

继承包括法定继承、遗嘱继承、遗赠及遗赠抚养协议

法定继承是在被继承人生前未立遗嘱或者所立遗嘱无效的条件下所适用的一种继承形式。法定继承是基于继承人与被继承人之间存在着一定的血缘关系和婚姻关系。

遗嘱继承是指由被继承人生前所立的遗嘱来指定继承人及其继承的遗产种类、数额的继承方式。

遗赠是指被继承人以遗嘱方式将其财产的全部或部分赠与特定的、法定继承人以外的公民或法人的一种处理自己财产的方式。

遗赠抚养协议是指遗赠人对自己没有法定赡养义务的抚养人或集体所有制组织，在自愿原则下就一方对他方负生养死葬的义务，他方负有将其遗产赠与抚养一方达成的一种协议。

2. 法定继承的顺序

按《继承法》规定的继承人序列依次继承，其顺序是：

第一顺序：配偶、子女、父母。

第二顺序：兄弟姐妹、祖父母、外祖父母。

继承开始后，由第一顺序继承人继承，第二顺序继承人不继承。没有第一顺序继承人继承的，由第二顺序继承人继承。我国现行婚姻法所说的子女，包括婚生子女、非婚生子女、养子女和有抚养关系的继子女。我国现行婚姻法所说的父母，包括生父母、养父母和有抚养关系的继父母。我国现行婚姻法所说的兄弟姐妹，包括同父母的兄弟姐妹、同父异母或者同母异父的兄弟姐妹、养兄弟姐妹、有抚养关系的继兄弟姐妹。

资料链接

几种特殊的法定继承

1. 指定继承，即遗嘱指定的人继承；优先于法定继承。

2. 代位继承：被继承人的子女先于被继承人死亡的，由被继承人的子女的晚辈直系血亲代位继承。代位继承人一般只能继承他的父亲或者母亲有权继承的遗产份额。

3. 转继承：继承人在被继承人死亡后，在遗产继承前死亡的，其继承份额由其他继承人承受。

四、遗产、继承的开始和继承权的丧失

1. 遗产的继承

生前财产因死亡而转移给他人的死者为被继承人；依照法律规定或者被继承人的合法遗嘱承接被继承人遗产的人为继承人；继承人依照法律的直接规定或者被继承人所立的合法遗嘱享有的继承被继承人遗产的权利就是继承权。

遗产指被继承人死亡时遗留的个人所有合法财产和法律规定可以继承的其他财产权益。包括积极遗产和消极遗产。积极遗产指死者生前个人享有的财物和可以继承的其他合法权益，如债权和著作权中的财产权益等。消极遗产指死者生前所欠的个人债务。

遗产是被继承人去世时遗留的个人合法财产，具体包括：①公民的合法收入。包括从事体力、脑力劳动所得收入，股票、红利、接受的嘉奖等；②公民的房屋、储蓄和生活用品。房屋包括自用房、出租房、闲置房、营业用房等；储蓄包括在银行、信用社、保险公司、其他金融机构的存款；生活用品包括家具、家电、图书、电脑、车辆等；③公民的林木、牲畜和家禽；④公民的文物、图书资料。包括古董、字画、图书、收藏品等；⑤法律允许公民所有的生产资料。包括土地、农具、建材、农作物、矿藏等；⑥公民的著作权、专利权、商标权等知识产权中的财产权利；⑦公民的其他合法财产。包括抵押权、质押权、留置权，典权，债权等。

不属于遗产范围的财产有：①被继承人的人身权。包括生命权、健康权、姓名权、肖像权、名誉权、荣誉权等。②对国家所有资源或集体所有资源的使用权。③有关单位因被继承人死亡而发给其家属的抚恤金、生活补助费等。④被继承人生前承租或借用他人的财产。⑤指定了受益人的保险金。

继承开始。继承从被继承人死亡时开始。因失踪被宣告死亡的，以法院判决中确定的失踪人死亡日期为继承开始的时间 。

资料链接

宣告死亡是指自然人离开住所，下落不明达到法定期限，经利害关系人申请，由人民法院宣告其死亡的法律制度。

1. 须经利害关系人申请。申请人包括：①配偶；②父母、子女；③兄弟姐妹、祖父母、外祖父母、孙子女、外孙子女；④其他有民事权利义务关系的人。必须按此顺序申请，顺序在先的申请人有排他效力，有在先顺序的排除在后顺序，同顺序的权力平等。

2. 须被申请人下落不明满一定期间。①下落不明满 4 年；②意外事故下落不明从事故发生满 2 年；③意外失踪且取得死亡证明的。

3. 须由人民法院宣告受理宣告死亡案件后，人民法院发出寻找下落不明人的公告。被申请宣告死亡的公民下落不明满 4 年或者因意外事故下落不明满 2 年的，公告期间为 1 年；被申请宣告死亡的公民因意外事故下落不明，经有关机关证明其不可能生存的，公告期为 3 个月。

宣告失踪不是宣告死亡的必经程序。如果自然人下落不明满 4 年，但利害关系人只申请宣告失踪的，人民法院仍然只能作出失踪宣告，而不能作出死亡宣告。宣告死亡与自然死亡有相同法律后果。

继承权的丧失。继承法第 7 条规定：继承人有下列行为之一的，丧失继承权：①故意杀害被继承人的；②为争夺遗产而杀害其他继承人的；③遗弃被继承人的，或者虐待被继承人情节严重的；④伪造、篡改或者销毁遗嘱，情节严重的。

2. 遗产分配

根据我国《继承法》的规定，遗产分配时应遵循：遗嘱优先于法律规定原则；法定继承中实行优先顺位继承的原则；同一顺序继承人原则上平均分配的原则；照顾分配的原则；鼓励家庭成员及社会成员间的扶助的原则。具体要求是：

(1) 对于夫妻共有财产，如果分割遗产，应当先将共同所有的财产的一半分出为配偶所有（另有约定的按照约定比例分出配偶的财产），其余的为被继承人的遗产。

(2)遗产在家庭共有财产之中的，遗产分割时，应当先分出他人的财产，另有约定的除外。

(3)遗产分割时，应当保留胎儿的继承份额。胎儿出生时是死体的，保留的份额按照法定继承办理。

(4)同一顺序继承人继承遗产的份额，一般应当均等。

(5)对生活有特殊困难的缺乏劳动能力的继承人，分配遗产时，应当予以照顾。

(6)对被继承人尽了主要抚养义务或者与被继承人共同生活的继承人，分配遗产时，可以多分。

(7)有抚养能力和有抚养条件的继承人，不尽抚养义务的，分配遗产时，应当不分或者少分。

(8)对继承人以外的依靠被继承人抚养的缺乏劳动能力又没有生活来源的人，或者继承人以外的对被继承人抚养较多的人，分配遗产时按具体情况可多于或少于继承人。

(10)继承人协商同意的，也可以不均等。

3. 继承纠纷的解决

继承人应当本着互谅互让、和睦团结的精神，协商处理继承问题。遗产分割的时间、办法和份额，由继承人协商确定。协商不成的，可以由人民调解委员会调解或者向人民法院提起诉讼。

实案思考

2001 年 10 月，宋某离异后，经人介绍与单身的秦某相识恋爱，不久便共同居住生活。2002 年 6 月 26 日二人到民政部门登记结婚。2005 年 2 月份起，丈夫宋某感觉身体不适，到医院检查发现患有多种严重疾病，遂住院治疗。在丈夫住院期间，秦某一直对其悉心照顾，直至丈夫病情好转出院。出院后，秦某和宋某前妻所生的子女，均对宋某护理有加。2006 年 6 月份，宋某病情突然恶化，经医治无效于 6 月 20 日去世。

宋某去世后，留下住房一套。秦某认为自己是宋某的妻子，在其生病期间对其细致照顾护理直至丈夫去世，尽到了做妻子的义务，要求继承丈夫的房屋产权份额。但是，三个继子女共同辩称，此房屋是其生父宋某与生母于某的共同财产，系属生父与继母的结婚前的财产，因此继母无继承权。

五、自觉承担家庭责任

家庭是建立在婚姻和血缘基础上，以夫妻关系为核心，包括父母、子女以及其他亲属关系所组成的共同生活单位。

父母有抚养、教育和保护未成年子女的义务。所谓父母的义务，是指父母在孩子的未来成长过程中，所应具备的、必须实施和承担的义务。内容包括：

第一，保护孩子的生命延续。为孩子提供足够的食品、适合的睡眠环境、生命所需要的饮品、生病时的治疗保障、安全的生活环境、锻炼身体的环境及条件。

第二，对孩子实施基本教育。教会孩子对生活物品的识别和使用；教会孩子对周围动植物的识别，并告知其生长特性；培养孩子良好的卫生行为；帮助孩子培养良好的饮食习惯，促进孩子的自我就餐能力；培养孩子对意外事故的应变能力和自我安全保护能力；让孩子学会“微笑”。

第三，提高孩子的未来适应力。教会孩子母语及其母语文字；教会孩子对事物的判断与分析方法；让孩子学会应急时的应急思路；教会孩子如何与他人合作交流；教会孩子的学习方法和培养永不放弃的信念；让孩子学会劳动，学会分享；教孩子学会总结；教会孩子如何思考；引导孩子的兴趣和爱好，寻求孩子的闪光点；让孩子懂得“性”是怎么回事；教会孩子如何存钱、花钱和发现商机；对孩子提供学习帮助和全面支持，等等。

第四，培养孩子的责任心和道义感。让孩子学会集体生活和培养团队精神；让孩子明白尊重、平等与自信的关系；教会孩子赞美和妥协；教会孩子自我承担责任；教会孩子自我约束；教会孩子帮助他人；教会孩子能够完成自己的事情和培养承诺意识；引导孩子对生命的思考；培养孩子的感恩意识；让孩子明白为何受罚。

一般来说，子女成年独立生活后，父母在物质和生活上不再有抚养义务。但是，对以下情况的成年子女，父母有能力承担时，父母有教育抚养的义务：第一，丧失劳动能力或丧失部分劳动能力，其收入不足维持生活的；第二，尚在校就读的；第三，确无独立生活能力和条件的。

当父母不履行义务时，未成年子女有向父母追索抚养费的权利。因追索抚养费而发生的纠纷，可由有关部门进行调解，也可由人民法院依法诉讼处理。对拒绝抚养、情节恶劣，构成犯罪的，应依法追究刑事责任。

子女对父母有赡养扶助义务。所谓赡养，主要是指孩子或晚辈在经济上为父母提供必须的生活用品和费用的行为，即承担一定的经济责任，提供必要的经济帮助，给予物质上的帮助。宪法规定，成年子女有赡养扶助父母的义务。婚姻法也有规定，子女对父母有赡养扶助的义务，子女不履行赡养义务时，无劳动能力或生活困难的父母，有要求子女付给赡养费的权利。

赡养扶助的主要内容是指在现有经济和社会条件下，子女在经济上应为父母提供必要的生活用品和费用，在生活上、精神上、感情上对父母应尊敬、关心和照顾。有经济负担能力的成年子女，不分男女、已婚未婚，在父母需要赡养时，都应依法尽力履行这一义务。

资料链接

子女对父母的赡养义务，不仅发生在婚生子女与父母间，而且也发生在非婚生子女与生父母间、养子女与养父母间、继子女与履行了抚养教育义务的继父母之间。有负担能力的孙子女，外孙子女，对于子女已经死亡的祖父母、外祖父母，有赡养义务。这种赡养是有条件的即孙子女、外孙子女有负担能力，且祖父母、外祖父母的子女已经死亡。

为保障受赡养人的合法权益，婚姻法规定，子女不履行赡养义务时，无劳动能力的或生活困难的父母，有要求子女付给赡养费的权利。对拒不履行者，可以通过诉讼解决，情节恶劣构成犯罪者依法追究其刑事责任。

21世纪，要求每一个公民担负起自己的家庭责任与社会责任。家庭责任是指个人要通过自己辛勤地劳动，对家庭成员生存和繁衍提供必要的物质条件，要及时进行情感交流，努力保证家庭成员在物质上和精神上能平安、健康、愉快地生活或成长。自觉承担责任，就是我要承担责任、愿意承担责任、主动承担责任，而不是被迫被动地承担责任。自觉承担责任，就是要清楚地了解自己的责任，学会反思自己的责任，更好地履行自己的责任。我们生活在社会中，都因不同的社会身份而负有不同的责任。作为子女，孝敬父母，担责于社会，是我们应尽的义务。

家庭成员不分年龄大小在家庭中都承担着不同的责任。每一个人在享受着家庭温暖的同时，也要为家庭生活的美满幸福出一份力。

随着学生年龄的增长，学生应该具有家庭责任感，自觉的对家庭负起责任。关心家庭中发生的事，主动为家庭分忧解难，体谅父母的疾苦，这对学生全面形成负责心理有着重要的意义。

资料链接

白求恩大夫临终前写给聂荣臻司令员的遗嘱中，一一交代了文件、日记、衣物、医疗器械的处理意见后，特嘱托聂司令"请求国际援华委员会给我的离婚妻子拨一笔生活的款子，或是分期给也可以；在那里我（对她）应负的责任很重，决不可以因为没有钱而把她遗弃了"。

由于家族是放大了的家庭，所以家庭责任也可称为家族责任。

探究拓展

1. 上网下载《中华人民共和国婚姻法》和《中华人民共和国继承法》作为我们学习婚姻家庭法的法律参考资料。

2. 帮帮他：

张某与王某于1995年登记结婚，2002年12月，两人因夫妻感情不和，张某向法院起诉要求离婚。王某答辩称，张某在与其结婚前，曾于1993年3月与胡某登记结婚，后张某隐瞒了已婚的事实与其办理了结婚登记，2000年6月，胡某得知张某与王某结婚并同居后，向法院起诉，要求追究张某与王某重婚罪的刑事责任。后胡某撤诉并以离婚纠纷重新起诉，经法院调解离婚。王某认为张某的行为已构成重婚，要求其赔偿精神损害抚慰金。

请你就所学刑法知识，帮助王某分析在此案例中应得的合法权益。

3. 社会调查：

调查一下自己身边的亲人或同学有关于婚姻家庭方面的案例，帮助他们解决纠纷或给出合理建议，并整理成案例。

要求：

(1) 有案例简单经过，案例分析，相关法律依据。

(2) 总结一下对你的启示是什么。

(3) 一定要是身边亲人和朋友的真实案例，这样对我们学习法律解决实际问题才有实际意义。

4. 王某（男）60岁，妻子早逝（有一儿一女）1997年儿子车祸身亡（有妻有女）。1998年王某死亡。

试分析：房屋四间，如何分配？

5. 曹国终生未娶，小有积蓄，并收养了一子曹东。1998 年曹东赴美留学，从此很少与曹国联系。1999 年 5 月，曹国便与村委会订立遗赠抚养协议，双方商定：村委会负责曹国的生养死葬，曹国的全部财产在其死后归村委会所有。同年 8 月，曹国觉得自己的财产较多，不想全部给村委会，于是，自书遗嘱一份，将遗产的一半赠给恩人牛老汉。2001 年，曹国死亡。村委会办完丧事后，牛老汉拿着遗嘱要求接受曹国的遗产，曹东也回家，要求继承养父的遗产，村委会对牛老汉和曹东的要求均予拒绝。

试分析：

(1) 曹东能否继承曹国的遗产？

(2) 牛老汉能否继承曹国的遗产？

(3) 曹国的遗产应如何处理？

第十五课　树立契约意识、依法履行协议

市场经济发展日趋成熟的今天，个人与企业之间，企业与企业之间，企业与政府之间，国家与国家之间都有很多经济往来，这就需要通过协商达成一些约定来规范各自的权利和义务。以往靠诚信来保证约定的履行，但随着诚信的部分缺失，现今社会需要一种更完备的体系来约束执行，因此合同法的出现有效规范和解决了这一问题。我们在社会生存，不可避免地要进行一些经济往来的活动，需要了解合同法相关知识来保障自身的合法权益，也避免侵害他人合法权益而造成自身损失。

案例导引

某山区农民赵某家中有一花瓶，系赵某的祖父留下。李某通过他人得知赵某家有一清朝花瓶，遂上门索购。赵某不知该花瓶真实价值，李某用1.5万元买下。随后，李某将该花瓶送至某拍卖行进行拍卖，卖得价款11万元。赵某在一个月后得知此事，认为李某欺骗了自己，通过许多渠道找到李某，要求李某退回花瓶。李某认为买卖花瓶是双方自愿的，不存在欺骗，拒绝了赵某的请求。经人指点，赵某到李某所在地人民法院提起诉讼，请求撤销合同，并请求李某返还该花瓶。

问:1. 这个买卖合同是否有效?

2. 法院应如何处理此案?

一、合同法基本知识

(一)合同法的概念特征

合同又称契约，是指平等主体的双方或多方当事人(自然人或法人)设立、变更、终止民事权利义务关系的协议。依法确立的合同，受法律保护。合同是双方或多方当事人意思表示一致的民事法律行为。

合同的特征

①合同是双方的法律行为。②双方当事人意思表示须达成协议，即意思表示要一致。③合同系以发生、变更、终止民事法律关系为目的。④合同是当事人在符合法律规范要求条件下而达成的协议，所以应为合法行为。

合同法是调整平等主体的自然人、法人、其他组织之间设立、变更、终止民事权利义务关系的法律规范的总称。

资料链接

我国于1999年颁布《中华人民共和国合同法》第2条规定:合同是平等主体的自然人、法

人、其他组织之间设立、变更、终止民事权利义务关系的协议。婚姻、收养、监护等有关身份关系的协议，适用其他法律的规定。

(二)合同法的基本原则

合同法的基本原则，是制定和执行合同法的总的指导思想。

1. 平等、自愿原则

合同法的平等原则指的是当事人的民事法律地位平等，包括订立和履行合同两个方面，一方不得将自己的意志强加给另一方。它是区别行政法、刑事法的重要特征，是民事法律的基本原则的体现，也是合同法其他原则赖以存在的基础。合同法的自愿原则是指在法律规定范围内的“自愿”，表现在当事人之间，因一方欺诈、胁迫订立的合同无效或者可以撤销，也表现在合同当事人与其他人之间，任何单位和个人不得非法干预。

2. 诚实信用原则

是指公平、诚实信用原则。《合同法》第5条规定，当事人应当遵循公平原则确定各方的权利和义务。诚实信用是指要表里如一，因欺诈订立的合同无效或者可以撤销；要言行一致，不能反复无常，也不能口惠而实不至；从当事人协商合同条款时起，就处于特殊的合作关系中，当事人应当恪守商业道德，履行相互协助、通知、保密等义务。

3. 公共利益原则

是指遵守法律、不得损害社会公共利益原则。《合同法》第7条规定，当事人订立、履行合同，应当遵守法律、行政法规，尊重社会公德，不得扰乱社会经济秩序，损害社会公共利益。

4. 法律约束力原则

是指合同具有法律约束力的原则。《合同法》第8条规定，依法成立的合同，对当事人具有法律约束力。当事人应当按照约定履行自己的义务，不得擅自变更或者解除合同。

二、合同订立的程序、主要条款及形式

(一)合同订立的程序

合同订立的程序，是指当事人双方就合同的一般条款经过协商一致并签署书面协议的过程。一般先由当事人一方提出要约，再由另一方做出承诺的意思表示，经签字、盖章后，合同即告成立。在法律程序上，把订立合同的全过程划分为要约与承诺两个阶段。要约与承诺属于法律行为，当事人双方一旦做出相应的意思表示，就要受到法律的约束，否则必须承担法律责任。

要约是希望和他人订立的意思表示，是订立合同的必经阶段。发出要约的人为要约人，接受要约的为受要约人。承诺是受要约人同意要约的意思表示。

资料链接

要约作为一种意思表示，除了必须具备意思表示的一般要件外，还有其特定的构成要件：第一，要约是有特定人作出的意思表示；第二，要约必须具有订立合同的意图；第三，要约

必须向要约人希望与之订立合同的受要约人发出；第四，要约的内容必须具体确定。要约到达受要约人时生效。要约的效力表现在两个方面：第一，要约人要受生效要约约束，不得随意撤销要约；第二，受要约人于要约生效时取得依其承诺而成立合同的法律地位。

资料链接

承诺须具备以下要件：第一，承诺必须有受要约人作出；第二，承诺必须在合理期限内向要约人发出；第三，承诺的内容必须与要约的内容相一致。承诺通知到达要约人时生效。承诺的效力表现为：承诺时合同成立，双方当事人受合同约束。

当事人订立合同，可以采用书面形式、口头形式和其他形式。法律规定采用书面形式的，应当采用书面形式。

(二)合同的基本内容

合同的基本内容由当事人约定，一般包括以下条款：

1. 当事人的名称或者姓名和住所；
2. 标的；
3. 数量；
4. 质量；
5. 价款或者报酬；
6. 履行期限、地点和方式；
7. 违约责任；
8. 解决争议的办法。

当事人订立合同，应当具有相应的民事权利能力和民事行为能力。当事人也可以依法委托代理人订立合同。

实案思考

某商场搞促销，广告内容如下：2003年2月6日，本商场进行10周年店庆，为答谢新老顾客，推出一元某款冰箱10台，售完为止。6日凌晨就有顾客在商场门口排队等候，9点营业时间，商场开门。前几位顾客直奔冰箱卖场，不问价格就占住该款冰箱，要求买家兑现一元承诺。买家以一元冰箱10台已被顾客电话订购为由拒绝执行广告中的承诺。

请问：

1. 商家的广告属于要约还是要约邀请？
2. 该案应该如何处理？

三、明确合同的效力

合同效力，指已经成立的合同在当事人之间产生的法律约束力，即法律效力。合同效力是法律赋予依法成立的合同所产生的约束力。合同的效力可分为四大类，即有效合同，无效合同，效力待定合同，可变更、可撤销合同。

相关法律法规关于“有效合同，无效合同，效力待定合同，可变更、可撤销合同”的规定统称为合同效力制度。

资料链接

合同的分类

合同种类	概 念	具体情形
有效合同	符合法律规定，所签订的条款对当事人各方具有法律约束力，并受国家法律强制力保护的合同	依法成立的合同，自成立时生效
无效合同	合同虽然已经成立，但因其严重欠缺有效要件，因而绝对不许按当事人同意的内容赋予法律效力的情形	一方以欺诈、胁迫的手段订立合同，损害国家利益； 恶意串通，损害国家、集体或者第三人利益； 以合法形式掩盖非法目的； 损害社会公共利益； 违反法律、行政法规的强制性规定
可撤销合同	因欠缺一定的生效要件，其有效与否，取决于有撤销权的一方当事人是否行使撤销权的合同	因重大误解订立的； 在订立合同时显失公平的； 因欺诈而订立的； 因胁迫而订立的； 因乘人之危而订立的；
效力待定合同	合同虽然已经成立，但因其不完全符合有关生效要件的规定，因此其效力能否发生，尚未确定，一般须经有权人表示承认才能生效	限制行为能力人依法不能独立订立的合同，必须经过其法定代理人的追认才有效； 行为人没有代理权、超越代理权或者代理权终止后以被代理人名义订立的合同，必须经过被代理人的追认才能对被代理人产生法律拘束力，否则，后果由行为人承担； 无处分权人处分他人财产权利而订立的合同，经权利人追认才有效

实案思考

王某与某公司签订商品房买卖合同，支付房款后，该公司未按约定时间交付房屋，此后王某多次要求某公司付房屋未果，在追要房过程中，王某发现该公司未取得商品房开发资质和领取商品房预售许可证，王某认为该公司在签订合同时故意隐瞒事实，存在欺诈行为，即诉至法院，要求判令该合同无效，被告应返还购房款32.8万元，赔偿利息82078元。

问:此买卖合同是否有效?

实案思考

甲汽车销售公司与乙汽车制造公司签订了一份轿车买卖合同,由于甲公司的业务员丙对汽车型号不太熟悉，在签订合同时，将甲公司原先想买的B型号轿车写成了A型号轿车。虽然乙公司提供的型号不是甲公司原想购买的B型号轿车，但A型号轿车销量也不错。甲公司按照合同约定提货并支付了货款。

问:1. 如何认定此次买卖行为?

2. 如果甲又反悔，可以退回车子、要回货款吗?

实案思考

2000年10月，养殖户杨树清从某县良种场以每头800元的价格购得8头奶牛。同时，杨树清又与本村村民周某达成购买饲料的口头协议。双方商定，杨树清以每公斤0.2元的价格购买周某的饲料草4000公斤，次年2月10日交货付款。次年元旦，杨树清自家存放的饲料草不慎起火烧尽，杨树清便找到周某要求交付购买的饲料草。周某则称他现在要牛不要钱，购买4000公斤饲料草所需的800元钱要以两头良种奶牛来折抵。杨树清迫于饲料草供给的艰难，同意了周某的提议，用两头奶牛换取了4000公斤饲料草。但次日，杨树清找到周某，表示愿以1500元钱再买回该两头奶牛，周某则予以拒绝。双方争执不下，杨树清遂以周某敲诈他为由向法院起诉，要求返还奶牛，周某则称“买卖既做，绝无反悔之理”。

问:此案如何解决?

实案思考

为庆贺小红的12岁生日，小红的姑姑给她买了一把价值500元的古筝，生日后不久，小红在学校以古筝交换14岁的同学小杰的价值100元的电动玩具1个。3个月后，小红的母亲知道此事，将电动玩具返还给了小杰，并要求小杰返还古筝，小杰拒不返还。

问:小红的母亲要求小杰返还古筝的请求能否得到法律的支持?

四、明确合同的履行与担保

(一)合同的履行

合同的履行是指执行合同规定的义务。合同的履行，表现为当事人执行合同义务的行为。当合同义务执行完毕时，合同也就履行完毕。

合同履行的原则，是当事人在履行合同债务时所应遵循的基本准则。

1. 实际履行原则

实际履行原则，是指合同当事人必须严格按照合同规定的标的履行自己的义务，未经权利人同意，不得以其他标的代替履行或者以支付违约金和赔偿金来免除合同规定的义务。

实际履行基本含义为两个方面:一是当事人应自觉按约定的标的履行，不得任意以其他标的代替约定标的，尤其不能简单地用货币代替合同规定的实物或行为;二是当事人一方不履行或不完全履行时，首先应承担按约履行的责任，不得以偿付违约金或赔偿损失来代替合同标的履行，对方当事人有权要求其实际履行。

2. 全面履行原则

全面履行原则，又称正确履行原则或适当履行原则，是指当事人按照合同规定的标的及其质量、数量，由适当的主体在适当的履行期限、履行地点，以适当的履行方式，全面完成合同义务的履行原则。

合同是双方当事人根据自己的实际需要而订的，合同中的各项条款都反映了当事人所追求的目的和实际承受能力，如果不严格按照合同条款全面履行，权利人的合同目的就可能落空，从而造成很大的经济损失。所以，当事人应全面履行自己的义务。

3. 协作履行原则

协作履行原则，是指当事人不仅适当履行自己的合同债务，而且应基于诚实信用原则的要求协助对方当事人履行其债务的履行原则。

合同的履行，只有债务人的给付行为，没有债权人的受领给付，合同的内容仍难实现。不仅如此，在建筑工程合同、技术开发合同、技术转让合同、提供服务合同等场合，债务人实施给付行为也需要债权人的积极配合，否则，合同的内容也难以实现。因此，履行合同，不仅是债务人的事，也是债权人的事，协助履行往往是债权人的义务。只有双方当事人在合同履行过程中相互配合、相互协作，合同才会得到适当履行。协作履行是诚实信用原则在合同履行方面的具体体现。

4. 经济合理原则

经济合理原则要求在履行合同时，讲求经济效益，付出最小的成本，取得最佳的合同利益。在履行合同中贯彻经济合理原则，表现在许多方面：债务人选择最经济合理的运输方式，选择履行期限履行合同义务，选择设备体现经济合理原则，变更合同，对违约进行补救也体现经济合理原则。如《民法通则》第 114 条规定："当事人一方因另一方违反合同受到损失的，应当及时采取措施防止损失的扩大；没有及时采取措施致使损失扩大的，无权就扩大的损失要求赔偿。"原《航空货物运输合同实施细则》第 14 条规定："货物从发出提货通知的次日起，经过 30 日无人提取时，承运人应及时与托运人联系，征求处理意见；再经过 30 日，仍无人提取或托运人未提出处理意见，承运人有权将货物作为无法交付货物，按运输规则处理。对易腐或不易保管货物，承运人可视情况及时处理。"

5. 情势变更原则

情势变更，是指在合同有效成立后，履行前，因不可归责于双方当事人的原因而使合同成立的基础发生变化，如继续履行合同将会造成显失公平的后果。在这种情况下，法律允许当事人变更合同的内容或者解除合同，以消除不公平的后果。情势变更的实质，乃是诚实信用原则的具体运用。

实案思考

甲企业在某报刊登一广告称：本厂有精密机床一台，价格优惠、欲购从速。乙企业厂长因在外地出差，该企业副厂长看到该广告后即到甲企业进行考察，认为该设备较为先进，价格较为合理，经与本厂厂长电话协商，拟购买该设备，并用自己随身携带的并加盖本厂公章的空白合同填写了相关内容，交给甲企业负责人。合同内容为：甲厂供给乙厂精密机床一台，价格 200 万元，质量以说明书内容为准，乙企业在合同成立之日起，交付甲企业 10 万元定金，合同生效 20 天内，甲企业送货上门，付款期限为货到付 70%，验收合格后余款付清。

请问：

1. 假设甲厂送货有困难，特委托某汽车运输公司代为送货，送货途中发生事故，一个多月之后，货才到乙企业，乙企业要求甲企业承担违约责任，有无法律依据？

2. 货到后乙企业经验收发现该设备存在一定的质量问题，但是经维修还可使用，现乙企业要求退货并解除与甲企业的合同，有无法律依据？

(二)合同的担保

合同的担保是指为确保特定的债权人的债权实现，以第三人的信用或者以特定财产保障债务人履行义务的法律制度。实现合同的担保形式有多种，但主要有保证、抵押、质押、留置和定金。

1. 保证

保证是指保证人和债权人约定，当债务人不履行债务时，保证人按约定履行债务或承担责任的行为。

保证应订立保证合同，由保证人和债权人订立，保证合同的内容要具体明确，否则易出现纠纷。同时，保证人应当是有代偿能力的公民、法人或其他组织。一般来说，国家机关不能作为保证人，法律有规定的除外。而学校、幼儿园、医院等以公益为目的的事业单位、社会团体不得为保证人。订立保证合同时，双方应在合同中约定保证责任的范围，如果双方没有约定或约定不明确时，保证人应当对全部债务承担保证责任。

2. 抵押

抵押是指债权人对债务人或第三人不移转占有而用作债权担保的财产，当债务人不履行债务时，以该财产折价或以拍卖、变卖该财产的价款优先受偿。抵押的特点：抵押财产不移转占有，设立抵押，抵押物仍由债务人或第三人（抵押人）占有。抵押权人行使优先受偿权，以债务人不履行债务为前提。

3. 质押

质押是指债务人或第三人将其动产或权利凭证移交债权人占有，以该财产作为债权的担保，当债务人不履行债务时，债权人有权以该财产折价或拍卖、变卖该财产的价款优先受偿。动产质押的特点：债务人或第三人（质押人）须将其动产移交债权人占有，提供动产的债务人或第三人是动产的所有人，动产质权的行使须以债务人不履行债务为前提。

资料链接

抵押和质押的区别：(1)抵押标的为动产与不动产；质押标的为动产与财产权利（如有价证券，票据等等）。(2)抵押物不移转占有；质押物必须移转占有。(3)当事人可以自愿办理抵押登记的，抵押合同自签定之日起生效；当事人不必办理质押登记的，质押合同自质物或权利凭证交付之日起生效。(4)当事人办理抵押登记的，登记部门为抵押物的相应管理部门；以股票、知识产权出质的，当事人应向其相应的管理机构办理出质登记。(5)债务履行期届满，抵押权人未受清偿的，可与抵押人协商以抵押物折价或以拍卖、变卖该抵押物的所得价款受偿，协议不成的，可向人民法院提起诉讼；债务履行期届满，质权人未受清偿的，可与出质人协议以质物折价或依法拍卖、变卖质物清偿债权。

4. 留置

留置是指当债务人不按照合同约定的期限履行债务时，债权人有权依照法律规定留置该财产，以折价或拍卖、变卖该留置物，从所得价款中优先受偿。留置权是债权人对已占有的债务人的动产，在债权未能如期获得清偿前，留置该动产作为担保和实现债权的权利。留置适用于保管合同、加工承揽合同及运输合同的担保。

5. 定金

定金是合同当事人双方约定的，为确保合同的履行，一方在法律规定的范围内预先向对方交付的作为债权担保的一定款项。债务人履行合同后，定金应当抵作价款或收回，如果给付定金的一方不履行约定的债务，无权要求返还定金；收受定金的一方不履行约定的债务，应当双倍返还定金。

以上几种担保形式，是合同中常用的担保形式，在订立合同时，当事人可根据不同情况，选择适合自己的合法的担保形式。

资料链接

质权与留置权的区别是：

1. 成立的条件不同。质权依双方当事人的合意（即约定）而成立；而留置权是法律直接规定的权利。

2. 占有的条件不同。两者虽然都是以担保物的占有及移转为要件，但质权在设定时才移转占有，担保物与债权事先没有占有的关系；而留置权的债权事先就与担保物有法律上的牵连。即债权人事先占有是留置权成立的前提条件。

3. 法律关系的客体不同。质权的标的包括动产还有财产权利；而留置权的标的仅为动产。

4. 权利的实现不同。质权在债权已届清偿期而未受清偿时，就可以行使质权；而留置权则在债权已届清偿期而未受清偿时，还必须具备法律规定的程序，才可实施留置权。

5. 消灭不同。质权不因债务人另行提供担保而消灭；而留置权则在债务人另行提供担保时消灭。

实案思考

小明今年13周岁，去年从他大舅那里继承了2000万元的遗产，今年六月小明的叔叔向他人借钱，想请小明做担保人。

思考一下：

1. 小明有没有担任保证人的资格？

2. 他能不能与债权人订立担保合同？为什么？

五、合同的解释、变更、转让与终止

合同解释是指阐明合同条款的含义，从而确定当事人在合同中的权利、义务的活动。

合同变更指有效成立的合同在尚未履行或未履行完毕之前，由于一定法律事实的出现而使合同内容发生改变。

合同的转让，是指在合同依法成立后，改变合同主体的法律行为。即合同当事人一方依法将其合同债权和债务全部或部分转让给第三方的行为。

资料链接

法律事实，就是法律规定的、能够引起法律关系产生、变更和消灭的现象。法律事实的一个主要特征，它必须符合法律规范逻辑结构中假定的情况。只有当这种假定的情况在现实生活中出现，人们才有可能依据法律规范使法律关系得以产生、变更和消灭。如结婚产生夫妻间权利和义务关系，结婚即为法律事实；死亡引起婚姻法律关系的消亡、继承法律关系的产生，死亡。

六、明确违约责任

违约责任是指合同当事人一方不履行合同义务或履行合同义务不符合合同约定所应承担的民事责任。

违约责任的构成要件有二个，一是有违约行为；二是无免责事由。违约行为是指当事人一方不履行合同义务或者履行合同义务不符合约定条件的行为。免责事由也称免责条件，是指当事人对其违约行为免于承担违约责任的事由。

关于承担违约责任的具体方式。民法通则第111条和合同法第107条作了明文规定。合同法第107条规定：当事人一方不履行合同义务或者履行合同义务不符合约定的，应当承担继续履行、采取补救措施或者赔偿损失等违约责任。除这三种基本形式之外，违约责任还有其他形式，如违约金和定金责任。

实案思考

王某买票乘坐某运输公司的长途车，开车司机为钱某。长途车行驶中与朱某驾驶的车辆相撞，致王某受伤。经认定，朱某对交通事故负全部责任。

问：1. 王某是否可以向朱某请求侵权损害赔偿？

2. 王某可以向运输公司请求违约损害赔偿吗？

七、合同纠纷的解决

合同纠纷，是指因合同的生效、解释、履行、变更、终止等行为而引起的合同当事人的所有争议。

合同纠纷的解决主要有以下四种：

1. 协商

合同当事人在友好的基础上，通过相互协商解决纠纷，这是最佳的方式。

2. 调解

合同当事人如果不能协商一致，可以要求有关机构调解，如一方或双方是国有企业的，可以要求上级机关进行调解。上级机关应在平等的基础上分清是非进行调解，而不能进行行政干预。当事人还可以要求合同管理机关、仲裁机构、法庭等进行调解。

3. 仲裁

合同当事人协商不成，不愿调解的，可根据合同中规定的仲裁条款或双方在纠纷发生后达成的仲裁协议向仲裁机构申请仲裁。

4. 诉讼

如果合同中没有订立仲裁条款，事后也没有达成仲裁协议，合同当事人可以将合同纠纷起诉到法院，寻求司法解决。除了上述一般特点之外，有些合同还具有其自愿的特点，如涉外合同纠纷，解决时可能会援引外国法律，而不是中国相关的合同方面的法律。

八、了解几种常见的合同

1. 买卖合同

买卖合同是出卖人转移标的物的所有权于买受人，买受人支付价款的合同。买受人接受此项财产并支付约定价款的合同。买卖是商品交换最普遍的形式，也是典型的有偿合同。根据合同法第174条、第175条的规定，法律对其他有偿合同的事项未作规定时，参照买卖合同的规定;互易等移转标的物所有权的合同,也参照买卖合同的规定。

实案思考

一菜农与省城的一家大公司签订了蔬菜预约种植合同,收获季节,该公司未按合同约定前来收购,致使36万余公斤蔬菜变质霉烂。

问:此案如何解决?

2. 承包合同

买卖合同是指以完成一定的工作任务为目的,确定发包与承包双方的权利与义务,并受法律保护的契约性文件。

在承包合同中,承包人应按照与定作人约定的标准和要求完成工作。定作人主要目的是取得承包人完成的工作成果。定做人与承包人之间订立承包合同,一般是建立在对承包人的能力、条件信任的基础上。承包合同多属个别商订的合同,定做物常具有一定的特定性。

3. 租赁合同

租赁合同是指出租人将租赁物交付给承租人使用并收益,承租人支付租金的合同。租赁合同中,提供物的使用或收益权的一方为出租人;对租赁物有使用或收益权的一方为承租人。租赁物须为法律允许流通的动产和不动产。

4. 借款合同

借款合同是当事人约定一方将一定种类和数额的货币所有权移转给他方,他方于一定期限内返还同种类同数额货币的合同。其中,提供货币的一方称贷款人,受领货币的一方称借款人。

5. 赠与合同

赠与合同是指赠与人把自己的财产无偿地送给受赠人,受赠人同意接受的合同。赠与合同可以发生在个人对国家机关、企事业单位和社会团体以及自然人相互之间。赠与的财产不限于所有权的移转,如抵押权、地役权的设定,均可作为赠与的标的。

探究拓展

1. 上网下载《中华人民共和合同法》和《中华人民共和国民法通则》作为我们学习宪法的法律参考资料。

2. 帮帮他:

2001年10月8日上午10时,吴某与李某签订了一份汽车买卖合同,合同约定:原车主李某应将正在运输途中的货车,返回水边后(双方住所),于10月16日交付车辆。车价款为96800元,吴某当先付定金50000元,待交车时定金抵作车款,且一并付清余车款。同时合同还约定了延迟交车和迟延付款约定应每天罚款100元。而且若一方有其他违约行为,应向对方支付违约金10000元。合同签订后,李某之子驱车前往广东送货,吴某为检验车子的新度状况,亦跟车去了广东。10月9日,当车行至广州附近一加油站旁边时,因修路堵车,司机采取措施不当,使该车与前方的一辆大货车发生追尾的轻微撞车事故,车头受损。李某之子当时就将该车放在附近一家修理厂进行了修理,吴某返回水边。2001年10月30日,李某将车子交付给吴,吴某同时付清了余车款。第二天,吴某在运输途中因发动机出现故障而使该车停在路上三天,货主要求吴某赔偿其经济损失。后经检查,结果发现是李某的车子在撞车后发动机尚未完全修理好,出现没管漏没的情况。

吴遂诉至法院,要求李某支付10000元违约金和每日罚款100元的迟延履行违约金,因其不能履行对第三人的运输而造成的经济收入损失5000元。

问：请你就所学合同法知识，分析李某在此案例中的责任，吴某应当如何维护自己的权益？

3. 社会调查：

（1）调查一下亲人或同学家有没有合同纠纷案例，帮助他们进行分析和解决。

（2）自己起草一份将来可能用得到的经济合同。

4. 1999年10月2日，原告郭某与被告某村委会签订了一份房屋租赁合同，合同约定：房屋租赁期限5年，形势变化随时变更；年租金1500元，村里将13千瓦用电权借给郭某使用。2000年7月初，郭某因租赁的房屋年久失修，加之遭受水灾，屋顶漏雨，间墙倒塌，村里又无力维修，故提议出卖。村委会经研究同意将租赁房屋卖给郭某，双方协商价格为3万元，但郭某表示征求家中意见后再定。郭某征求家中意见后，口头表示价钱太贵不买。此后，张某提出购买此房，村长托人询问郭某是否购买，否则就要卖与他人，郭某仍表示不买。村委会便与张某达成协议，将此房以3.2万元的价格（包括17.2千瓦用电权）卖给张某，张某预付了定金1万元。但因郭某租赁房屋未到期，郭某提出继续使用房屋，并不同意归还13千瓦的用电权。村委会经研究决定，以2.8万元的价格将此房卖给张某，用电权由原定17.2千瓦变为4.2千瓦，张某必须允许郭某租用房屋到合同期满，房屋的所有权归张某。2000年9月2日，村委会和张某办理产权转移手续时，郭某也未提出异议。房屋产权转移后，张某维修了房屋。2000年9月21日，张某与郭某达成协议，郭某迁出承租的房屋，张某向其支付损失费2000元。村委会也退给郭某预交的承租费3000元。事后，郭某以村委会将争议房屋租给他，却于2000年8月未经其同意而维修了房屋，并将争议房屋出卖给张某，其是承租人，应享有优先购买权为理由，向某市人民法院起诉，请求将争议优先卖给他。

试分析：（1）村委会与张某的买卖合同是否有效？

（2）法院应如何裁断此案？

第十六课　劳动法

社会主义市场经济体制要依托完善的法律为保障，构建和谐社会主义市场经济必须要发展和谐稳定的劳动关系。劳动关系双方主体经济地位的不平等，要求我们立法必须给予劳动者适当的倾斜保护。我们中职毕业生参加工作时，如果不懂劳动法规，势必将处于弱势和被动的地位，而劳动合同法明确规定保护劳动者的合法权益，并在具体内容中强化了对劳动者保护的力度。因此，作为未来一般劳动者的中职学生，应该掌握必备的劳动法律知识，一方面，要求学生明确作为劳动者的权利，保护自己的合法利益；另一方面，要求学生了解自己作为劳动者应尽的义务，爱岗敬业，为和谐社会和市场经济建设尽应有之力。此外，现在国家鼓励学生自主创业，因此也要求我们学生掌握国家的劳动法律规定，依法经营、合法用工，依法保护劳动者应有的权益，同样地也保护了用人单位本身的合法权益。

案例导引

1. 周某同某企业签订了2年期限的劳动合同，合同中约定试用期为6个月，试用期的工资为劳动合同约定工资的50%。

问：该劳动合同关于试用期限及工资的约定是否合法？

2. 某计算机专业的大学毕业生张某应聘到一家软件公司工作，在签订劳动合同之前，所有条款的内容均已协商一致，但在确定劳动合同期限问题上双方产生了分歧：公司认为招聘张某的目的是搞一个软件项目的开发，所以，与他要签定完成一定工作任务为期限的劳动合同，约定软件项目开发完成并经验收合格后，合同终止。但张某不同意，认为劳动合同必须明确合同的起始和终止日期。

问：1. 单位这样做是违法吗？

2. 张某的说法正确吗？

一、学习劳动法基本知识

劳动法是调整劳动关系以及与劳动关系密切联系的社会关系的法律规范总称。

劳动法是国家为了规范工会、雇主及雇员的关系，并保障各方面的权利及义务，保护劳动者的合法权益，调整劳动关系，建立和维护适应社会主义市场经济的劳动制度，促进经济发展和社会进步，根据宪法而制定颁布的法律。《劳动法》作为体现维护人权的一项基本法律，在西方甚至被称为第二宪法。

1994年7月5日，第八届全国人民代表大会常务委员会第八次会议审议通过《中华人民共和国劳动法》，于1995年1月1日起施行。该法作为我国第一部全面调整劳动关系的基本法和劳动法律体系的母法，是制定和执行其他劳动法律法规的依据，同时它以国家意志把实现劳动者的权利建立在法律保证的基础上，既是劳动者在劳动问题上的法律保障，又是每一个劳动者在劳动过程中的行为规范。它的颁布改变了我国劳动立法落后的状况，为建立完备的劳动法律体系奠定了基础。该法共13章107条（最新立法为2008年的《劳动合同法》与之配合使用）。

资料链接

《中华人民共和国劳动合同法》(以下简称《劳动合同法》)于2007年6月29日第十届全国人民代表大会常务委员会第二十八次会议通过，自2008年1月1日起实行。新《劳动合同法》共分8章98条，包括:总则、劳动合同的订立、劳动合同的履行和变更、劳动合同的解除和终止、特别规定、监督检查、法律责任和附则。《劳动合同法》是规范劳动关系的一部重要法律，在中国特色社会主义法律体系中属于社会法。《劳动合同法》在明确劳动合同双方当事人的权利和义务的前提下，重在对劳动者合法权益的保护，为构建与发展和谐稳定的劳动关系提供法律保障。《劳动合同法》的颁布实施有着深远意义。

劳动合同是指劳动者与用工单位之间确立劳动关系，明确双方权利和义务的协议。

资料链接

劳动合同是用人单位合理使用劳动力、巩固劳动纪律、提高劳动生产率的重要手段;是劳动者实现劳动权的重要保障;是建立规范雇佣关系，减少和防止发生劳动争议的重要措施和重要载体。

(一)订立劳动合同的基本原则

1. 合法原则

合法原则是指劳动合同的形式和内容要合法，不得违反我国现行的法律、法规的规定。按照劳动合同法的规定，除非全日制用工外，都应当以书面形式订立劳动合同。

2. 平等原则

平等原则是指劳动者和用人单位在法律上处于平等的地位，平等地决定是否缔约，平等地决定合同的内容。任何一方可拒绝与对方签订合同，同时任何一方都不得强迫对方与自己签订合同。

3. 自愿原则

自愿原则是从平等原则引申出来的。当事人地位的平等性要求双方对于劳动合同的订立不得享有任何特权。当事人订立合同只能出于其内心意愿。用人单位不得强迫劳动者订立劳动合同，其他任何机关 、团体和个人都无权强迫劳动者订立劳动合同。

4. 协商一致原则

协商一致原则是指合同条款是经双方协商一致达成的，任何一方不得把自己的意志强加给另一方，不得强迫订立劳动合同。双方当事人就劳动合同的主要条款达成一致意见后，劳动合同才成立。如果双方当事人都有与对方订立劳动合同的意向，但在具体条款上，如工作期限、劳动报酬等问题上往往意见不一，合同就不能成立。

实案思考

赵某，男35岁，是北京市某出租汽车公司的司机。1992年该公司与其签订承包合同。合同规定，赵某每年向单位上缴承包年利润后，本人的病、伤、残、亡等企业均不负责。赵某开的是“面的”车，一次发生交通事故，赵某负伤致残，根据双方签订的合同，该出租汽车公司不负担赵某任何伤残待遇费用，赵某和该公司发生了争议并起诉到劳动行政部门，要求解决其伤残待遇问题。

问:1. 这家企业的做法对不对?

2. 如果摆在你面前的是一份和司机赵某一样的劳动合同，你会签订吗?

(二)劳动合同的分类

劳动合同按合同的起止时间分为三类:

1. 固定期限的劳动合同。它是指订立劳动合同时约定了一定的期限,期限届满,劳动法律关系即终止。这种合同劳资双方可以根据生产需要和工作岗位的不同要求来确定期限,适用范围最广。

2. 无固定期限的劳动合同。是指规定了合同的起始日期,没用注明终止日期的合同。

订立这种合同的职工一般可以长期在一个单位或部门从事工作,但无固定期限的劳动合同并不等于一成不变,如果出现符合法律、法规或者双方约定的条件,也可变更、解除或终止劳动合同。这种合同一般适用于从事技术性较强、需要持续进行工作的岗位。

实案思考

柳某在某企业工作已有12年,近日,他向企业人力资源部门提出,要求签订无固定期限劳动合同,该企业负责人担心这将形成"铁饭碗",不利于企业人才流动和管理。

问:

(1)王某的要求合法吗?

(2)该企业负责人观点是否正确?

3. 以完成一定工作任务为期限的劳动合同。是指劳动合同当事人双方把完成某项工作或工程的时间约定为合同的起止条件而达成的协议。它与固定期限劳动合同的区别是约定合同终止条件,而不是约定期限。

二、劳动合同的订立、变更与解除程序的规定

订立劳动合同要经过要约和承诺两个阶段。一般情况下,当事人双方就劳动合同内容协商一致,劳动合同即告成立。劳动合同依法成立,即具有法律约束力。

劳动合同应以书面形式订立,包括以下条款:(1)劳动合同期限(包括试用期);(2)工作内容,即生产上应达到的数量指标、质量指标,或者应完成的任务;(3)劳动保护和劳动条件;(4)劳动报酬;(5)劳动纪律;(6)劳动合同终止条件;(7)违反劳动合同的责任。以上为劳动合同的必备条款,当事人还可以协商约定其他内容以及双方认为应该规定的其他事项。

劳动合同的变更,主要是指劳动合同内容发生变化,不包括当事人的变化。劳动合同变更要经过以下三个步骤:(1)及时提出变更合同的要求并说明变更原因、内容及请求对方答复的期限;(2)当事人一方得知另一方提出变更要求,应在对方规定的期限内做出是否同意的答复;(3)当事人双方变更劳动合同内容,经协商取得一致意见,应当达成变更劳动合同的书面协议,经双方签字盖章生效。

劳动合同的解除,是指劳动和合同期限届满以前,由于出现某种情况,导致当事人双方提前终止劳动合同的法律效力,解除双方的权利和义务。劳动合同解除可以是单方面的也可以是双方面的,但都必须遵守一定规则。我国劳动合同法对劳动合同的解除做出了明确地规定。

资料链接

劳动合同的解除

劳动双方协议解除劳动合同。《劳动合同法》第二十四条规定,劳动合同当事人协商一致,劳动合同可以解除。

劳动者解除合同。《劳动合同法》第三十一条规定，劳动者解除劳动合同，应当提前30日以书面的形式通知用人单位。有下列情形之一的，劳动者可以随时通知用人单位解除劳动合同：在试用期内；用人单位以暴力、威胁或者非法限制人身自由的手段强迫劳动的；用人单位未按照劳动合同约定支付劳动报酬或者提供劳动条件的。

用人单位解除劳动合同。《劳动合同法》第二十五条规定，劳动者有下列情形之一的，用人单位可以解除劳动合同：在试用期间被证明不符合录用条件的；严重违反劳动纪律或者用人单位规章制度的；严重失职的，营私舞弊，对用人单位利益造成重大损害的；被依法追究刑事责任的。第二十六条规定，有下列情形之一的，用人单位可以解除劳动合同，但是应当提前30日以书面形式通知劳动者本人：劳动者患病或者非因工负伤，医疗期满后，不能从事原工作也不能从事由用人单位另行安排的工作的；劳动者不能胜任工作，经过培训或者调整工作岗位，仍不能胜任工作的；劳动合同订立时依据的客观情况发生重大变化，导致原劳动合同无法履行，经当事人协商不能就变更劳动合同达成协议的。用人单位依据劳动合同法第二十四条、第二十六条、第二十七条的规定解除劳动合同的，应当依照国家有关规定给予经济补偿。

《劳动合同法》还规定，劳动者有以下情形之一的，用人单位不得依据上述规定解除劳动合同：患职业病或因工负伤被确认丧失或者部分丧失劳动能力的；患病或者负伤，在规定的医疗期内的；女职工在孕期、哺乳期内的；法律、行政法规规定的其他情形。这是为了保障特殊时期劳动者的生活权益而做出的特别规定。

（二）劳动合同的主要条款

1. 用人单位的名称、住所和法定代表人或者主要负责人
2. 劳动者的姓名、住址和居民身份证或者其他有效身份证件号码
3. 劳动合同期限
4. 工作内容和工作地点
5. 工作时间和休息休假
6. 劳动报酬
7. 社会保险
8. 劳动保护、劳动条件和职业危害防护
9. 法律、法规规定应当纳入劳动合同的其他事项。

此外，用人单位与劳动者可以约定试用期、培训、保守秘密、补充保险和福利待遇等其他事项。

实案思考

某大酒店的管理者与酒店内的100余名职工长期以来一直未签订劳动合同，两者相安无事。但近年来，大酒店为了适应市场的需要，对酒店内部机构进行了调整，撤掉了酒店内的两个部门，王某在毫无准备的情况下下岗，下岗后，失去了生活的来源。

问：酒店的做法合法吗？

小张今年大学毕业，正赶上就业形势非常严峻。他好不容易获得了一个面试的机会，准备妥当后，来参加面试。面试的过程很紧张，面试官问了他很多问题，他都一一作答，他看面试官好像很满意。等到面试官问完所有的问题后，也想了解一下这家公司的情况，比如，

公司的业务情况、办公条件等。可是他一张嘴，面试官就一副不耐烦的样子，冷冷地对小张说："我没有时间回答你的问题，你要是不想来我们公司，就请另谋高就，要是想在我们公司干，就回家等通知。你后边还有二十多个人等着面试呢，我今天上午必须面试完，哪有时间回答你的问题。"小张只好知趣地告辞。

问：面试官的行为合法吗？

实案思考

张某是一家加工企业的生产主管，月薪5000元。后来该公司将其调整到设备部门担任设备管理员，月薪3500元，公司理由是双方的劳动合同和公司的规章制度中均约定了"公司可以根据生产经营需要，调整员工的工作岗位，并相应的调整劳动报酬，员工应该服从公司的安排"。张某不服调岗调薪，没在公司规定时间内到岗报到，公司以张某旷工为由与其解除劳动合同。张某提起仲裁：恢复劳动关系，并要求恢复到原来生产主管岗与薪酬。

问：张某主张能否得到支持？

实案思考

李某是某国有企业职工，与企业签有三年期限的劳动合同。在劳动合同期限内，李某听说在某外商投资企业工作每月月薪1800元，相比之下原企业每月只有800元的工资太低，遂向原企业口头提出解除劳动合同。原企业未马上作出答复。15日后，李某离开原企业，已到了外资企业上班。李某的离开，给原企业的生产造成了影响，原企业要求李某回厂上班，但李某用已向企业提出了解除劳动合同为由而拒不回厂。于是原企业向劳动仲裁委员会提起申诉，要求李某承担违约赔偿责任。

问：劳动仲裁委员会应如何裁定？

某小型企业在激烈的市场竞争中惨淡经营，想尝试转产，又囊中羞涩，万般无奈当中，企业决定从本单位的职工中筹集资金。遭到一部分职工反对后，企业决定停止现行的劳动合同，重新签订新的劳动合同并把必须交纳5000元现金作为劳动合同的一部分。

问：这家企业的做法合法吗？

三、劳动者的主要权利和义务

（一）劳动者的权利

社会主义制度下，每个劳动者都是国家的主人，它是通过现实的劳动者享有的基本权利和劳动者履行的基本义务体现出来的。劳动者的权利是指劳动者依照劳动法律行使的权力和享受的利益。

资料链接

劳动者行使的权利和享受的利益是由我国劳动法规定的。劳动者的权利包括劳动者依照劳动法行使的权力和依照劳动法享受的利益这两个方面。这里的"行使的权力"是指劳动者在劳动法定的范围内可以支配的力量，也就是指依照劳动法规定，劳动者可以获得的各种有利因素。

我国现行《劳动法》总则第三条对劳动者享有的劳动权利和应当履行的义务作出了明确规定。劳动者依法享有的主要权利有：平等就业选择职业的权利；取得劳动报酬的权利；休息、休假的权利；获得劳动安全卫生保护的权利；接受职业技能培训的权利；享受社会保险和福利的权利；提请劳动争议处理的权利以及法律规定的其他权利。

1. 劳动者有平等就业和选择职业的权利。这是公民劳动权的首要条件和基本要求。在我国，劳动者不分民族、种族、性别、宗教信仰，都平等地享有就业的权利。劳动者选择就业的权利是宪法平等就业权利的体现。

2. 劳动者有获得劳动报酬的权利。劳动报酬包括工资和其他合法劳动收入。

劳动法明确规定：用人单位安排劳动者延长劳动时间，支付不低于工资的150%的工资报酬；休息日安排劳动者工作又不能安排补休的，支付不低于工资的200%的工资报酬，法定休息日安排劳动者工作的支付不低于工资的300%的工资报酬。

3. 劳动者有休息休假的权利。休息权和劳动权是密切联系的。休假是劳动者享有休息权的一种表现形式。

4. 劳动者有在劳动中获得劳动安全和劳动卫生保护的权利。劳动者在安全、卫生的条件下进行劳动是生存权利的基本要求。劳动安全、卫生权是一项重要的人权。

近几年生产安全问题成为政府反复强调的重点问题，甚至把是否发生生产事故作为考察当地政府政绩的一个重要指标。即使这样，生产事故还是接连不断。广西南丹矿井坍塌，黑龙江鸡西煤矿瓦斯爆炸……都历历在目。一般职工都认为，安全问题是管理层处理的问题，与自己无关，所以，明明看到安全隐患也麻木不仁。教师要告诉学生，《劳动法》明确规定："劳动者对用人单位管理人员违章指挥、强令冒险作业，有权拒绝执行；对危害生产和身体健康的行为，有权提出批评、检举和控告……"

5. 劳动者有接受职业技能培训的权利。劳动者不但要掌握熟练的生产技能，而且要懂业务理论知识。只有赋予劳动者这项权利，才能保障劳动者获得应有的知识技能，更好地完成各项劳动任务。

6. 劳动者享有社会保险和福利的权利。这是指劳动者在遇到年老、患病、工伤、失业、生育等劳动风险时，获得物质帮助和补偿的权利。享受社会保险和福利权，是享受劳动报酬权的延伸和补充。

7. 劳动者有提请劳动争议处理的权利。这是劳动者维护自己合法劳动权益的有效途径和保障措施。

8. 劳动者还享有法律、法规规定的其他劳动权利。这里主要是包括劳动者：有依法组织和参加工会的权利，工会代表有权维护劳动者的合法权益，依法独立自主的开展活动；劳动者依照法律规定，通过职工代表大会或其他形式，参与民主管理的权利；提合理化建议的权利，进行科学研究，技术革新和发明创造的权利等等。

实案思考

改革开放初期，深圳某外资企业生产的产品在市场上十分畅销，为了抓住这一商机获取更多的利益，工厂任意延长劳动时间赶制产品。在完全自愿的情况下，凡每天愿意工作16小时者工资翻番。在高工资的诱惑下，很多"外来妹"争先与厂家签订了合同。事后确实得到了厂家许诺的报酬。但长时间的超负荷工作使一些人难于应付，其中一"外来妹"在半睡半醒中做工，不慎被机器弄成重伤。

问：这家企业违反了劳动法的哪些规定？

(二)社会保障制度

社会保障制度是国家或政府根据法律规定，通过国民收入再分配，对公民在暂时或永久失去劳动能力，以及由于各种原因生活发生困难时给予物质帮助，保障其基本生活的一种社会安全制度。

资料链接

现代社会保障制度产生于德国，德国首相俾斯麦于1883－1889年间制订了疾病、伤残和老年三项社会保险法律，被称为世界上第一个完整的社会保障制度。其后在欧洲、美洲及世界各地逐步推行，保障范围也逐步扩大到全体社会成员。

社会保障制度是社会化大生产和现代市场经济的产物，是经济和社会共同进步的标志，是现代国家不可或缺的一项重要的基本安全制度，有社会的"安全器"、"安全网"之称。社会保障主要包括社会保险、社会救济、社会福利、社会优抚和社会互助等内容，它们构成了一个完整的社会保障体系，其中，社会保险是社会保障的核心部分。

实案思考

张冲应聘到某公司工作，公司提出如果职工要求办理社会保险，每月就从工资中扣除400元。张冲认为还是多得些工资好，至于办不办社会保险不着急，于是双方签订了劳动合同，合同约定公司对社会保险概不负责。

问：1. 张冲的想法有道理吗？

2. 公司的做法对吗？

社会保险是指国家通过立法，多渠道筹集资金，对劳动者在因年老、失业、患病、工伤、生育而减少劳动收入时给予经济补偿，使他们能够享有基本生活保障的一项社会保障制度。主要包括养老保险、失业保险、医疗保险、工伤保险和生育保险五项内容。

养老保险或称养老保险制度，是国家和社会根据一定的法律和法规，为解决劳动者在达到国家规定的解除劳动义务的劳动年龄界限，或因年老丧失劳动能力退出劳动岗位后的基本生活而建立的一种社会保险制度。我国根据自己的具体国情，创造性地实施了"社会统筹与个人账户相结合"的基本养老保险改革模式，经过多年的探索与完善，如今已逐步走向成熟。

失业保险是指国家通过立法强制实行的，由社会集中建立基金，对因失业而暂时中断生活来源的劳动者提供物质帮助的制度。即劳动者在失业期间的生活费、医疗费的给付以及转业培训、生产自救及职业介绍等方面的保障措施。

工伤保险是指国家和社会为在生产、工作中遭受事故伤害和患职业性疾病的劳动者及亲属提供医疗救治、生活保障、经济补偿、医疗和职业康复等物质帮助的一种社会保障制度。

医疗保险是指当劳动者患病或受到伤害后，由国家或社会给予提供医疗服务或经济补偿的一种社会保障制度。

生育保险是通过国家立法规定，在劳动者因生育子女而导致劳动力暂时中断时，由国家和社会及时给予物质帮助的一项社会保险制度。

社会救济是指国家和社会对因各种原因无法维持最低生活水平的公民给予无偿救助，以维持其最低生活水平的一项社会保障制度。救助对象有三类：一是没有劳动能力、又没有生活来源的人，主要包括孤儿、残疾人以及没有参加社会保险且无子女的老人；二是有收入来源，但生活水平低于法定最低标准的人；三是有劳动能力、有收入来源，但由于意外的自然灾害或社会灾害，而使生活一时无法维持的人。社会救济的目的是保障公民享有最低的生活水平，给付标准低于社会保险，其经费来源主要是政府财政支出和社会捐赠。社会救助体现了浓重的人道主义思想，是社会保障的最后一道防护线。

社会福利的概念有广义和狭义之分。广义的社会福利是指政府为全体社会成员创建有助于提高生活质量的物质和文化环境而提供各种福利服务。如公共卫生、公共娱乐、市政建设、家庭补充津贴、教育津贴、住宅津贴等。狭义的社会福利是指政府和社会向老人、儿童、残疾人等特殊群体提供必要的社会援助，以提高他们的生活水准和自立能力。

社会优抚是指政府和社会对军人等从事特殊工作者及其家属给予的优待、抚恤和妥善安置。主要包括提供抚恤金、补助金；创办荣誉军人疗养院、光荣院；安置复员退伍军人；为军队离退休干部提供服务等。社会优抚是一种特殊的社会保障，其目的在于安定军心，维护国家安全，促进社会稳定。

社会互助是指在政府鼓励和支持下，社会团体和社会成员自愿组织和参与的扶弱济困活动。社会互助具有自愿和非营利的特征，其资金主要来源于社会捐赠和成员自愿交费，政府往往从税收等方面给予支持。社会互助的主要形式包括：工会、妇联等群众团体组织的群众性互助互济；民间公益事业团体组织的慈善救助；城乡居民自发组织的各种形式的互助组织等。

资料链接

目前，世界上绝大多数国家和地区都建立了社会保障制度，我国在建国初期由政务院(即后来的国务院)颁布了《劳动保险条例》，其内容包括退休、医疗、工伤、生育、死亡待遇和行业救济等方面的内容。改革开放以来，逐步建立起与社会主义市场经济相适应的社会保障制度，但从总体看来还不完善，主要表现在社会保障覆盖面小，资金缺口较大，以及整体计费水平高等方面。再加上社会保障的对象数量多、类型复杂(如城乡贫困人口、失业下岗人员、老龄人口和残病人、以及大量进城务工人员)等现实的国情状况，使得社会保障工作面临着巨大的压力和挑战。因此，加快建立、健全社会保障制度体系问题则显得尤为重要。2009年3月4日温家宝总理在政府工作报告中进一步提出：要加快完善社会保障体系，推进制度建设，扩大社会保障覆盖范围，提高社会保障待遇；中央财政拟投入社会保障基金2930亿元(比上年增长17.6%)，地方财政也要加大投入。

加快建立健全社会保障体系的意义：建立、健全社会保障制度体系是进行社会资源再分配的一种手段，有利于劳动力自身的生产和再生产，对国民经济的发展具有调节作用。坚持从我国的基本国情和经济社会发展的实际出发，建立健全与我国目前经济发展水平相适应的社会保障体系，合理地界定保障的标准和方式，为人们的基本生活提供全面、可靠的保障，真正起到社会“安全网”的作用，为促进社会的稳定与和谐提供重要的保证。

(三)劳动者的义务

劳动者的义务是指劳动者必须履行的责任。这些责任包括：应当完成劳动任务；提高职业技能；执行劳动安全卫生规程；遵守劳动纪律；遵守职业道德。

资料链接

劳动者的权利和义务的关系。在社会主义制度下，劳动者的权利和义务是统一的。权利与义务是相互依存，不可分离的统一体。任何权利的实现总是以义务的履行为条件的，没有权利就无所谓义务，没有义务就没有权利。我国劳动者在享有法律规定的权利的同时，同样还必须履行法律规定的义务。这些义务是法律规定的，当劳动者没有履行这些义务时，则会受到法律的制裁。我国人民的权利与义务涉及政治、经济等各个方面；但作为劳动者，其基本

第十六课

权利是劳动权利，其最基本的义务应该是劳动义务。

提高职业技能

劳动者的职业技能作为劳动者的技术素质，是劳动者整体素质中的主要构成部分。劳动者自身素质的提高，不仅关系到劳动者自身的就业和创业能力，而且也关系到企业的经济效益及信誉。伴随着世界科技革命的发展，对劳动者素质的要求会越来越高。一个国家的劳动者职业技能水平，某种程度上代表着这个国家的技术实力甚至是生产力水平。在我国，由于教育和培训条件的不充分，导致我国劳动者素质较低，已严重地影响了我国的生产力水平。提高职业技能是劳动者必须履行的义务，因此，我们每一个劳动者都应意识到提高职业技能的重要性与紧迫性，努力提高自己的受教育水平与技术素质，以适应现代化建设形势发展的需要，促进我国“人才强国”战略的实施。

遵守职业道德是劳动者必须履行的义务，提倡遵守职业道德，提高全民族素质，也是维护社会主义市场经济秩序的保障。职业道德是社会主义道德建设的一个重点。社会主义职业道德的基本要求：

第一，爱岗敬业。敬业就是忠于职守，只有敬业才能爱岗，才能忠于职守，乐于奉献。

第二，诚实守信，办事公道。市场经济的发展，特别强调诚实守信。只有做到诚实守信、办事公道，才能更好地发挥每一个行业、每一个岗位的社会功能。

第三，服务群众。也就是为人民服务，它是社会主义职业道德的灵魂。

第四，奉献社会。这是职业道德的最高要求，也是为人民服务和集体主义精神的集中体现。所以，要在全社会大力倡导奉献精神。

实案思考

李斌，中专毕业后进入上海液压泵厂工作。23 年来，他在工人岗位上刻苦钻研，勇于创新，无私奉献，成为高级技师和公认的数控机床专家，被誉为“知识工人的楷模”。

由于李斌的品牌效应，上海液压泵厂近年来接到了大量定单，国家重点项目，专用设备项目相继找上门，去年销售额同比增加 12.6%。

思考：劳动者素质的提高对于企业、社会所产生的意义是什么？

四、工作时间与休息时间制度及劳动报酬制度

工作时间又称劳动时间，是指法律规定的劳动者在一定时间内从事生产或工作的小时数。它包括每日工作小时数和每周工作小时数。

休息休假时间，是指劳动者在国家规定的法定工作时间以外，不从事生产或者工作而自行支配的时间。

资料链接

第三十六条 国家实行劳动者每日工作时间不超过 8 小时、平均每周工作时间不超过 44 小时的工时制度。

第三十七条 对实行计件工作的劳动者，用人单位应当根据本法第三十六条规定的工时制度合理确定其劳动定额和计件报酬标准。

第三十八条 用人单位应当保证劳动者每周至少休息 1 日。

第三十九条 企业不能实行本法第三十六条、第三十八条规定的，经劳动行政部门批准，可以实行其他工作和休息办法。

第四十条 用人单位在下列节日期间应当依法安排劳动者休假:(一)元旦;(二)春节;(三)国际劳动节;(四)国庆节;(五)法律、法规规定的其他休假节日。

第四十一条 用人单位由于生产经营需要,经与工会和劳动者协商后可以延长工作时间,一般每日不得超过1小时;因特殊原因需要延长工作时间的在保障劳动者身体健康的条件下延长工作时间每日不得超过3小时,但是每月不得超过36小时

第四十二条 有下列情形之一的,延长工作时间不受本法第四十一条规定的限制:

1. 发生自然灾害、事故或者因其他原因,威胁劳动者生命健康和财产安全,需要紧急处理的;

2. 生产设备、交通运输线路、公共设施发生故障,影响生产和公众利益,必须及时抢修的;

3. 法律、行政法规规定的其他情形。

第四十三条 用人单位不得违反本法规定延长劳动者的工作时间。

第四十四条 有下列情形之一的,用人单位应当按照下列标准支付高于劳动者正常工作时间工资的工资报酬:

1. 安排劳动者延长时间的,支付不低于工资的百分之一百五十的工资报酬;

2. 休息日安排劳动者工作又不能安排补休的,支付不低于工资的百分之二百的工资报酬;

3. 法定休假日安排劳动者工作的,支付不低于工资的百分之三百的工资报酬。

第四十五条 国家实行带薪年休假制度。劳动者连续工作1年以上的,享受带薪年休假。具体办法由国务院规定。

1. 一般情况下的延长工作时间:由于生产经营的需要延长工作时间,须与工会和劳动者协商并获得同意,同时受延长工作时间的时数限制。一般每天加班不得超过1小时;因特殊原因需要延长工作时间的,在保障劳动者身体健康的条件下,每日不得超过3小时;每月合计不得超过36小时。

2. 禁止规定:禁止安排未成年工、怀孕7个月以上的女职工和哺乳未满1周岁婴儿的女职工延长工作时间。

3. 加班的工资标准:安排劳动者延长工作时间的,支付不低于工资的150%的工资报酬;休息日安排劳动者工作又不能安排补休的,支付不低于工资的200%的工资报酬;法定休假日安排劳动者工作的,支付不低于工资的300%的工资报酬。

劳动报酬制度

劳动者报酬是指劳动者为用人单位提供劳务而获得的各种报酬。用人单位在生产过程中支付给劳动者的全部报酬包括三部分:一是货币工资,用人单位以货币形式直接支付给劳动者的各种工资、奖金、津贴、补贴等;二是实物报酬,即用人单位以免费或低于成本价提供给劳动者的各种物品和服务等;三是社会保险,指用人单位为劳动者直接向政府和保险部门支付的失业、养老、人身、医疗、家庭财产等保险金。

《劳动法》第三十条规定:用人单位应当按照劳动合同约定和国家规定及时足额发放劳动报酬。

用人单位拖欠或者未足额发放劳动报酬的,劳动者可以依法向当地人民法院申请支付令,人民法院应当依法发出支付令。

五、劳动卫生和安全技术规程

劳动安全卫生又称职业安全卫生,我国过去称为"劳动保护",它是指直接保护劳动者在劳动或工作中的生命安全和身体健康的法律制度。保护劳动者的各项合法权利,是任何一个国家劳动法的根本任务和重要立法目的。在劳动者的各项权利中,生命安全和身体健康权是最基本的权利,基于对这项基本权利的保护而建立的劳动安全卫生法律制度。

资料链接

第五十二条　用人单位必须建立、健全劳动安全卫生制度,严格执行国家劳动安全卫生规程和标准,对劳动者进行劳动安全卫生教育,防止劳动过程中的事故,减少职业危害。

第五十三条　劳动安全卫生设施必须符合国家规定的标准。

新建、改建、扩建工程的劳动安全卫生设施必须与主体工程同时设计、同时施工、同时投入生产和使用。

第五十四条　用人单位必须为劳动者提供符合国家规定的劳动安全卫生条件和必要的劳动防护用品,对从事有职业危害作业的劳动者应当定期进行健康检查。

第五十五条　从事特种作业的劳动者必须经过专门培训并取得特种作业资格。

第五十六条　劳动者在劳动过程中必须严格遵守安全操作规程。劳动者对用人单位管理人员违章指挥、强令冒险作业,有权拒绝执行;对危害生命安全和身体健康的行为,有权提出批评、检举和控告。

第五十七条　国家建立伤亡事故和职业病统计报告和处理制度。县级以上各级人民政府劳动行政部门、有关部门和用人单位应当依法对劳动者在劳动过程中发生的伤亡事故和劳动者的职业病状况,进行统计、报告和处理。

六、劳动争议的解决

劳动争议是指以劳动权利为内容所发生的争执和纠纷。它的特点:一是实质上的利益冲突;二是发生在劳动法律关系当事人之间的争议;三是争议的内容是关于劳动权利的行使和劳动义务的履行方面的事项。

劳动争议解决的几种基本形式:

协商解决。用人单位与劳动者之间自行协商。这种形式简单方便,不伤感情,有利团结。国家鼓励和提倡这种解决劳动争议的方式。

申请调解。劳动争议解决委员会,是设立在用人单位,由职工代表、用人单位代表、用人单位工会代表三方组成,负责调解单位发生的劳动争议的组织。调解委员会主任由工会代表担任。没有成立工会的用人单位,调解委员会的设立及其组成由职工代表和用人单位代表协商解决。劳动争议调解委员会在调解本单位发生的劳动争议中,应本着自愿、民主原则进行调解。

申请仲裁。劳动争议仲裁委员会是国家授权,依法独立处理劳动争议案件的专门机构。地方各级劳动行政主管部门的劳动争议处理机构为仲裁委员会的办事机构,即劳动争议仲裁委员会设在各地劳动行政管理机构内。劳动争议仲裁委员会由劳动行政部门代表、同级工会代表、用人单位方面的代表组成。劳动争议仲裁委员会主任由劳动行政部门代表担任。

提起诉讼。向法院提起诉讼是有前提的,必须是在经过了劳动仲裁后仍不能解决劳动争议的,才能够采取诉讼,即当事人对仲裁裁决不服的,才可以向人民法院提起诉讼。在打"劳动官司”时，仲裁是一个必须的前置程序。

七、树立主人翁意识、做合格的劳动者

劳动合同在保护劳动者合法权益中发挥着关键作用。劳动合同一方面从形式上确立劳动关系，从而为劳动者获得劳动报酬、休息休假、社会保险等各项法定权益奠定了基础；另一方面又从内容上具体约定了劳动者的工资、工作内容、工作时间等权益，从而为劳动者实现和保障自身的权益提供了依据。

劳动者是社会主义国家的主人。切实维护广大劳动者的合法权益，是我国社会主义现代化建设的根本要求，也是社会主义制度生命力和优越性的体现。劳动是人类社会最基本的社会活动，劳动关系是最基本的社会关系，以人为本重要的是要以劳动者为本，社会和谐重要的是劳动关系的和谐。劳动者与用人单位一方面有共同利益，另一方面又有不同需求，是既统一又对立的矛盾共同体。在维护用人单位合法权益的同时更应侧重于维护处于弱势一方的劳动者的合法权益，以实现双方之间力量与利益的平衡，从而促进劳动关系的和谐稳定，促进社会主义和谐社会的构建。我们作为新一代的劳动者要自觉树立主人翁意识，培养劳动责任心、事业心，团结协作的精神和争取集体荣誉的情感。懂得一个品德高尚的人应该正确对待劳动者的权利和义务，要有爱岗敬业、诚实守信、办事公道、服务群众、奉献社会的职业道德精神，为将来走向社会、服务社会、奉献社会打下良好基础。。

端正对待劳动态度，不管从事哪个行业，都在为社会的进步做自己的贡献，没有高低贵贱之分。“干一行，像一行、爱一行”，自觉按照职业准则来规范自己的职业生活，做一名合格的劳动者。

探究拓展

1. 上网下载《中华人民共和国劳动法》、《工伤保险条例》、《中华人民共和国劳动争议调解仲裁法》作为我们学习劳动法的法律参考资料，以备日后工作中遇到劳动纠纷问题，及时查阅。

2. 帮帮他：

百度求助中，有名毕业不久的大学生遇到劳动法律纠纷的问题，请你利用自己对劳动法知识的掌握，帮助他分析一下如何维权。

案情：我是一名因经济刚休学不久的大学生。之前在一家广告公司上班将近一年，没签劳动合同。每次谈到工资时，他们总是拿一些经验啊、高管啊之类的东西应付我。我刚出学校，觉得有个公司能这么看的起我，就没怎么去要工资。他公司原来有位副总，是副总招的我 我大部分时间也是跟副总做事，现在那个副总也不做了，但他们反过来不承认我是他们的员工了。现在我申请了劳动仲裁，并且说通了这个副总答应做我的证人，我手上还有一张工资证明，上面工资数目是假的，但公章是真的，因为那时我要办信用卡，就让公司帮忙做了个收入证明，不知道这能做证据么 。其他的人证物证，不多 ，我也拿不到。但现在那公司拿工资表和出勤表来证明没我这个员工，并且不承认那个副总（好像他们之间也没劳动合同，但劳动事实是存在的）。不知能否帮忙分析一下，在这先谢了。人证是否有效？物证是否有效？

问题补充：

他们提供的工资表和出勤表能证明我不是他们的员工么？

3. 社会调查：

调查一下自己身边的亲人或同学有关于劳动纠纷的案例，整理成案例

要求：

(1)有案例简单经过，案例分析，相关法律依据。

(2)总结一下对你的启示是什么。

(3)一定要是身边亲人和朋友的真实案例，这样对我们学习法律解决实际问题才有实际意义。

第十七课　消费者权益保护法

消费者权益保护法是维护消费者利益、保护消费者合法权益的基本法律，是国家对消费者弱势地位而给予的特别保护，是维护真正的公平交易市场秩序的法律。消费者为满足生活消费需要在购买、使用经营者所提供的商品或服务的过程中，因缺乏有关知识、信息以及人格缺陷、受控制等因素，导致安全权、知情权、自主权、公平交易权、受偿权、受尊重权、监督权在一定程度上被剥夺造成消费者权益的损害。

消费者缺乏购买商品或接受服务的相关知识，所接受的消费信息大多是经过加工的、有促销和诱导作用。消费者难免不被经营者所操纵，并与之建立非公平的交易契约。加之，商品与服务技术含量的提高，会增加经营者的强势地位与消费者的弱势地位，即强势更强、弱势更弱。

因此，现代经济社会需要我们作为普通消费者更要明确消费者的权利与义务，保护消费者在获得商品或接受服务时免受人身、财产损害。依法正确行使自己的权益，也促使市场经济秩序得以公平、有序、合法、健康发展。

案例导引

李某在网上买了一部手机，买的时候已经谈好是中文系统。但是李某收到的货不是中文系统，李某和厂家联系，但是厂家说让他返厂或自行刷机。李某选择了自行刷机 但把手机刷坏了，所以李某联系厂家，把手机返回了厂家，一个多月厂家告诉李某需要付280元钱才能修。

问：1. 李某应当承担什么责任？

2. 厂家需要承担什么责任？

一、消费者权益保护法的基本知识

消费者是指为了满足个人生活消费而购买、使用商品或接受服务的自然人或个体社会成员。消费者权益是指消费者依法享有的权利及该权利受到保护时而给消费者带来的应得利益。

消费者权益保护法，是指在保护消费者权益过程中发生的经济关系的法律规范的总称。《消费者权益保护法》的适用范围是：消费者为生活消费需要而购买、使用商品或者接受服务，其权益受本法保护；经营者为消费者提供其生产、销售的商品或者提供服务，其行为受本法规范。此外，农民购买、使用直接用于农业生产的生产资料，亦适用本法。

资料链接

1993年10月31日颁布、1994年1月1日起施行的《中华人民共和国消费者权益保护法》是我国第一次以立法的形式全面确认消费者权利的法。此法对保护消费者的权益，规范经营者的行为，维护社会经济秩序，促进社会主义市场经济健康发展具有十分重要的意义。

二、消费者的权利

消费者权利也称消费者权益，是消费主体的权利和利益的合称。是指消费者在消费领域中，即在购买、使用商品或者接受服务中所享有的权益。消费者利益由多种利益因素构成，主要包括物质经济利益、精神文化利益、安全健康利益、时效利益、环境利益等。消费者的合法权益，指的是消费者所享有的，由法律、法规确认，受法律、法规保护的权利。

消费者的权利是保护消费者权益的核心问题，在实际生活中，作为一个消费者，首先要明白自己在消费过程中享有那些权利，这是保护自身合法权益的基本前提，消费者只有享有法律意义上的权利，才能理直气壮的请求国家予以保护。因此，消费者权利是切实维护消费者权益的重要组成部分。

根据我国《消费者权益保护法》的规定，消费者的权利主要包括以下内容：

1. 安全保障权。(1)安全保障权是指消费者在购买、使用商品或接受服务时所享有的保障其人身、财产安全不受损害的权利。(2)具体包括两方面：一是人身安全权；二是财产安全权。

2. 知悉真情权。知悉真情权是指消费者享有知悉其购买、使用的商品或者接受的服务的真实情况的权利。

3. 自主选择权。自主选择权是指消费者享有自主选择商品或者服务的权利。该权利包括以下内容：(1)自主选择提供商品或服务的经营者的权利。(2)自主选择商品品种或者服务方式的权利。(3)自主决定购买或者不购买任何一种商品、接受或者不接受任何一项服务的权利。(4)自主选择商品或服务时所享有的进行比较、鉴别和挑选的权利。

实案思考

小周在一家电商店选购某电视机时觉得该视机的款式、质量不合心意，打算离开时，被该产品的促销员拦住，要小周必须要买一台，否则不允许离开。

请问：促销员的行为侵犯了小周的什么权利？

4. 公平交易权。公平交易权是指消费者在购买商品或者接受服务时所享有的获得质量保障、价格合理、计量正确等公平交易条件和按照自己真实意愿从事交易活动，对经营者的强制交易行为予以拒绝的权利。

5. 依法求偿权。依法求偿权是指消费者在因购买、使用商品或者接受服务受到人身、财产损害时，依法享有的要求获得赔偿的权利。求偿的内容包括：(1)人身损害的赔偿，不论是生命健康还是精神方面的损害均可要求赔偿。(2)财产损害的赔偿，包括直接损失和可得利益的损失。

6. 依法结社权。依法结社权是指消费者享有的依法成立维护自身合法权益的社会团体的权利。最具典型的例子就是中国消费者协会和地方各级消费者协会。

7. 求教获知权。求教获知权是从知悉真情权中引申出来的一种消费者权利。它指的是消费者享有获得有关消费和消费者权益保护方面的知识的权利。消费知识主要指有关商品和服务的知识，消费者权益保护知识主要是指有关消费权益保护方面及权益受到损害时如何有效解决方面的法律知识。

8. 维护尊严权。维护尊严权是消费者在购买、使用商品和接受服务时所享有的其人格尊严、民族风俗习惯得到尊重的权利。

9. 监督批评权。依据我国《消费者权益保护法》的规定，消费者享有对商品和服务以及保护消费者权益工作进行监督的权利。此外，消费者有权检举、控告侵犯消费者权益的行为和国家机关及其工作人员在保护消费者权益工作中的违法失职行为，有权对保护消费者权益工作提出批评、建议。

资料链接

目前，国际上公认的消费者权利主要有以下七项：

1. 有权获得安全保障；
2. 有权获得正确资料；
3. 有权自由决定选择；
4. 有权提出消费意见；
5. 有权获得合理赔偿；
6. 有权获得消费教育；
7. 有权获得健康环境。

三、经营者的义务

经营者是向消费者提供其生产、销售的商品或者提供服务的公民、法人或者其它经济组织，它是以营利为目的从事生产经营活动并与消费者相对应的另一方当事人。

经营者的义务是指法定的或者约定的经营者对消费者必须为一定行为或者不得为一定行为的约束。

经营者的义务是相对消费者的权利而言的，只有经营者履行了义务才能保障消费者权利的实现。我国现行的《消费者权益保护法》规定经营者的义务有如下内容：

1. 依法定或约定履行义务。经营者向消费者提供商品或者服务，应当依照《中华人民共和国产品质量法》和其他有关法律、法规的规定履行义务。经营者和消费者有约定的，应当按照约定履行义务，但双方的约定不得违背法律、法规的规定。

2. 听取意见和接受监督。经营者应当听取消费者对其提供的商品或者服务的意见，接受消费者的监督。

3. 保障人身和财产安全。为了有效实现消费者的保障安全权，经营者应当保证其提供的商品或服务符合保障人身、财产安全的要求；对于可能危及人身、财产安全的商品或服务，应当向消费者作出真实的说明和明确的警示，并说明正确使用商品或服务的方法以及防止危害发生的方法。经营者发现其提供的商品或服务存在严重缺陷，即使正确使用商品或接受服务仍然可能对人身、财产安全造成危害的，应当立即向有关部门报告和告知消费者，并应采取防止危害发生的措施。

4. 不作虚假宣传。为了保证消费者的知悉真情权，经营者应向消费者提供有关商品或服务的真实信息，不得作引人误解的虚假宣传，否则就构成侵犯消费者权益的行为和不正当竞争行为。经营者对消费者就其提供的商品或服务的质量和使用方法等具体问题提出询问时，应当作出真实、明确的答复。在价格标示方面，商店在提供商品时，应当明码标价。

实案思考

某饮水机厂于2000年10月开始成批生产饮水机，为推销产品，该厂派推销员在街头散发宣传单，称该产品已通过地矿部实验检验，经多层过滤后，饮用水质量符合国家矿泉水标准。郑某见该宣传广告后，便到该饮水机厂销售点，以980元的价格购买了一台，后发现该产品根本没有质量检验合格证或全国免检等相关证明，便向厂方要求退货。厂方称有关质量检验正在办理中，很快就能通过，拒绝退货。

请问：郑某能否向法院起诉，要求饮水机厂退还货款并赔偿损失？

5. 出具相应的凭证和单据。经营者在提供商品或服务时，应当按照国家有关规定或商业惯例向消费者出具购货凭证或服务单据；消费者索要购买凭证或服务单据的，经营者必须出具。由于购货凭证或服务单据具有重要的证据价值，对于界定消费者和经营者的权利义务也具有重要意义，因此明确经营者出具相应的购货凭证和单据的义务，有利于保护消费者权益。

6. 保证质量的义务。经营者应当保证在正常使用商品或者接受服务的情况下其提供的商品或者服务应当具有的质量、性能、用途和有效期限；但消费者在购买该商品或者接受该服务前已经知道其存在瑕疵的除外。经营者以广告、产品说明、实物样品或者其他方式表明商品或者服务质量状况的，应当保证其提供的商品或者服务的实际质量与表明的质量状况相符。

7. 不得从事不公平、不合理的交易。为了保证消费者的公平交易权，经营者不得以格式合同、通知、声明、店堂告示等方式对消费者作出不公平、不合理的规定，或减轻、免除其损害消费者合法权益应当承担的民事责任。经营者在格式合同、声明、店堂告示等含有对消费者作出不公平、不合理的规定或减轻、免除经营者损害赔偿责任等内容的，其内容无效。

8. 尊重消费者人格尊严的义务。经营者不得对消费者进行侮辱、诽谤，不得搜查消费者的身体及其携带的物品，不得侵犯消费者的人身自由。

实案思考

甲借用乙的营业执照销售商品，消费者丙从甲雇佣的营业员丁处购买商品时合法权益受损。

请问：消费者丙就其损失请求赔偿的对象应该是甲？还是乙？

四、几类常见的侵犯消费者权益的行为

1. 销售掺杂、掺假，以假充真，以次充好。
2. 采取不正当手段使销售的商品分量不足。
3. 谎称所销售的“处理品”、“残次品”、“等外品”为正品。
4. 以虚假的“清仓价”、“最低价”、“优惠价”等欺骗性价格销售商品。
5. 作虚假的现场演示和说明或雇用他人进行欺骗性的销售诱导。
6. 利用大众传播媒介对商品作虚假宣传。
7. 利用邮购等方式骗取价款或预付款而不提供或不按约定条件提供商品和服务。
8. 以虚假的“有奖销售”、“还本销售”等方式销售商品。

经营者有上述行为之一的，消费者即可索赔。经营者有上述行为，又拒不接受消费者的赔偿要求，消费者可向消费者权益保护协会提出控告，不能解决的，可以向人民法院提出诉讼。

资料链接

消费者的权益受哪些法律保护

关于消费者权益的保护范围，《中华人民共和国消费者权益保护法》第二条作了明确规定：“消费者为生活消费需要购买、使用商品或者接受服务，其权益受本法保护；本法未作规定的，受其它有关法律、法规保护法” 这里所说的有关其它法律、法规是指我国《宪法》中的有关条款，我国《民法通则》、《产品质量法》、《计量法》、《食品安全法》、《商检法》、《广告法》、《商

标法》、《邮政法》、《铁路法》、《民用航空法》，以及全国人大常委会制定的《关于惩治生产、销售伪劣商品犯罪的决定》、《部分商品修理更换退货责任规定》等法。

五、消费者协会的职能和作用

消费者协会是由政府有关部门发起，经国务院或地方各级人民政府批准，经过民政部门核准登记，依法成立的社会团体法人。是依据法律赋予的职能，专门从事消费者权益保护工作的公益性组织。

根据《中华人民共和国消费者权益保护法》，中国消费者协会及其指导下的各级协会履行以下七项职能：

1. 向消费者提供消费信息和咨询服务；
2. 参与有关行政部门对商品和服务的监督、检查；
3. 就有关消费者合法权益的问题，向有关行政部门反映、查询，提出建议；
4. 受理消费者的投诉，并对投诉事项进行调查、调解；
5. 投诉事项涉及商品和服务质量问题的，可以提请鉴定部门鉴定，鉴定部门应当告知鉴定结论；
6. 就损害消费者合法权益的行为，支持受损害的消费者提起诉讼；
7. 对损害消费者合法权益的行为，通过大众传播媒介予以揭露、批评。

中国消费者协会的作用是：对商品和服务进行社会监督，保护消费者的合法权益，引导广大消费者合理、科学消费，促进社会主义市场经济健康发展。

六、争议的解决

（一）争议解决的途径

1. 与经营者协商和解
2. 请求消费者协会调解
3. 向有关行政部门申诉
4. 提请仲裁
5. 向人民法院提起诉讼

（二）解决争议的几项特定规则

1. 销售者的先行赔付义务。消费者在购买、使用商品时，其合法权益受到损害的，可以向销售者要求赔偿。销售者赔偿后，属于生产者的责任或者属于向销售者提供商品的其他销售者责任的，销售者有权向生产者或者其他销售者追偿。

2. 生产者与销售者的连带责任。消费者或者其他受害人因商品缺陷造成人身、财产损害的，可以向销售者要求赔偿，也可以向生产者要求赔偿。属于生产者责任的，销售者赔偿后，有权向生产者追偿。属于销售者责任的，生产者赔偿后，有权向销售者追偿。此时，销售者与生产者被看作一个整体，对消费者承担连带责任。

3. 消费者在接受服务时，其合法权益受到损害时，可以向服务者要求赔偿。

4. 变更后的企业仍应承担赔偿责任。企业的变更是市场经济活动中常见的现象。为防止经营者利用企业变更之机逃避对消费者应承担的损害赔偿责任，消费者权益保护法规定：消费者在购买、使用商品或者接受服务时，其合法权益受到损害，因原企业分立、合并的可以向变更后承受其权利义务的企业要求赔偿。

5. 营业执照持有人与租借人的赔偿责任。出租、出借营业执照或租用、借用他人营业执照是违反工商行政管理法规的行为。消费者权益保护法规定:使用他人营业执照的违法经营者提供商品或者服务，损害消费者合法权益的，消费者可向其要求赔偿，也可以向营业执照的持有人要求赔偿。

6. 展销会举办者、柜台出租者的特殊责任。通过展销会、出租柜台销售商品或者提供服务，不同于一般的店铺营销方式。

为了在展销会结束后或出租柜台期满后，使消费者能够获得赔偿，消费者权益保护法规定，消费者在展销会、租赁柜台购买商品或者接受服务，其合法权益受到损害的，可以向销售者或服务者要求赔偿。展销会结束或者柜台租赁期满后，也可以向展销会的举办者、柜台的出租者要求赔偿。展销会的举办者、柜台的出租者赔偿后，有权向销售者或者服务者追偿。

7. 虚假广告的广告主与广告经营者的责任。广告对消费行为的影响是尽人皆知的。为规范广告行为，广告法、消费者权益保护法均对虚假广告作了禁止性规定。消费者权益保护法规定，当消费者因虚假广告而购买、使用商品或者接受服务时，若合法权益受到损害，可以向利用虚假广告提供商品或服务的经营者要求赔偿。广告的经营者发布虚假广告的，消费者可以请求行政主管部门予以惩处。广告的经营者不能提供经营者的真实名称、地址的，应当承担赔偿责任。

探究拓展

1. 上网下载《消费者权益保护法》、《中华人民共和国仲裁法》和《中华人民共和国产品质量法》作为我们学习消费者权益保护的法律参考资料。

2. 帮帮他:

家住上海的陈老伯购买某品牌彩电后频繁发生问题，陈老伯以电视机有噪声、机壳响、杂音等原因向电视生产企业先后六次提出维修诉求，该企业除最后一次因陈老伯声称彩电无图象无声音拒绝检修外，其余数次均作了检测和修理。陈老伯以该彩电属无生产日期，无合格证，采用再生材料，机壳有异响以次充好的不合格产品，还认为“三包”凭证应该是“包”而不是“保”，该行为违反了“三包”规定，且不准退机、换机属欺诈行为，提出了“退一赔一”诉讼。而彩电生产企业则认为该机型彩电已取得国家认证证书属合格产品，至于机壳的响声是正常的物理现象。“三包”指整机保修3年，从购机之日起28天包退，38天包换，但陈老伯所购彩电已超过了该时间段不能退换。

问:请你就所学知识，分析陈老伯的主张是否合理?他该怎么办?

3. 社会调查:

(1)调查一下亲人或同学购物被侵权的经历，给他一些法律上的指导和建议。

(2)去附近超市、商场等购物场所调查一下，有没有侵害消费者权益案例发生，谈谈你的看法和启示。

4. 某甲喜好品酒，某日花500元向乙商场购茅台酒一瓶，饮后产生种种不适症状，住院治疗共花费1000元。经检验，某甲所购茅台酒为假酒。

试分析:甲应该通过什么方式实现权利救济?

第十八课　诉讼法

当前经济社会发展空前繁荣，一方面，人们之间的经济交往活动越来越密切，经济活动纠纷也随之增加;另一方面，随着交通和通讯的发达使得人与人之间的交往也越来越频繁，随之而来的也会带来越来越多的摩擦和冲突。因此，需要我们掌握一些基本的诉讼法律知识来依法解决摩擦和纠纷。只有严格依照相关诉讼法律正确处理和解决纠纷，这样才能公平、合理、有序地使我们的社会和谐健康发展。

案例导引

1. 王某贯某因涉嫌酒后肇事被公安局拘留。现王某想提起诉讼。

问:对该案王某应到哪个司法机关起诉?

2. 原告胡为和被告留波系同学，某日在学校，利用午休时间与其他数名同学在学校操场上踢足球。原告作守门员，被告射门，足球经过原告的手挡之后，打在原告左眼上，造成伤害。经医院诊断为左外伤性视网膜脱离，鉴定为十级伤残。

问:胡为应如何维护自身的合法权益?

3. 一对80后小夫妻，妻子利用工作之便窃得少许金丝回家变卖，丈夫发现这一生财之道后，怂恿妻子继续盗窃，竟然靠此致富购买起小轿车，后被公安机关抓获。

问:对这对夫妻应适用什么法律进行处罚? 如何处罚?

一、诉讼法概述

(一)学习诉讼法基本知识

1. 概念特征

所谓诉讼是国家司法机关在当事人及其他诉讼参与人的参加下，按照一定程序和方式解决争讼和处理案件的活动。

诉讼法亦称程序法，是国家司法机关制定的在当事人和其他诉讼参与人参加下进行诉讼活动必须遵守的法律规范的总称。

诉讼依据所解决的问题的不同性质，可以分为:刑事诉讼、民事诉讼和行政诉讼三种。与之相对应，诉讼法分为:民事诉讼法、行政诉讼法和刑事诉讼法三类。

(1)民事诉讼，是指人民法院在双方当事人和其他诉讼人参加情况下，审理和解决民事案件的活动。民事诉讼的特点:

①人民法院的审判活动在全过程起着主导作用。

②参加诉讼的双方当事人的法律地位是平等的。

③审理和解决的是有关财产关系和人身关系的民事案件。

民事诉讼法，是规定人民法院和诉讼参加人在审理民事案件中进行各种诉讼活动所应遵循的程序制度的法律规范的总称。

(2)行政诉讼，是指人民法院根据公民、法人和其他组织的请求，依法审理和解决行政案件的活动。行政诉讼的特点:

①由行政管理活动中的被管理者公民、法人或其他组织提起。

②被告只能是作出某一具体行政行为的特定的行政机关，而不是任何行政机关。

③它是被管理者认为某一具体行政行为致使其合法权益受到了侵犯而请求司法保护的诉讼。

④它以行政机关的某一具体行政行为是否合法为裁判对象。

行政诉讼法，是规定人民法院在当事人及其他诉讼参加人参加下审理行政案件中进行各种诉讼活动所应遵循的程序制度的法律规范的总称。

(3)刑事诉讼，是国家司法机关在当事人及其他诉讼参与人的参加下，依法揭露和证实犯罪，确定被告人的行为是否构成犯罪，并依法给犯罪人以应得惩罚的活动。刑事诉讼的特点：

①刑事诉讼所要解决的中心问题，是被告人的行为是否构成犯罪和应当受到何种刑罚的问题。

②刑事诉讼是以公诉为主，自诉为辅。

③追究和惩罚犯罪是通过国家公安、司法机关的侦查、起诉和审判等活动来实现的，执行的是国家刑事审判权。

刑事诉讼法，是规定国家公安、司法机关和诉讼参与人进行刑事诉讼所必须遵守的程序制度的法律规范的总称。

2. 诉讼法的基本原则

诉讼法的基本原则，是在诉讼活动的整个过程中起着普遍指导作用的基本准则。

诉讼法的基本原则从理论上可分为共有原则和特有原则，前者是根据诉讼制度的共同原理和规律设计的原则；后者是根据三大诉讼制度的特殊规律设定的原则，是规定在各个诉讼法中的原则。

(1)共有原则：

①司法机关依法独立行使职权的原则；

②以事实为依据，以法律为准绳的原则；

③公民在适用法律上一律平等的原则；

④使用本民族语言文字进行诉讼的原则；

⑤实行合议、回避、公开审判和两审终审制的原则；

⑥人民检察机关对诉讼活动实行法律监督的原则。

(2)特有原则

由于各类诉讼活动的性质和特点所决定，除了它们共有的诉讼基本原则之外，还各有其特有的诉讼基本原则。

民事诉讼中特有的基本原则：

①当事人诉讼权利平等的原则；

②根据自愿和合法进行调解的原则；

③辩论原则；

④处分原则；

⑤社会支持起诉原则。

行政诉讼中特有的基本原则：

①当事人法律地位平等的原则；

②对具体行政行为是否合法进行审查的原则。

刑事诉讼中特有的基本原则：

①公、检、法三机关分工负责、互相配合、互相制约的原则；

②审理刑事案件实行专门机关与群众相结合的原则；

③刑事被告人有权获得辩护的原则；

④保障刑事诉讼参与人依法享有诉讼权利的原则；

⑤刑事审判实行陪审制度。

3. 诉讼证据和举证责任

诉讼证据是指在诉讼中能够证明案件真实情况的一切事实。诉讼证据因案件性质的不同，分为刑事诉讼证据、民事诉讼证据和行政诉讼证据三种。

诉讼证据的基本特征是：

客观性：即证据是客观存在的，不依赖于人的主观意志而独立存在的客观事实。一切证据材料必须经过查证属实，才能作为定案的根据。

相关性：又称关联性，指证据必须与案件有内在的、必然的联系。只有与案件真实情况有内在联系的客观事实才能作为证据。

合法性：即证据必须符合法律规定的形式，并依照法定程序收集、提供和运用。

举证责任是指当事人在诉讼中对自己提出的主张，有提供证据证明其真实、合法的责任。举证责任解决了由谁进行证明的问题，在我国三种诉讼中举证责任有所不同。

(1)民事诉讼中的举证责任

在民事诉讼中，实行“谁主张，谁举证”，当事人对自己提出的主张，有责任提供证据。当事人及其诉讼代理人因客观原因不能自行收集的证据，或者人民法院认为审理案件需要的证据，人民法院应当调查收集。如果当事人举不出有用的证据证明自己的主张，人民法院也收集不到有关的证据，当事人将承担败诉的法律后果。

资料链接

举证责任倒置，指基于法律规定，将通常情形下本应由提出主张的一方当事人(一般是原告)就某种事由不负担举证责任，而由他方当事人(一般是被告)就某种事实存在或不存在承担举证责任，如果该方当事人不能就此举证证明，则推定原告的事实主张成立的一种举证责任分配制度。在一般证据规则中，“谁主张谁举证”是举证责任分配的一般原则，而举证责任的倒置则是这一原则的例外。

(2)行政诉讼中的举证责任

在行政诉讼中，被告负有举证责任，应当提供作出该具体行政行为的证据和所依据的规范性文件，来证明自己作出的具体行政行为的合法性，人民法院有权要求当事人提供或补充证据，原告也有权提供证据来证明自己主张的事实，但主要的证明责任由作出具体行政行为的被告一方承担。

(3)刑事诉讼中的举证责任

在刑事诉讼中，一般由公安检察机关举证，但自诉案件由自诉人负举证责任，人民法院也可以调查收集必要的证据；公诉案件中由作为公诉人一方检察机关负有举证责任，被告人不承担提供证据证明自己有罪或无罪的责任。

二、民事诉讼法

(一)民事诉讼中的管辖

民事案件的管辖，是指各级人民法院和同级人民法院之间，受理第一审民事案件的分工和权限。我国民事诉讼法确定管辖的原则，主要是便于当事人进行诉讼;便于人民法院行使审判权，保证案件公正审判，维护当事人合法权益。依据这些原则，我国民事案件管辖的种类可分为:级别管辖、地域管辖、移送管辖和指定管辖。

1. 级别管辖

级别管辖是指划分各级人民法院之间受理第一审民事案件的分工和权限。

(1)人民法院管辖第一审民事案件，但民事诉讼法另有规定的除外。

(2)中级人民法院管辖的第一审民事案件有重大涉外案件;在本辖区有重大影响的案件;最高人民法院确定由中级人民法院管辖的案件。

(3)高级人民法院管辖在本辖区有重大影响的第一审民事案件。

(4)最高人民法院管辖在全国有重大影响的案件和它认为应当由本院审理的第一审民事案件。

2. 地域管辖

地域管辖是指确定同级人民法院之间在各自辖区受理第一审民事案件的分工和权限。地域管辖分为一般地域管辖、特殊地域管辖、专属管辖、协议管辖、共同管辖、选择管辖和合并管辖。

一般地域管辖是指民事案件一般由被告住所地人民法院管辖，被告住所地与经常居住地不一致的，由经常居住地人民法院管辖。这就是通常所说的“原告就被告”原则。但对特殊情况，法律又规定由原告住所地或经常居住地法院管辖。

特殊地域管辖是以被告住所地及诉讼标的或者引起法律关系发生、变更、消灭的法律事实所在地为标准所确定的管辖。如因侵权行为提起的诉讼，由侵权行为地或者被告住所地人民法院管辖;因合同纠纷提起的诉讼，由被告住所地或者合同履行地法院管辖。

专属管辖是指法律强制规定某些案件只能由特定的人民法院管辖，其他法院无管辖权，当事人也不得协议变更管辖。如因不动产纠纷提起的诉讼，由不动产所在地人民法院管辖;因港口作业中发生纠纷提起的诉讼，由港口所在地人民法院管辖;因继承遗产纠纷提起的诉讼，由被继承人死亡时住所地或者主要遗产所在地人民法院管辖。

协议管辖亦称约定管辖，是指双方当事人在纠纷发生前或纠纷发生后，以书面的方式约定管辖法院。

共同管辖是指依照法律规定，两个以上人民法院对同一案件都有管辖权。

选择管辖是指对同一案件两个以上人民法院都有管辖权，原告可以选择其中一个法院起诉;原告向两个以上有管辖权的人民法院起诉的，由最先立案的人民法院管辖。

合并管辖，又称牵连管辖，是指对某个案件有管辖权的人民法院可以一并审理与该案有牵连的其他案件。合并管辖是因为对某个案件有管辖权的法院，基于另外案件与该案件存在某种牵连关系，有必要进行合并审理而获得对该另外案件管辖权的管辖。例如原告增加诉讼请求，被告提出反诉，第三人提出与本案有关的诉讼请求时，人民法院应当适用合并管辖。

移送管辖是指法院受理案件后，发现本院对该案无管辖权，依照法律规定将案件移送给有管辖权的人民法院审理。受移送的法院不得再自行移送案件。

指定管辖是指上级人民法院以裁定方式，指定下级人民法院对某一案件行使管辖权。

(二)民事诉讼参加人

民事诉讼参加人，是指参加诉讼的当事人和类似当事人诉讼地位的人。当事人包括原告、被告，共同诉讼人、诉讼代表人、第三人。类似当事人诉讼地位的人是诉讼代理人。诉讼参加人不同于诉讼参与人。诉讼参与人除包括上述诉讼参加人外，还包括证人、鉴定人、翻译人员。

当事人:民事诉讼中的当事人是指因民事权利义务关系发生纠纷，以自己的名义进行诉讼，案件审理结果与其有法律上的利害关系，并受人民法院裁判约束的人。

诉讼代理人:民事诉讼代理人，是指为了一方当事人的利益，以该当事人的名义，在法定的或者委托的权限范围内，代替或协助当事人进行诉讼活动的人。被代替或协助的当事人称为被代理人。诉讼代理人分为法定代理人和委托代理人。

(三)民事诉讼中的强制措施

民事诉讼中的强制措施，是指人民法院为了排除干扰，保障民事诉讼活动的顺利进行，对妨害民事诉讼秩序的行为人所采取的强制手段。

我国民事诉讼法规定的强制措施有以下5种:(1)拘传;(2)训诫;(3)责令退出法庭;(4)罚款;(5)拘留。

(四)民事诉讼程序

民事诉讼程序是法律规定的进行民事诉讼活动必须遵守的操作规程。

第一审普通程序，是人民法院审理第一审民事案件所适用的最基本的程序。它具体包括:起诉和受理;审理前的准备;开庭审理。

1. 起诉

起诉是指原告依法向人民法院提出诉讼请求的行为。

起诉必须具备的条件

(1)原告是与本案有直接利害关系的公民、法人和其他组织;

(2)有明确的被告;

(3)有具体的诉讼请求和事实、理由;

(4)属于人民法院受理民事案件的范围和受诉人民法院管辖。

2. 受理

受理是指人民法院经过审查起诉，认为符合法定条件，予以立案的诉讼活动。

人民法院收到民事诉状或者口头起诉，经审查，符合起诉条件的，应当在7日内立案，并及时通知当事人，认为不符合起诉条件的，应当在7日内裁定不予受理;原告对裁定不服的，可以提起上诉。

3. 审理前的准备

审理前的准备是指人民法院在受理案件后进入开庭审理之前所进行的准备工作。主要有以下几项:(1)在法定期间内及时送达诉讼文书。人民法院应当在立案之日起5日内将民事诉状副本发送被告，被告在收到之日起15日内提出答辩状。(2)告知当事人的诉讼权利义务。(3)成立审判组织并告知当事人等。

4. 开庭审理

开庭审理，是人民法院在当事人和其他诉讼参与人的参加下，全面审查案件事实，依法进行调解或作出裁判的活动。开庭审理分为开庭准备、宣布开庭、法庭调查、法庭辩论、评议与宣判5个阶段。

简易程序，是基层人民法院及法庭审理简单民事案件所适用的一种简便易行的诉讼程序。

简单的民事案件，是指事实清楚、权利义务关系明确、争议不大的简单的民事案件。

对简单的民事案件，原告可以口头起诉。当事人双方可以同时到基层人民法院或者它派出的法庭请求解决纠纷，受诉法院或法庭可以当即审理，也可以另定日期审理。审理时，由审判员1人独任审理，可以用简便方式随时传唤当事人、证人，并应当在立案之日起3个月内审结。

第二审程序

第二审程序是人民法院审理上诉案件所适用的诉讼程序。在民事诉讼中，当事人不服人民法院第一审判决或裁定而提起上诉，人民法院受理后即进入第二审程序。

资料链接

上诉必须具备的条件是：

(1)当事人、法定代理人、取得当事人同意的委托代理人，以及有关第三人，都有权上诉。

(2)对判决提起上诉的期限为15日，对裁定提起上诉的期限为10日。

(3)应当递交上诉状，上诉状应当通过原审人民法院提出，也可以直接向第二审人民法院上诉。

二审法院对上诉的处理：第二审人民法院审理上诉案件应当组织合议庭，对上诉请求的有关事实和适用法律进行审查，分别依照法律规定作出驳回上诉、依法改判、撤销原判并发回重审等裁判。

其他民事诉讼程序

根据我国民事诉讼法的规定，其他民事诉讼程序还包括特别程序、审判监督程序、督促程序、公示催告程序、企业法人破产还债程序和民事诉讼的执行程序。

资料链接

特别程序是人民法院审理某些非民事权益争议案件所适用的特殊审判程序。这类非民事权益争议案件包括：选民资格案件；宣告失踪或者宣告死亡案件；认定公民无民事行为能力或者限制民事行为能力案件；认定财产无主案件。

审判监督程序是人民法院为纠正已经发生法律效力的判决、裁定的错误，而进行再审的程序。

督促程序是人民法院根据债权人的申请，以支付令的形式，督促债务人限期履行给付义务的诉讼程序。

公示催告程序是人民法院根据申请人的申请，以公示的方式催告不明确的利害关系人在法定期间内申报权利，如无人主张权利，即可作出除权判决的程序。

企业法人破产还债程序是企业法人因严重亏损，无力清偿到期债务，人民法院根据债权人或债务人的申请，宣告破产并偿还债务的程序。

实案思考

张某有甲乙丙三个女儿，乙、丙均嫁到外地，张某死后有三间房屋，甲以自己尽义务最多为由将全部遗产占为己有，乙向法院起诉要求判决3间房屋归自己所有，丙得知后也起诉要求分割财产。

试分析：本案甲、乙、丙三人各自的诉讼地位。

三、刑事诉讼法

（一）刑事案件的管辖

刑事案件的管辖是指人民法院、人民检察院、公安机关对直接受理刑事案件职权范围的分工，以及人民法院组织系统内部对受理第一审刑事案件的权限分工。

我国刑事案件的管辖包括立案管辖和审判管辖。审判管辖又包括：级别管辖、地域管辖、指定管辖和专门管辖

1. 立案管辖

立案管辖是指公安机关、人民检察院和人民法院在直接受理刑事案件职权范围上的分工。

资料链接

我国刑事诉讼法对立案管辖的规定如下：

（1）公安机关的受案范围：

公安机关直接受理除法律另有规定以外的所有刑事案件。

所谓“法律另有规定的”，是指法律规定人民检察院、国家安全机关、军队保卫部门、监狱机关立案管辖的刑事案件，以及人民法院直接受理的自诉案件。

（2）人民检察院的受案范围：

贪污贿赂犯罪案件；国家工作人员渎职犯罪案件；国家机关工作人员利用职权实施的侵犯公民人身权利的犯罪案件；如非法拘禁案、刑讯逼供案、报复陷害案、非法搜查案；国家机关工作人员利用职权实施的侵犯公民民主权利的犯罪案件；其他需要由人民检察院直接受理，并经省级以上人民检察院决定的国家机关工作人员利用职权实施的其他重大犯罪案件。

（3）人民法院的受案范围

人民法院直接受理的自诉案件。自诉案件是指由被害人及其法定代理人直接向人民法院起诉的刑事案件，它包括：①侮辱诽谤、暴力干涉婚姻自由、虐待等自诉才处理的案件；②被害人有证据证明的轻微的刑事案件；③被害人有证据证明对被告人侵犯自己人身、财产权利的行为应当依法追究刑事责任，而公安机关或者人民检察院不予追究被告人刑事责任的案件。

2. 审判管辖

审判管辖是指人民法院之间受理第一审刑事案件的分工和权限。它分为级别管辖、地域管辖、指定管辖和专门管辖。

（1）级别管辖，是指各级人民法院审判第一审刑事案件的权限划分。

资料链接

①基层人民法院管辖：第一审普通刑事案件，但是依照刑事诉讼法由上级人民法院管辖的除外。

②中级人民法院管辖：第一审危害国家安全案件；可能判处无期徒刑、死刑的普通刑事案件；外国人犯罪的刑事案件。

③高级人民法院管辖的第一审刑事案件，是全省（自治区、直辖市）性的重大刑事案件。

④最高人民法院管辖的第一审刑事案件，是全国性的重大刑事案件。

（2）地域管辖，是指同级人民法院之间审判第一审刑事案件的权限划分。

资料链接

①刑事案件由犯罪地的人民法院管辖，如果由被告人居住地的人民法院审判更为适宜的，可以由被告人居住地的人民法院管辖。

②几个同级人民法院都有管辖权的案件，由最初受理的人民法院审判。在必要的时候可以移送主要犯罪地的人民法院审判。

（3）指定管辖

指定管辖，是指上级人民法院以裁定方式，指定下级人民法院对某一案件行使管辖权。指定管辖的实质，是法律赋予上级人民法院在特殊情况下有权变更和确定案件管辖法院，以适应审判实践的需要，保证案件及时正确地裁判。

（4）专门管辖

专门管辖是指专门人民法院之间，以及专门人民法院与普通人民法院之间受理第一审刑事案件权限范围上的分工。

（二）刑事诉讼的参与人

刑事诉讼参与人，是指除侦查、检察和审判人员以外，依法参加诉讼，享有一定权利和承担一定义务的人。包括当事人和法定代理人、诉讼代理人、辩护人、证人、鉴定人和翻译人员等其他诉讼参与人。

1. 当事人

当事人是指与案件事实和诉讼结果有直接利害关系的人。包括：

（1）被害人是指直接遭受犯罪行为侵害的人，包括自然人、法人和其他组织。

（2）自诉人是指在自诉案件中直接向人民法院提起刑事诉讼，请求追究被告人刑事责任的自然人。

资料链接

自诉人是自诉案件的原告人，通常是被害人，也可以是被害人的法定代理人或近亲属。自诉人享有广泛的诉讼权利，同时负有举证责任。如果捏造事实，伪造证据要承担诬告陷害的法律责任。

（3）犯罪嫌疑人是指在公诉案件中因涉嫌犯罪而被立案侦查和审查起诉，尚未交付人民法院审判的当事人。

资料链接

犯罪嫌疑人有依法聘请律师为其提供法律帮助；对与本案无关问题的讯问拒绝回答；申请取保候审；申请补充鉴定或者重新鉴定；在审查起诉阶段委托辩护人等诉讼权利。同时，犯罪嫌疑人有接受侦查和审查起诉，服从依法采取强制措施的义务。

（4）被告人是指因涉嫌犯罪被人民检察院提起公诉或者被自诉人提起自诉，请求人民法院依法审判，追究其刑事责任的当事人，包括自然人、法人或其他组织。

资料链接

被告人有申请回避；自行辩护和委托辩护；对指控的犯罪进行陈述；经审判长许可，可以对证人、鉴定人发问；申请通知新的证人到庭，调取新的物证，与控诉方相互辩论；进行最后陈述；提出上诉或申诉的诉讼权利。自诉案件的被告人还有依法对自诉人提出反诉的权利。同时被告人有接受审判和执行生效判决和裁定的义务。

(5)附带民事诉讼的原告人是指因被告人的犯罪行为而遭受经济损失，在刑事诉讼中依法提出经济赔偿请求的当事人。

资料链接

附带民事诉讼的原告人通常是指被害人或自诉人，也可以是他们的法定代理人，或被害人的继承人；在单位受害案件中，单位也可以作为附带民事诉讼的原告人请求赔偿。附带民事诉讼的被告人是指对犯罪行为所造成的经济损失负有赔偿责任而被要求索赔的当事人。通常是指刑事案件的被告人，也可以是被告人的法定代理人，或者是对被告人的犯罪行为有赔偿责任的其他公民、机关、团体等。

(6)其他诉讼参与人，是指在刑事诉讼中，除当事人以外根据案件情况和诉讼的需要而参加诉讼的人。

2. 法定代理人

法定代理人是指依照法律规定代替或协助被代理人参加诉讼的人，包括被代理人的父母、养父母、监护人和负有保护责任的机关、团体的代表。法定代理人的任务是保护被代理人的合法权益。

3. 诉讼代理人是指公诉案件的被害人及其法定代理人或者近亲属。

自诉案件的自诉人及其法定代理人委托代为参加诉讼的人和附带民事诉讼的当事人及其法定代理人委托代为参加诉讼的人。诉讼代理人只能在代理权限范围内以被代理人的名义进行诉讼活动，因此产生的法律后果由被代理人承担。

4. 辩护人是指受犯罪嫌疑人和被告人及其法定代理人的委托，或者经人民法院指定为犯罪嫌疑人和被告人的合法权益进行辩护并参加诉讼的人。

资料链接

我国辩护人的范围是：律师；人民团体或者犯罪嫌疑人、被告人所在单位推荐的人；犯罪嫌疑人、被告人的监护人、亲友。犯罪嫌疑人、被告人除自己行使辩护权外，可以委托1至2人作为辩护人。现役军人被指控为犯罪嫌疑人、被告人的，可以聘请军队中的或者地方的律师作为辩护人。辩护人的责任是根据事实和法律，提出证明犯罪嫌疑人、被告人无罪、罪轻或者减轻、免除其刑事责任的材料和意见，维护犯罪嫌疑人、被告人的合法权益。

5. 证人是指除当事人以外就自己所了解的案件情况向司法机关作证的诉讼参与人。凡是知道案件情况的人都有义务作证。司法机关应当保障证人及其近亲属的安全。

6. 鉴定人是指接受司法机关的指派或聘请，运用专业知识和技能对案件中的专门性问题进行鉴别判断的诉讼参与人。

7. 翻译人员是指接受司法机关的指派或聘请，在刑事诉讼中进行语言、文字翻译的诉讼参与人。

(三)刑事诉讼中的强制措施

刑事诉讼中的强制措施，是指公安机关、人民检察院和人民法院为了保证刑事诉讼活动的顺利进行，依法对犯罪嫌疑人、被告人所采取的暂时限制或者剥夺人身自由的强制性方法。

强制措施的种类：

(1) 拘传：是指人民法院、人民检察院和公安机关，对未被羁押的犯罪嫌疑人、被告人依法强制其接受讯问的一种方法。

资料链接

拘传是强制措施中最轻的一种，使用的目的是强制犯罪嫌疑人到案接受讯问，以便迅速及时地查清案情。拘传对象主要是未经逮捕、拘留，经公、检、法机关的合法传唤，无正当理由而拒不到案的犯罪嫌疑人、被告人。但在必要时，不经传唤也可以直接拘传。拘传一次不得超过 12 小时，不能以连续传唤、拘传的形式变相拘禁犯罪嫌疑人。

(2) 取保候审：是指人民法院、人民检察院和公安机关责令犯罪嫌疑人、被告人提出保证人或交纳保证金并出具保证书，保证随传随到的一种强制方法。

资料链接

取保候审的适用范围：①可能判处管制、拘役或独立适用附加刑的；②可能判处有期徒刑以上刑罚，采取取保候审、监视居住不致发生社会危险性的；③应当逮捕，但患有严重疾病的人，或者是正在怀孕、哺乳自己婴儿的妇女；④已被拘留需要逮捕而证据还不充足的；⑤不能在法定的侦查、起诉、审判期限内结案，需要继续查证审理的。

取保候审的方式，是实行保证人制度和保证金制度。取保候审的法定期限最长不得超过 12 个月。

(3) 监视居住：是指人民法院、人民检察院和公安机关责令犯罪嫌疑人、被告人不得离开限定活动区域和住所，依法限制其人身自由的一种强制方法。

资料链接

监视居住的适用范围和对象与取保候审相同。多在犯罪嫌疑人、被告人找不到保证人或不能交纳保证金时采用。监视居住的法定期限最长不能超过 6 个月。

(4) 拘留：是指公安机关在侦查中，依法对现行犯或者重大嫌疑分子采取的临时限制其人身自由的一种强制方法。

资料链接

拘留的条件：(七种情况) ①正在预备犯罪，实行犯罪或者在犯罪后及时被发觉的；②被害人或者在场的人指认他犯罪的；③在身边或住址发现犯罪证据的；④犯罪后企图自杀、逃跑或在逃的；⑤有毁灭、伪造证据或串供可能的；⑥不讲真实姓名、住址、身份不明的；⑦有流窜作案，多次作案，结伙作案重大嫌疑的。

从上述情况可总结出两点：第一，情况紧急。第二，必须是现行犯或重大嫌疑分子。

拘留的期限：一般期限 10 天，特殊情况可延长至 14 天；对流窜作案、多次作案、结伙作案的重大嫌疑分子可延长至 37 天。

(5) 逮捕：是指公安机关、人民检察院和人民法院依法对犯罪嫌疑人、被告人实行羁押，暂时剥夺其人身自由的强制方法。逮捕是最严厉的一种强制措施。其适用条件是：有证据证明其犯罪事实；可能判处徒刑以上刑罚；采取取保候审、监视居住等方法，尚不足以防止发生社会危险性，而有逮捕必要的。逮捕犯罪嫌疑人、被告人，必须经过人民检察院批准、决定或者人民法院决定，由公安机关执行。

资料链接

刑事附带民事诉讼是指司法机关在当事人及其他诉讼参与人的参加下，在依法追究被告人的刑事责任的同时，附带解决由于被告人的犯罪行为而使被害人遭受物质损失的赔偿问题所进行的诉讼活动。

提起附带民事诉讼的条件：

(1)必须以被告人的犯罪行为成立为前提；

(2)必须是因为被告人的行为直接造成了被害人的物质损失；

(3)必须在刑事诉讼开始以后判决宣告以前提起。

附带民事诉讼应当同刑事案件一并审判，只有为了防止刑事案件的过分迟延，才可以先审判刑事案件，然后由同一审判组织继续审理附带民事诉讼。

(四)刑事诉讼程序

刑事诉讼程序是人民法院、人民检察院和公安机关，在诉讼参与人的参加下进行刑事诉讼活动的法定次序、方式和手续。根据刑事诉讼法的规定，刑事诉讼程序可分为：立案、侦查和提起公诉程序；审判程序；执行程序。审判程序包括第一审程序、第二审程序、死刑复核程序、审判监督程序。

1. 立案

立案是指公安机关、人民检察院和人民法院对接受的报案、举报、控告、自首或自己发现的材料进行审查，认为有犯罪事实存在需要追究刑事责任时，依法决定作为刑事案件予以侦查或审判的诉讼活动。

立案必须具备两个条件：(1)认为有犯罪事实发生；(2)依法需要追究刑事责任。

2. 侦查

侦查是指公安机关、人民检察院在办理案件过程中，依照法律进行的专门调查工作和有关的强制性措施。

侦查的主要任务是：收集证据，查明犯罪事实，查获犯罪嫌疑人。侦查分为侦查破案和预审两个阶段。

侦查措施主要有：讯问犯罪嫌疑人；询问证人；勘验、检查；搜查；扣押物证、书证；鉴定；通缉。

军队保卫部门对军队内部发生的刑事案件依法行使侦查权；军事检察院对法律规定的自行立案侦查的案件，依法行使侦查权。对立案侦查的案件，应当按照业务分工办理侦查与批准逮捕、起诉工作。

3. 提起公诉

提起公诉是指人民检察院代表国家依法向人民法院指控被告人犯罪，要求对被告人进行审判的诉讼活动。

提起公诉必须具备的条件：一是认为犯罪嫌疑人的犯罪事实已经查清；二是证据必须确实、充分；三是依法应当追究犯罪嫌疑人的刑事责任。

人民检察院对于犯罪情节轻微，依照刑法规定不需要判处刑罚或者免除刑罚的，可以作出不起诉的决定。

4. 审判

公诉案件的第一审程序：

第一审程序，是指人民法院对人民检察院提起公诉或自诉人提起自诉的刑事案件进行初次审判的程序。

公诉案件的第一审程序是公诉案件必经的最基本程序，也是刑事诉讼中具有决定意义的程序，其任务是人民法院开庭审理刑事公诉案件，通过法庭调查和辩论，查清案件事实，依法对被告人是否有罪、应否承担刑事责任及如何承担作出判决。

根据我国刑事诉讼法的规定，人民法院对决定开庭审判的案件，应当做好审理前的准备工作：确定合议庭组成人员；送达起诉书副本；通知开庭时间、地点；送达传票和通知；确定开庭形式等。

公诉案件第一审程序划分为开庭、法庭调查、法庭辩论、被告人最后陈述、评议和宣判五个阶段。

第二审程序：

第二审程序亦称上诉审程序，是指上一级人民法院根据上诉或者抗诉，对下一级人民法院所作的尚未生效的第一审判决、裁定进行重新审判的诉讼程序。

上诉，是指法定的诉讼参与人不服地方各级人民法院第一审判决、裁定，依照法定程序要求上一级法院重新审判的诉讼行为。有权提出上诉的人员主要是被告人、自诉人和他们的法定代理人。不服判决的期限为10日。该期限从接到判决书的第二日起算。

抗诉，是指地方各级人民检察院认为同级人民法院尚未生效的判决、裁定确有错误，依照法定程序提请上一级人民法院重新审判的诉讼活动。不服裁定的上诉和抗诉的期限为5日。该期限从接到裁定书的第二日起算。

资料链接

根据我国刑事诉讼法的规定，第二审人民法院对不服一审裁判的上诉、抗诉案件经过审理后，应当分别作出以下处理：一是维持原判；二是变更原裁判；三是发回重审。二审案件的审判期限与一审案件相同。

第二审人民法院审判上诉案件，不得加重被告人的刑罚，但自诉人上诉的或者人民检察院抗诉的案件，不受上诉不加刑原则的限制。人民检察院提出抗诉的案件或者二审开庭审理的公诉案件，同级人民检察院都应当派人员出庭。

死刑复核程序：

死刑复核程序，是指有核准权的人民法院对死刑案件的判决进行复查核准的一种特殊程序。

审判监督程序

审判监督程序，是指人民法院、人民检察院对已经发生法律效力的判决和裁定，发现在认定事实上或者在适用法律上确有错误，依职权提起再审的一种诉讼程序。它是我国刑事诉讼制度的重要组成部分，但不是每个案件必经的程序。人民法院按照审判监督程序重新审判的案件，应当另行组成合议庭进行。

5. 执行

执行，是指人民法院、公安机关和监狱等国家执法机关，为实现已经发生法律效力的判决或裁定所确定的内容，依照法定程序所进行的活动。它是刑事诉讼程序的最后一个阶段，人民法院将已经生效的判决、裁定交付执行，刑事诉讼程序就宣告结束。

实案思考

何某伙同赵某、李某在A、B两地共同实施抢劫4次，何某在第4次抢劫中受伤，后何某随赵某、李某又来到C地，赵、李二人实施了抢劫、强奸、杀人犯罪，何因受伤未参与。赵、李二人被c地公安机关抓获归案，并连带破获了赵、李、何三人在A、B两地共同抢劫作案的犯罪事实，何外逃。经C地中级人民法院审理，赵、李两被告人均被判处死刑。C地公安机关通过网上追逃，于两年后将何某抓获归案。

问：对于何某应由哪地人民法院管辖？

四、行政诉讼法

行政诉讼受案范围是指人民法院受理行政案件的范围，即法院依法受理和审判一定范围内行政案件的权限。

资料链接

根据我国行政诉讼法的规定，公民、法人或者其他组织认为行政机关和行政机关工作人员的具体行政行为侵犯了其合法权益，有权依法向人民法院提起诉讼。所谓具体行政行为，是指国家行政机关和行政工作人员、法律法规授权的组织和行政机关委托的组织或者个人在行政管理活动中行使行政职权，针对特定的公民、法人或者其他组织权利义务的单方行为。

人民法院受理行政案件的范围

(1)对拘留、罚款、吊销许可证和执照、责令停产停业、没收财物等行政处罚不服的；

(2)对限制人身自由或者对财产的查封、扣押、冻结等强制措施不服的；

(3)认为行政机关侵犯法律规定的经营自主权的；

(4)认为符合法定条件申请行政机关颁发许可证和执照，行政机关拒绝颁发或者不予答复的；

(5)申请行政机关履行保护人身权、财产权的法定职责，行政机关拒绝履行或者不予答复的；

(6)认为行政机关没有依法发给抚恤金的；

(7)认为行政机关违法要求履行义务的；

(8)认为行政机关侵犯其他人身权、财产权的。

人民法院不受理的事项

我国行政诉讼法除上述受案范围规定外，还专门规定了人民法院不予受理的几类事项：一是国防、外交等国家行为；二是行政法规、规章或者行政机关制定、发布的具有普遍约束力的决定、命令；三是行政机关对行政工作人员的奖惩、任免等决定；四是法律规定由行政机关最终裁决的具体行政行为。

(一)行政案件的管辖

行政诉讼中的案件管辖，是指人民法院之间受理第一审行政案件的权限分工。行政诉讼管辖的种类可分为级别管辖、地域管辖、移送管辖和指定管辖。

1. 级别管辖

基层人民法院管辖除法律规定由上级人民法院管辖的第一审行政案件以外的其他行政案件。

中级人民法院管辖:①确认发明专利的案件，海关处理的案件;②对国务院各部门或省、自治区、直辖市人民政府所作的具体行政行为提起诉讼的案件;③本辖区内重大复杂的案件。

高级人民法院管辖本辖区内重大复杂的第一审行政案件。

最高人民法院管辖全国范围内重大复杂的第一审行政案件。

2. 地域管辖

根据我国行政诉讼法的规定，地域管辖有 4 种情况:

(1)行政案件由最初作出具体行政行为的行政机关所在地人民法院管辖。经复议的案件，复议机关改变原具体行政行为的，也可以复议机关所在地人民法院管辖。

(2)对限制人身自由的行政强制措施不服的诉讼，由被告所在地或者原告所在地人民法院管辖。这里所说的原告所在地为原告住所地、经常居住地和被限制人身自由所在地。

(3)因不动产提起的行政诉讼，由不动产所在地人民法院管辖。

(4)两个以上人民法院都有管辖权的案件，原告可以选择其中一个人民法院提起诉讼。

3. 移送管辖、指定管辖以及管辖权的转移，与民事诉讼法相关规定基本相同。

(二)行政诉讼参加人

行政诉讼参加人是指行政诉讼当事人和类似于当事人诉讼地位的诉讼代理人。它包括原告、被告、共同诉讼人、第三人和诉讼代理人。

1. 原告

原告是依照行政诉讼法的规定向人民法院提起诉讼的公民、法人或者其他组织。

资料链接

原告应当具备以下条件:

(1)必须是公民、法人或者其他组织;

(2)必须是承担了具体行政行为法律后果或受到其影响;

(3)必须是认为具体行政行为侵犯了其合法权益。

此外，有权提起诉讼的公民死亡，其近亲属可以提起诉讼;有权提起诉讼的法人或者其他组织终止，承受其权利的法人或者其他组织可以提起诉讼。

2. 被告

被告是由行政诉讼的原告起诉，并经人民法院通知应诉的国家行政机关或法律、法规授权的组织。

资料链接

被告应当具备以下条件:

(1)必须是具有行政诉讼权利能力的行政机关和组织;

(2)必须是在行使行政职权中作出了具体行政行为;

(3)必须是由原告所指控并经人民法院通知应诉。

资料链接

根据我国行政诉讼法的规定，确定被告的规则是：

(1)公民、法人或者其他组织直接向人民法院提起诉讼的，作出具体行政行为的行政机关是被告。

(2)经复议的案件，复议机关决定维持原具体行政行为的，作出原具体行政行为的行政机关是被告；复议机关改变原具体行政行为的，复议机关是被告。

(3)两个以上行政机关作出同一具体行政行为的，共同作出具体行政行为的行政机关是共同被告。

(4)由法律、法规授权的组织所作的具体行政行为，该组织是被告。由行政机关委托的组织所作的具体行政行为，委托的行政机关是被告。

(5)行政机关被撤销，继续行使其职权的行政机关是被告。

3. 共同诉讼人

我国行政诉讼法规定，当事人一方或者双方各为二人以上，因同一具体行政行为发生的行政案件，或者因同样的具体行政行为发生的行政案件，人民法院认为可以合并审理的，为共同诉讼。共同原告和共同被告统称为共同诉讼人。

4. 第三人

同提起诉讼的具体行政行为有利害关系的其他公民、法人或者其他组织，可以作为第三人申请参加诉讼，或者由人民法院通知参加诉讼。

作为第三人必须是与提起诉讼的具体行政行为有利害关系；必须是参加到他人诉讼中来的公民、法人或其他组织。

第三人在法律上有独立的诉讼地位。

5. 诉讼代理人

行政诉讼代理人可以分为法定代理人和委托代理人两种。

资料链接

委托代理人的范围包括：律师；社会团体；被告机关的工作人员或推荐的其他人员；原告或第三人的近亲属或者所在单位推荐的人；经人民法院许可的其他公民。

(三)行政诉讼程序

我国行政诉讼法规定，对属于人民法院受案范围的行政案件，公民、法人或者其他组织可以先向上一级行政机关或者法律、法规规定的行政机关申请复议，对复议不服的，再向人民法院提起诉讼；也可以直接向人民法院提起诉讼。法律、法规规定应当先向行政机关申请复议，对复议不服再向人民法院提起诉讼的，应当先申请复议。

行政诉讼程序包括起诉和受理、审理和判决、执行三个阶段。

1. 起诉和受理

行政诉讼的起诉，是指公民、法人和其他组织向人民法院提起行政诉讼，要求保护自己合法权益的行为。

提起行政诉讼应当具备以下条件：

(1)原告是具体行政行为侵犯其合法权益的公民、法人或者其他组织；

(2)有明确的被告；

(3)有具体的诉讼请求和事实根据；

(4)属于人民法院受案范围和受诉人民法院管辖。

起诉必须在法律规定的期限内提出。申请人不服复议决定的，可以在收到复议决定书之日起15日内提起诉讼；复议机关逾期不作决定的，申请人可以在复议期满之日起15内日提起诉讼；直接向人民法院提起诉讼的，应当在知道作出具体行政行为之日起3个月内提出。法律另有规定的除外。

受理是人民法院对符合法律规定起诉条件的行政案件决定立案审理的诉讼行为。人民法院接到原告的起诉状，应当在7日内立案受理或者作出不予受理的裁定。原告对裁定不服的，可以提起上诉。

2. 审理和判决

人民法院审理行政案件的程序与民事诉讼程序基本相同，只是二者依据的法律、法规不同。

资料链接

人民法院审理行政案件，以法律和行政法规、地方性法规为依据。地方性法规适用于本行政区域内发生的行政案件。人民法院审理民族自治地方的行政案件，应以该民族自治地方的自治条例和单行条例为依据。同时，人民法院审理行政案件，还应参照国务院部、委和国务院的行政法规、决定、命令制定、发布的规章以及省、自治区、直辖市人民政府根据法律和国务院的行政法规制定、发布的规章。人民法院认为地方人民政府制定、发布的规章与国务院部、委制定、发布的规章不一致的，以及国务院部、委制定、发布的规章之间不一致的，由最高人民法院送请国务院作出解释或者裁决。

人民法院审理行政案件，不适用调解。但是行政赔偿诉讼和行政诉讼附带民事诉讼可以调解。

资料链接

人民法院对行政案件审理后，根据不同情况，分别作出以下判决：

(1)具体行政行为证据确凿，适用法律、法规正确，符合法定程序的，判决维持。

(2)被告作出的具体行政行为证据不足的；或者适用法律、法规错误的；或者违反法定程序的；或者超越职权的；或者滥用职权的，人民法院判决撤销或者部分撤销，并可以判决被告重新作出具体行政行为。

人民法院判决被告重新作出具体行政行为的，被告不得以同一的事实和理由作出与原具体行政行为基本相同的具体行政行为。

(3)被告不履行或者拖延履行法定职责的，判决其在一定期限内履行。

(4)行政处罚显失公正的，可以判决变更。

当事人不服第一审人民法院判决或者裁定的，有权在判决书或裁定书送达之日起，15日内或者10日内向上一级人民法院提起上诉。逾期不上诉的，人民法院的第一审判决或者裁定发生法律效力。上一级人民法院依照第二审程序对上诉案件进行审理，按照不同情形，应当分别作出维持原判、依法改判、撤销原判并发回重审的处理决定。

对已经发生法律效力的判决、裁定，认为确有错误或者发现违反法律、法规的，当事人可以提出申请，人民法院有权依法决定再审、提审或者指令下级人民法院再审，人民检察院有权按照审判监督程序提出抗诉。

3. 执行

我国行政诉讼法规定，当事人必须履行人民法院发生法律效力的判决、裁定。

资料链接

公民、法人或者其他组织拒绝履行判决、裁定的，或者对具体行政行为在法定期限内不提起诉讼又不履行的，行政机关可以申请人民法院强制执行，或者依法强制执行。

行政机关拒绝履行判决、裁定的，第一审人民法院可以根据不同情况，分别采取以下措施：冻结、划拨、查封、强制支付、强行拆除、强行销毁、罚款、司法建议、追究刑事责任等。

行政诉讼的执行程序，是一个由诸多阶段组成的过程。具体是：执行提起、执行审查、执行准备、执行实施、执行阻却、执行完毕、执行补救等。

探究拓展

1. 上网下载《中华人民共和国刑事诉讼法》、《中华人民共和国民事诉讼法》、《中华人民共和国行政诉讼法》作为我们学习诉讼法律的参考资料。

2. 帮帮他："假"新娘携彩礼失踪

两年前，家住北京大兴的张东经人介绍与一四川彝族女子相识。该女子称其家境贫寒，想尽快嫁给一个老实本分的人过日子。相识3天后两人便闪电结婚。然而婚后第8天，从睡梦中醒来的张东发现新娘神秘失踪，多方打听没有下落。想到婚前这名女子向自己索要的4万元彩礼，张东一下子蒙了，难道自己遭遇了"骗婚"？情急之下，他向当地派出所报案，公安局以涉嫌诈骗予以立案。

2008年4月，张东前往该女子的户籍所在地四川省布拖县公安局查询其基本情况，但经过电脑查询，辖区内并无此人，经鉴别该人身份证是伪造的。

气愤异常的张东随即向当地法院起诉离婚，并要求返还彩礼4万元。然而几天后他却收到法院的一份不予受理的裁定书，原因是诉讼的主体不存在。考虑再三，张东以婚姻登记部门没有尽到身份审查义务，颁发的"结婚证"存在瑕疵为由，将当地民政局诉至法院，要求发证机关撤销其与该女子的结婚证。

请你就本讲所学，怎么帮帮张东解决问题？

3. 社会调查：

调查一下自己身边的亲人或同学关于政府行政机关侵害公民合法权益的案例，整理成案例

要求：

(1)有案例简单经过，案例分析，相关法律依据。

(2)总结一下对你的启示是什么。

(3)一定要是身边亲人和朋友的真实案例，这样对我们学习法律解决实际问题才有实际意义。

4.2006 年，广州市民张某购买了某房地产公司开发的同泰路某小区 A1 栋商品房，因担心该小区的消防不过关，张某在同年5 月 30 日，以邮寄挂号信的方式书面向广州市公安消防局提出申请，要求公开该小区 A1 栋商品房住宅建设项目的消防工程及管道燃气工程的申请验收时间，及消防局签发《建设工程消防验收意见书》的时间等政务信息。张某在申请书上签名、并注明其身份证号码，并留下了回复地址。

公安消防局在第二天就收到该申请书，但张某等了十几天一直没有得到答复，认为公安消防局不依法定期限公开的行为是行政不作为，遂告上法院。

试分析:张某能否胜诉?

读者反馈意见

亲爱的读者：

感谢您对《职业素养与法律》的学习和热爱！为了今后能给您提供更优质的服务，请您抽出宝贵时间填写下面意见反馈表，以便我们更好地对本教材做进一步的改进。同时如果您在使用本教材的过程中遇到了什么问题，或者有什么好的建议，也请您来信、来电告诉我们。

地址：北京市丰台区科学城南极星大厦 108 室

电话：010 - 83795649 /83794403

电子邮箱：caikai6223@263. net　QQ：649319527

网址：WWW. KFHWH. CN

教材名称：《职业素养与法律》

个人资料：

姓名：____________ 年龄：__________ 所在院校/专业____________________

文化程度：______________ 通讯地址：__________________________________

联系电话：______________ 电子信箱：__________________________________

您使用本书是作为：□指定教材、□选用教材、□辅导教材

您对封面设计的满意度：

□很满意、□满意、□一般、□不满意　改进建议____________________________

您对本书印刷质量的满意度：

□很满意、□满意、□一般、□不满意　改进建议____________________________

您对本书的总体满意度：

从语言质量角度看：□很满意、□满意、□一般、□不满意

从科技含量角度看：□很满意、□满意、□一般、□不满意

本书最令您满意的是：

□指导明确 □内容充实 □讲解详尽 □实例丰富

您认为本书在哪些地方应进行修改？（可附页）

____

____

您希望本书在哪些方面需进行改进？（可附页）

____

____